Die medikamentösen Seifen

Ihre Herstellung und Bedeutung unter Berücksichtigung der
zwischen Medikament und Seifengrundlage möglichen
chemischen Wechselbeziehungen

Ein Handbuch für
Chemiker, Seifenfabrikanten, Apotheker und Ärzte

von

Dr. Walther Schrauth

Berlin
Verlag von Julius Springer
1914

ISBN-13: 978-3-642-90375-5   e-ISBN-13: 978-3-642-92232-9
DOI: 10.1007/978-3-642-92232-9

Alle Rechte, insbesondere das der
Übersetzung in fremde Sprachen, vorbehalten

Copyright 1914 by Julius Springer in Berlin
Softcover reprint of the hardcover 1st edition 1914

Vorwort.

Trotzdem die medikamentösen Seifen seit langem als Heilmittel verwandt werden, sind die zwischen Seifengrundlage und den einzelnen Medikamenten möglichen chemischen Wechselbeziehungen bisher nur äußerst mangelhaft behandelt worden, und lediglich auf die Bedeutung dieses Gegenstandes ist von ärztlicher Seite aus wiederholt hingewiesen worden. Es ist daher nicht verwunderlich, daß den vereinzelt publizierten Prüfungsergebnissen zum Trotz neben recht wertvollen Präparaten auch heute noch therapeutisch ganz unbrauchbare Seifen, wie die Carbol- und Sublimatseife, im Handel sind, einerseits ein Zeichen für die Tatsache, daß der derzeitige Vorschlag Unnas, Chemiker, Techniker und Arzt möchten sich gemeinsam des gegebenen Problems annehmen, in der Seifenindustrie selbst nicht die notwendige Beachtung gefunden hat; andererseits aber auch eine Mahnung an unsere so schnell vorwärtseilende chemisch-pharmazeutische Industrie, dies schon heute ihrerseits in Angriff genommene Gebiet einer weiteren ernsten Forschung und Bearbeitung zu unterziehen und durch die Herstellung zweckmäßiger und zuverlässiger Produkte, sowie durch ständige Belehrung dahin zu wirken, daß die medikamentösen Seifen und Seifenpräparate die ihnen gebührende Stellung im Arzneischatz behaupten.

Im Folgenden soll es nun versucht werden, die Herstellung und Bedeutung der medikamentösen Seifen zusammenhängend einer kritischen Betrachtung zu unterziehen. Es soll gezeigt werden, daß die Seife als solche ein äußerst reaktionsfähiger Körper ist, und daß es unmöglich ist, ohne genaue Kenntnis ihrer chemischen, physikalischen und physiologischen Eigenschaften und ohne Berücksichtigung des chemischen Charakters der jeweils zu verarbeitenden Arzneistoffe eine therapeutisch wertvolle medikamentöse Seife zu synthetisieren. Gleichzeitig soll dann auch der Arzt auf Grund des Gebotenen die Bedingungen kennen lernen, unter denen von medikamentösen Seifen die therapeutisch günstigsten Wirkungen zu erwarten sind.

Besondere Sorgfalt wurde dabei auf das Studium der in Frage kommenden Fachliteratur verwandt, in den meisten Fällen ist jede angeführte Tatsache mit einem Zitat belegt, so daß im Einzelnen eine weitere Orientierung auch über das Gebotene hinaus ermöglicht wird. Mehrere Register erleichtern die Benutzung des Buches.

Zu besonderem Danke verpflichtet bin ich Herrn Dr. med. Conrad Siebert, Charlottenburg, der liebenswürdigerweise die therapeutische Bedeutung der Seife in einem besonderen Kapitel eingehend behandelt hat.

Endlich sei betont, daß ich für die Angabe von Korrekturen und ergänzenden Mitteilungen stets dankbar sein werde.

Berlin, im Januar 1914.

Walther Schrauth.

Inhaltsverzeichnis.

	Seite
I. Teil: Die Seife als Wasch-, Desinfektions- und Heilmittel	1
Allgemeines	1
Begriffsbestimmung und Herstellung der Seifen	2
Eigenschaften der Seifen	2
Die Hydrolyse der Seifenlösungen	3
Hemmung der Seifenhydrolyse. Schaumfähigkeit der Seifenlösungen	4
Die reinigende Wirkung der Seifen	5
Die elektrolytische Dissoziation	9
Die Seife als Desinfektionsmittel	11
a) Wirkungsweise und systematische Einteilung der Desinfektionsmittel	11
b) Charakterisierung der Seife als Desinfektionsmittel	13
c) Die Desinfektionskraft der Seife an sich	13
d) Praktische Folgerungen	17
e) Einfluß der Temperatur des Waschwassers auf die Desinfektionskraft der Seife	18
Die therapeutische Bedeutung der Seife, von Dr. med. Conrad Siebert, Charlottenburg	18
II. Teil: Allgemeine Technologie der medikamentösen Seifen	28
Die Rohmaterialien und die Fabrikation der Grundseife	28
Völlig neutrale Grundseifen	31
a) Dialysierte und zentrifugierte Seifen	31
b) Neutralisation durch chemische Umsetzung	32
c) Neutralisation des hydrolytisch abgespaltenen Alkalis	33
Überfettete Seifen	34
Saure, bei der Hydrolyse neutral bleibende Seifen	36
a) Angesäuerte Seifen	36
b) Eiweißseifen	38
Alkalische Seifen	40
Einfluß von Verfälschungen, Füllmitteln und Zusatzstoffen	42
Die Konsistenz medikamentöser Seifen	43
Ersatzpräparate für gewöhnliche Seifen	46
III. Teil: Die spezielle Zusammensetzung medikamentöser Seifen	49
Seifenspiritus und Spiritusseifen	49
Die Haltbarkeit der Medikamente im Seifenkörper	53
Teerseifen	54
Phenolseifenpräparate	61
Die Bedeutung aromatischer Carbonsäuren für die Herstellung medikamentöser Seifen	72
Formaldehydseifenpräparate	74
Sauerstoffseifen	79
Schwefelseifen	82
Quecksilberseifen	88
Medikamentöse Seifen geringerer Bedeutung	95
Die Parfümierung medikamentöser Seifen. Die Bedeutung ätherischer Öle für die Herstellung desinfizierender Seifenpräparate	106

	Seite
IV. Teil: Die Methoden zur Untersuchung und Bewertung medikamentöser Seifen	112
Die analytische Untersuchung medikamentöser Seifen	112
Die bactericide Wertbestimmung desinfizierender Seifen	125
V. Teil: Gesetzliche Bestimmungen betreffend den Vertrieb medikamentöser Seifen	129
VI. Teil: Anhang	135
Zusammenstellung der die Herstellung antiseptischer und medikamentöser Seifen und Seifenpräparate betreffenden deutschen Reichspatente aus den Klassen 12, 22, 23 und 30	135
Wortzeichen aus den Klassen 2 und 34 der im Deutschen Reich gesetzlich geschützten Warenzeichen	154
Namenregister	160
Sachregister	163
Register der Patentnummern	170

I. Die Seife als Wasch-, Desinfektions- und Heilmittel.

Allgemeines.

Vornehmlich zwei Gedanken haben die Herstellung medikamentöser Seifen und Seifenpräparate maßgebend beeinflußt; einmal glaubte man durch einen mehr oder weniger großen Zusatz desinfizierender Stoffe zum Seifenkörper mit der reinigenden Wirkung der Seife eine antiseptische verbinden und so den prophylaktisch-hygienischen Wert der Seife an sich nicht unwesentlich erhöhen zu können, andererseits bot die Verwendung der Seifen für therapeutische Zwecke den früher fast ausschließlich verwandten Salben und Pasten gegenüber wesentliche, durch die charakteristischen Eigenschaften der Seife begründete Vorteile. Während nun die desinfizierenden Stückseifen, in Ärztekreisen nur gering bewertet, hauptsächlich beim Laienpublikum einen umfangreichen Absatz fanden, wurde die Seifentherapie als solche gerade von den Dermatologen mit großem Eifer und Begeisterung aufgenommen. Viele ihrer Anhänger gingen so weit, daß sie jedwedes äußere Heilmittel in Seifenform verwandten, ohne sich zuvor über die chemischen Reaktionen Rechenschaft zu geben, die sich zwischen Medikament und Seifenkörper abspielen können. Gerade in der Möglichkeit oder Unmöglichkeit solcher chemischen Umsetzungen aber ist Wert und Unwert der medikamentösen Seifen vornehmlich begründet, und ein Urteil über diese Seifen dürfte daher nur dann von Wert sein, wenn die bakteriologische bzw. therapeutische Prüfung im Anschluß an eine exakte chemische Untersuchung stattgefunden hat. Viele Seifen, denen von diesem Standpunkte aus trotz mannigfacher Empfehlung doch jedwede Existenzberechtigung abzusprechen ist, würden alsdann kaum in die Hände des Arztes gelangen. Andererseits dürften aber auch gerade hier die Bedenken schneller schwinden, welche die Einführung neuer Produkte oft erschweren, wenn die Haltbarkeit des inkorporierten, therapeutisch wertvollen Medikamentes im Seifenkörper in jedem Einzelfall streng wissenschaftlich erwiesen wäre.

Dies gilt insonderheit auch für die antiseptischen Seifen, deren geringe Wertschätzung seitens der Ärztewelt begründet war, solange sich nur leicht zersetzliche und daher auch unwirksame Produkte im

Handel fanden. Inzwischen ist es jedoch gelungen, neue Stoffe herzustellen, die im Seifenkörper unzersetzt haltbar sind und ihre Desinfektionskraft dauernd behalten, und es gilt heute wohl hauptsächlich mit veralteten Vorurteilen zu brechen, die den Arzt davon zurückhalten, auch diesen Seifen von neuem größere Beachtung zu schenken. Jedenfalls dürfte der vielfach genannte Satz, es sei das richtige, erst mit einer guten Seife zu waschen und dann das Desinfektionsmittel für sich allein in Anwendung zu bringen, in seinem ganzen Umfang heute nicht mehr zu Recht bestehen, da durch eine passende Auswahl des Antisepticums die beiderseitige Wirkung in nicht unbedeutender Weise unterstützt und gehoben werden kann. Denn die durch die Seife bewirkte Entfernung des Hautfettes und die Abstoßung der mit Unreinlichkeiten aller Art behafteten Hornzellen erleichtert eine gleichzeitige Desinfektion in hohem Maße, indem die von ihrer obersten Hornschicht frisch befreite, soeben entfettete Haut ein tieferes Eindringen des Desinfektionsmittels, gleichsam in statu nascendi, d. h. also eine bessere Tiefenwirkung gestattet.

Vor einer exakteren Besprechung all dieser Verhältnisse wird es jedoch nötig sein, zunächst auf die Herstellung und die Eigenschaften der Seife selbst des näheren einzugehen.

Begriffsbestimmung und Herstellung der Seifen.

Allgemein versteht man unter „Seifen" die Alkalisalze der höheren Fettsäuren, und zwar in der Regel Gemische aus den gleichartigen Salzen mehrerer Säuren, die durch die „Verseifung" von Fetten pflanzlichen oder tierischen Ursprungs erhalten werden. Zu diesem Zwecke werden die Fette, Verbindungen der Fettsäuren mit dem Glycerin, mit Natron- bzw. Kalilauge (Ätzalkalien) unter starkem Rühren vereinigt und das Gemisch je nach Art des verwandten Fettansatzes mehr oder weniger erwärmt. Als Ergebnis des sich nunmehr abspielenden chemischen Prozesses resultieren neben dem freigewordenen Glycerin die entsprechenden fettsauren Alkalisalze, und zwar die festen Natron- oder Kernseifen, die durch Kochsalz aus der siedenden Masse, dem Seifenleim, abgeschieden, bis auf etwa 10% Wasser von allen Beimengungen befreit und in Stücke geformt werden können, und die weichen Kali- oder Schmierseifen, die sich nicht aussalzen lassen, fast stets schmierig sind und neben dem fettsauren Kali das abgespaltene Glycerin und viel Wasser enthalten. Seit einigen Jahren werden Seifen vielfach auch durch direkte Neutralisation von Fettsäuren gewonnen, die durch „Fettspaltung" nach mehreren Verfahren erhalten werden können. An Stelle der für die „Verseifung" notwendigen Ätzalkalien werden für die „Neutralisation" alsdann aber meistens die billigeren Alkalicarbonate verwandt.

Eigenschaften der Seifen.

In wasserfreiem Zustande sind die Seifen außerordentlich hygroskopisch, und zwar die Kaliseifen, welche aus der Luft 30% (stearinsaures Kalium) bis 162% (ölsaures Kalium) Wasser aufnehmen können, in weit höherem Maße als die Natronseifen, deren Aufnahmefähigkeit mit 12% (ölsaures Natrium) erschöpft ist[1]).

Im Wasser selbst sind die Seifen löslich, und zwar beobachtet man bei dem Lösungsvorgang zunächst ein Gallertigwerden der Seife und eine Verteilung der gebildeten Gallerte unter Schlierenbildung. Bei den Seifen der ungesättigten, flüssigen Fettsäuren erfolgt alsdann schon bei Zimmertemperatur vollständige Lösung, während sich die Seifen der gesättigten, festen Fettsäuren nur in der Siedehitze klar lösen, da sich bei tieferen Temperaturen eine durch „Hydrolyse" gebildete, in kaltem Wasser unlösliche, saure Seife abscheidet. Im allgemeinen sind die Kaliseifen leichter löslich als die Natronseifen.

Weiter lösen sich die Seifen in Alkohol und zwar die Kaliseifen und die Seifen der ungesättigten Fettsäuren auch hier in höherem Maße als die Natronseifen und die Seifen der gesättigten Fettsäuren. Nach Untersuchungen von J. Freundlich[2]) sind unter den Kaliseifen der technisch verwandten Fette in Alkohol am leichtesten löslich die Seifen aus Ricinusöl, Sesamöl, Cocosöl, Cottonstearin, Speiseleinöl, und Mohnöl, es folgen sodann die Seifen aus Schweineschmalz, Butter, Palmöl, Rüböl und Sonnenblumenöl, welche nur $1/4$ der Löslichkeit der ersten Gruppe aufweisen. Weit schlechter löslich sind sodann die Seifen aus Rindertalg, Erdnußöl und Hammeltalg mit nur $1/16$ Löslichkeit der ersten Gruppe und am schlechtesten die Seifen aus Mimusops-Djave Fett und Stearin mit $1/32$ Löslichkeit der ersten Gruppe.

In den übrigen organischen Solventien ist, soweit diese wasserfrei sind, die Löslichkeit neutraler Alkaliseifen eine nur geringe, sie wächst aber recht erheblich bei gleichzeitiger Anwesenheit geringer Wassermengen. Saure Seifen aber, die beispielsweise durch Zusatz von Fettsäure aus neutralen Seifen erhalten werden können, sind in Äther oder Kohlenwasserstoffen (Benzin) erheblich leichter löslich als die letzteren. Nach Beobachtungen von R. Gartenmeister[3]) löst sich z. B. eine aus 2 Mol. Ölsäure und 1 Mol. Alkali hergestellte saure Seife mit 12% Wassergehalt leicht und klar in Benzin.

Die Hydrolyse der Seifenlösungen.

In wäßriger Lösung unterliegen die Seifen, wie schon oben erwähnt, der „Hydrolyse", einem chemischen Vorgang, der durch die Anwesenheit des Wassers selbst bedingt wird. Unter Aufnahme der Elemente desselben tritt nämlich eine Spaltung der Seife ein in freies Alkali und freie Fettsäure, welch letztere sich sodann mit einem zweiten Molekül noch unzersetzter Seife zu einem sauren Salz vereinigt. Diese Reaktion, die in gleicher Weise für die Alkalisalze aller schwachen

---

[1]) C. Stiepel, Chemische Technologie der Fette, Öle, Wachse usw. Leipzig 1911, S. 100.
[2]) Chem. Revue 15, S. 133. 1908.
[3]) D. R. P. Nr. 92 017 s. Fischers Jahresbericht 43, S. 1083. 1897.

Säuren zutrifft und im vorliegenden Falle zuerst von Chevreul[1]) zu Anfang des neunzehnten Jahrhunderts beobachtet ist, verläuft demnach nach den Gleichungen:

$$NaR + H_2O = NaOH + HR$$
$$NaR + HR = NaR\text{-}HR$$

in denen R das Fettsäureradikal bedeutet.

Die überaus exakten Beobachtungen Chevreuls haben dann später in den eingehenden Untersuchungen von Krafft und Stern[2]) weitgehende Bestätigung gefunden, und gleichzeitig damit konnten die Annahmen anderer Autoren, welche sich für die Bildung basischer Seifen ausgesprochen hatten (A. Fricke[3]), Rotondi[4])), endgültig widerlegt werden. Zu ihren Versuchen verwendeten die Verfasser das Natriumpalmitat, das sie mit der 200-, 300-, 400—900fachen Menge reinen Wassers aufkochten. Unter starkem Schäumen erhielten sie jeweils anscheinend durch äußerst feine Tröpfchen geschmolzener Fettsäure milchig getrübte Lösungen, die beim Erkalten einen perlmutterglänzenden, feinkristallinischen Niederschlag ausschieden. Die Analyse dieser Niederschläge ergab nach dem Trocknen im Vakuumexsiccator die folgenden tabellarisch zusammengestellten Werte:

1 Teil Natriumpalmitat (Natriumgehalt 8,27%)	Natriumgehalt des beim Erkalten ausgeschiedenen Salzes
Aufgekocht mit 200 Teilen Wasser	7,01 %
,, ,, 300 ,, ,,	6,84 %
,, ,, 400 ,, ,,	6,60 %
,, ,, 450 ,, ,,	6,32 %
,, ,, 500 ,, ,,	6,04 %
,, ,, 900 ,, ,,	4,20 %

Da das Natriumbipalmitat einen Natriumgehalt von 4,31% besitzt, so ist bei Verwendung von 900 Teilen Lösungswasser die Hydrolyse des Natriumpalmitats eine im obigen Sinne vollständige. Ähnlich verhalten sich das Stearat und das Oleat, doch nimmt die Hydrolyse mit steigendem Molekulargewicht der Fettsäure in der gesättigten Reihe zu. Die Spaltung der ungesättigten Fettsäuren ist weit geringer als die der entsprechenden gesättigten Säuren.

Hemmung der Seifenhydrolyse. Schaumfähigkeit der Seifenlösungen.

Die Hydrolyse wäßriger Seifenlösungen kann durch den Zusatz gewisser Reagenzien, d. h. durch Änderung des Lösungsmittels ver-

---

[1]) Chevreul, Recherches chémiques sur les corps gras d'origine animal. Paris 1823.
[2]) Berichte d. deutsch. chem. Ges. 27, S. 1747. 1894.
[3]) Dingl. polytechn. Journ. 209, S. 46. Wagners Jahresbericht 19, S. 452. 1873.
[4]) Atti della R. acad. d. scienze di Torino 19, S. 146. 1883; ferner Seifenfabrikant 1886, S. 284.

mindert oder aufgehoben werden. Dem Massenwirkungsgesetz entsprechend tritt solche Hydrolysehemmung vor allem durch den Zusatz freien Alkalis ein, eine Tatsache, die beim Sieden der Seife praktische Anwendung findet. In gleicher Weise wirkt der Zusatz von Alkohol und zwar ist für eine praktisch vollständige Aufhebung der Hydrolyse ein Alkohol-(Äthylalkohol-)Gehalt von 40% erforderlich. Bei der Verwendung von Amylalkohol genügt für den gleichen Effekt sogar schon ein solcher von 15%[1]).

Mit wachsendem Alkoholgehalt, d. h. mit der Verminderung der Hydrolyse Hand in Hand geht die Verminderung der **Schaumfähigkeit** einer Seifenlösung, denn nach den Untersuchungen Stiepels[2]) **beruht das Schäumen einer Seifenlösung auf dem Vorhandensein wassergelöster Seife neben freier Fettsäure bzw. saurer Seife**. Seifen, die in wäßriger Lösung nicht oder mit den gegebenen Mitteln nicht nachweisbar hydrolysiert werden wie die Alkalisalze der Capron-, Capryl- und Nonylsäure[3]) oder die Ricinusölseifen[4]) schäumen auch so gut wie gar nicht. Durch den Zusatz freier Fettsäure, d. h. also durch Erzeugung einer sauren Seife neben der neutralen erhält man jedoch aus diesen Seifen Lösungen von starker Schaumfähigkeit. Wie man sieht, ist also die Anwesenheit freien (hydrolysierten) Alkalis neben dieser sauren Seife für die Schaumkraft einer Seifenlösung keineswegs Bedingung, sie wird nur da notwendig, wo durch Fortnahme dieses Alkalis, der Natur der verwandten Fettsäuren entsprechend, die teilweise Zurückdrängung der Hydrolyse aufgehoben würde, so daß sich die Seife bis zur vollständigen Unlöslichkeit spalten müßte.

Die physikalische Erscheinung des Schäumens selbst findet ihre Erklärung in der Tatsache, daß die wäßrige Seifenlösung, welche also neben wirklich gelöster Seife Fettsäure bzw. eine saure Seife in äußerst feiner Verteilung enthält, sehr dehnbare Membranen zu bilden vermag, welche durch Umhüllung von Luft die viscosen Wände der Schaumzellen erzeugen.

Die reinigende Wirkung der Seifen.

Es ist natürlich, daß eine große Anzahl der Theorien, die man über die reinigende Wirkung der Seife aufgestellt hat, in dem oben besprochenen Vorgang der Hydrolyse ihre Basis findet, besonders auffallend ist es aber, daß gerade die unwahrscheinlichste von allen, eine zuerst von Berzelius[5]) ausgesprochene und später von Kolbe[6]) übernommene

---

[1]) Kanitz, Ber. d. deutsch. chem. Ges. 36, S. 403. 1903.
[2]) Stiepel, Seifenfabrikant 1901, Nr. 47—50. Seifensiederzeitung 1908, Nr. 14, S. 331.
[3]) Reichenbach, Die desinfizierenden Bestandteile der Seifen, Zeitschrift f. Hyg. u. Infektionskrankh. 59, S. 296. 1908.
[4]) Stiepel, Seifensiederzeitung 1908, Nr. 15, S. 396.
[5]) Berzelius, Lehrbuch der Chemie 2. Aufl. 3, S. 438. 1828.
[6]) Kolbe, Organische Chemie 2. Aufl. 1, S. 817. 1880.

Annahme, mit seltener Zähigkeit auch in den neuesten Lehrbüchern der organischen Chemie eine stete Auferstehung feiert. Ihr zufolge wirkt nämlich das durch die Hydrolyse eben frei gewordene Alkali auf die fettigen Bestandteile des Schmutzes verseifend ein, während der Seifenschaum durch Umhüllen desselben zu seiner Entfernung nur beiträgt. Der Vorteil gegenüber der Verwendung freier Alkalien, welche ein billigeres Waschmittel darstellen würden, liegt angeblich darin, daß bei der Anwendung von Seife das freie Alkali stets nur in geringer Konzentration, die sich von selbst regelt, in dem Wasser zugegen ist, wodurch eine größere Schonung des Waschgutes und der Epidermis erzielt wird.

Diese Theorie wird den gegebenen Tatsachen jedoch in keiner Weise gerecht, denn es ist wenig logisch, daß das im Entstehungszustande befindliche Alkali, an Menge gering, den vorhandenen fettartigen Substanzen gegenüber die verlangte große Verbindungsfähigkeit besitzen soll, weil das Alkali an und für sich leichter mit der Fettsäure bzw. dem sauren Salz reagieren würde, von dem es abgespalten wurde, als mit den Glyceriden, für deren Verseifung eine beträchtlich höhere Energiemenge erforderlich sein würde. Da nun die Verdünnung der Seifenlösung zudem so bedeutend ist, daß die erstgenannte Reaktion nicht nur nicht eintreten kann, die Lösung vielmehr einer möglichst weitgehenden Hydrolyse entgegenstrebt, so ist **eine chemische Einwirkung des Alkalis während des Waschprozesses vollkommen unwahrscheinlich.** Auch der Umstand, daß Mineralöle durch Seifenlösungen ebenso leicht entfernt werden können wie Fettstoffe, entzieht der Theorie jeglichen Boden, da ein durch Alkali bedingter Verseifungsprozeß in diesem Falle nicht stattfinden kann, und ebenso vernichtend wirkt die im Anschluß an die obige Theorie kaum erklärliche Tatsache, daß reine Ätzalkalien für den Waschprozeß wenig geeignet sind.

Nach einer von Krafft[1]) aufgestellten Theorie beruht die Seifenwirkung darauf, „daß Säure und Alkali nebeneinander vorhanden und gleichzeitig verfügbar sind; dies äußert sich teils in der bekannten emulgierenden Fähigkeit, teils durch eine rein chemische, namentlich auflösende Wirkung der genannten Agenzien". Diese Theorie wird den bekannten Tatsachen gerecht, daß eine schon im kalten Wasser gut wirksame Seife leicht löslich und in der Lösung möglichst weitgehend hydrolysiert sein muß, während solche Seifen, die erst beim Erwärmen in Lösung gehen, weil die bei der Hydrolyse gebildeten sauren Salze in kaltem Wasser unlöslich sind (Palmitate, Stearate), trotz der stattfindenden Alkaliabgabe an das Waschwasser in der Kälte eine nur ungenügende Waschwirkung besitzen.

Auch andere Autoren (Donnan[2]), Quincke[3]) u. a.) betonen in

---

[1]) Vortrag, gehalten in der medizinisch-naturwissenschaftlichen Gesellschaft in Heidelberg, zitiert von Stiepel in seinem Sammelreferat über Seifenwirkung. Seifenfabrikant 1901, S. 1136.
[2]) Ztschr. f. phys. Chemie 31, S. 42. 1899.
[3]) Wiedemanns Annalen 53, S. 593. 1894.

ihren Untersuchungen über die Waschwirkung das **Emulsionsvermögen der Seifenlösungen**, indem sie vornehmlich auf die Bedeutung der Oberflächenspannung hinweisen. Ein größeres Lösungsvermögen für Fette (Triglyceride) besitzen aber die Seifenlösungen nach Versuchen von R. Hirsch[1]) nicht. Mit 10 ccm einer 5% Seifenlösung läßt sich 1 ccm auf den Handflächen verriebenes Cocosöl leicht entfernen, trotzdem die angeführte Menge Seifenlösung noch nicht den hundertsten Teil der Ölmenge aufzulösen vermag. Daß diese emulgierende Wirkung wirklich durch die Seifenlösung und nicht etwa durch das bei der Hydrolyse abgespaltene Alkali bewirkt wird, konnte dann Hillyer[2]) durch die Tatsache beweisen, daß weder neutrales, von freier Fettsäure befreites Cottonöl (Salatöl) noch Petroleum durch $n/10$ Natronlauge emulgiert werden kann. Leicht gelingt die Emulsion jedoch durch $n/10$ ölsaures Natron.

Im Sinne der **Emulsionstheorie** wirkt die Seife also nach Art eines Schmiermittels, indem sie die Adhäsion zwischen dem Reinigungsobjekt und den darauf haftenden Verunreinigungen vermindert und durch Emulsion eine Entfernung der Schmutzteilchen bewirkt. Den fettsauren Salzen ist also die Eigenschaft der fettsauren Glyceride erhalten geblieben, sich auf anderen Körpern capillar auszubreiten, sie zu benetzen und fremde Substanzen, die auf ihnen haften, ohne Anwendung von mechanischer Kraft oder chemische Einwirkung lediglich bei der Berührung mit dem verunreinigten Körper zu verdrängen, indem die Adhäsion, welche die vorhandene Verunreinigung mit dem Reinigungsmittel verbindet, größer ist als diejenige, welche bis dahin zwischen dem Reinigungsobjekte und der Verunreinigung bestanden hat und größer als die Kohäsion der Seifenlösung selbst. Auf Grund der großen Wasserlöslichkeit und der dadurch erreichbaren außerordentlich feinen Verteilung der für die Reinigung verwandten Seife können diese Eigenschaften natürlich in vollkommenster Weise zur Wirkung und Ausnutzung gebracht werden, so daß die genannten Erscheinungen auch noch bei starker Verdünnung deutlich zutage treten[3]).

Die Emulsionstheorie läßt also für die Erklärung des Waschprozesses die Hydrolyse der Seife, welche für die Annahme einer chemischen Wirkung maßgebend ist, als durchaus entbehrlich erscheinen. Dennoch aber dürfte dieser chemische Vorgang für die Waschkraft der Seife nicht ohne jede Bedeutung sein. Künkler[4]) konnte nämlich zeigen, daß eine Seife, welche z. B. 70% und mehr Mineralöl enthält und in wässeriger Lösung nicht schäumt, nicht nur die Seife als solche ersetzt, sondern auch da noch reinigt, wo Seife überhaupt versagt. Das Öl löst den Schmutz augenblicklich vollkommen ab, emulgiert denselben und auf Zufügen derjenigen Mengen Wasser, welche die Emulsion der Seife hervorrufen, wird Öl und Schmutz von dem zu reinigenden Gegen-

---

[1]) Chem. Industrie 1898, S. 509 ff.
[2]) Journal of the American Chemical Society 25, S. 511—532. 1903.
[3]) Vgl. A. Künkler, Seifensiederztg. 30, S. 681 und 704. 1903 und Hillyer l. c.
[4]) Seifensiederztg. 1904, Nr. 8, S. 150.

stande abgespült. Das bei der Seifenhydrolyse entstehende saure, fettsaure Salz könnte also dementsprechend als in der Seifenlösung schwer lösliche, äußerst fein verteilte fettartige Substanz selbst reinigende Kraft besitzen, während die wäßrige Seifenlösung lediglich die aus der Fettsubstanz und den Schmutzstoffen gebildete Emulsion von dem Reinigungsobjekte entfernt.

Außerordentlich interessante experimentelle Untersuchungen, die aus diesem Zusammenhang in hohem Maße zur Erklärung des Waschprozesses beitragen, hat W. Spring[1]) veröffentlicht. Aus den Versuchen, die der Verfasser zunächst mit reinem, völlig fettfreiem Kohlenstoff (Kienruß) anstellte und die er später auf Eisenoxyd, Tonerde, Kieselsäure, Töpferton und Cellulose ausdehnte, geht hervor, daß alle diese Stoffe befähigt sind, mit in Wasser gelöster Seife Adsorptionsverbindungen zu bilden, die der Einwirkung des Wassers widerstehen und die beständiger sind, als die Verbindungen, welche zwischen dem Reinigungsobjekt und den genannten Stoffen bestehen können. Kohlenstoff bildet beispielsweise sowohl mit Zellstoffen, wie Filtrierpapier als auch mit in Wasser gelöster Seife Adsorptionsverbindungen, doch zeigte es sich, daß die Kohlenstoff-Seife-Verbindung größere Adhäsion besitzt als die Verbindung aus Kohlenstoff und Cellulose, indem die letztere durch eine Seifenlösung zerstört wird. Während Filtrierpapier, das Kohle adsorbiert enthält, durch reines Wasser nicht von dieser befreit werden kann, laufen Suspensionen von Ruß in Seifenwasser durch ein Filter glatt hindurch, ohne Kohlenstoffteilchen auf demselben zurückzulassen.

Die Zusammensetzung dieser Adsorptionsverbindungen richtet sich jeweils nach der elektrischen Polarität der von der Seife zu adsorbierenden Stoffe. Der positiv elektrische Kohlenstoff verbindet sich mit der negativ elektrischen, hydrolytisch gebildeten, sauren Seife, das Eisenoxyd und die Tonerde, die bei der Kataphorese sowohl zur Anode wie zur Kathode wandern, deren elektrischer Charakter also weniger scharf betont ist, agglutinieren sich mit einer alkalisch reagierenden Seife, und ebenso sind die Adsorptionsverbindungen, welche die Kieselsäure und die Cellulose mit der Seife bilden, alkalireicher als die für die Herstellung der Seifenlösung ursprünglich verwandte Seife. Die Bildung dieser alkalischen Adsorptionsverbindungen ist nach Goldschmidt[2]) jedoch am besten wohl so zu erklären, ,,daß die zwischen dem Versuchobjekt und der sauren oder neutralen Seife gebildete Adsorptionsverbindung ihrerseits aus der Lösung hydrolytisch abgespaltenes Alkali adsorbiert".

Das Ergebnis seiner Untersuchungen faßt Spring in dem Satz zusammen, ,,daß die Waschwirkung der Seifenlösungen die Bildung einer Adsorptionsverbindung mit dem wegzu-

---

[1]) Ztschr. f. Chemie u. Ind. der Kolloide 4, S. 161. 1909; 6, S. 11. 1910; 6, S. 109. 1910; 6, S. 164. 1910.
[2]) Ubbelohde und Goldschmidt, Handbuch d. Chemie u. Technologie der Öle und Fette 3, S. 446.

waschenden Stoffe zur Ursache hat, einer Verbindung, die
jenes Adhäsionsvermögen weitgehend verloren hat, welches
ihre Komponenten vor ihrer Vereinigung besaßen".

Bei der Fülle des von so vielen Seiten beigebrachten, exakten Versuchsmaterials ist es natürlich schwer zu entscheiden, welche der aufgestellten Theorien nunmehr die einzig richtige ist. Bei genauer Würdigung aller Erscheinungen will es aber fast scheinen, als ob der Waschprozeß als solcher überhaupt kein einheitlicher, streng geregelter Vorgang ist, und daß die Bedeutung der Seife für diesen Prozeß gerade in der Eigenschaft begründet liegt, ihre Wirkungsweise auf Grund der Heterogenität ihrer in der wäßrigen Lösung vorhandenen Bestandteile den verschiedensten Verhältnissen anzupassen.

Die elektrolytische Dissoziation.

Wie oben erwähnt, unterliegen die Salze aus einer starken Basis und einer schwachen Säure in wäßriger Lösung ganz allgemein der Hydrolyse, einem chemischen Vorgange, der in erster Linie bedingt ist durch die weitgehende ,,elektrolytische Dissoziation" oder ,,Ionisation" der Salze selbst und durch die, wenn auch in geringem Maße vorhandene ,,Ionisation" des Wassers.

Nach einer von Arrhenius[1]) aufgestellten Theorie lassen sich nämlich die vielfachen Änderungen, welche in Wasser gelöste Säuren, Basen und Salze (Elektrolyte) in ihrem Verhalten dem elektrischen Strome gegenüber zeigen, durch die Annahme erklären, daß ihre Moleküle zu einem Teilbetrag in elektrisch geladene, sich freibewegende Teilchen, in ,,Ionen" zerfallen, und zwar sind die ,,Anionen", die meist nichtmetallischen, bei der Elektrolyse zur Anode wandernden Teilchen, mit negativen, die ,,Kationen", die metallischen, bei der Elektrolyse zur Kathode wandernden Teilchen, mit positiven Elektrizitätsmengen beladen. Der Zerfall ist vollkommen oder teilweise, je nachdem die Verdünnung der Lösung eine größere oder kleinere ist. Bei sehr großer Verdünnung ist der Zerfall, die Ionisation, als praktisch vollständig anzusehen.

Löst man also das elektrisch neutrale Kochsalz in Wasser, so bleibt in dieser Lösung nur ein Teil der Kochsalzmoleküle als elektrisch neutral erhalten, ein anderer, und zwar bei großer Verdünnung der weitaus größere, zerfällt in elektropositiv geladene Natrium-Kationen und elektronegativ geladene Chlor-Anionen. Der Vorgang läßt sich darstellen durch die Gleichung

$$NaCl \rightleftarrows \overset{+}{Na} + \overset{-}{Cl}$$

welche in ähnlicher Weise für alle Elektrolyte gültig ist.

Beim Zusammentreffen mehrerer solcher Elektrolyte in wäßriger Lösung spielen sich nun stets chemische Reaktionen ab, die als Re-

---

[1]) Ztschr. f. phys. Chemie 1, S. 631. 1887.

aktionen zwischen ihren Ionen aufzufassen sind. Wenn man z. B. eine wäßrige Kochsalzlösung (NaCl) mit einer wäßrigen Pottaschelösung (K_2CO_3) versetzt, so können in der Lösung, da beide Bestandteile teilweise elektrolytisch gespalten sind, einerseits Natriumionen ($\overset{+}{Na}$) mit Carbonationen ($\overset{-}{CO_3}$), andererseits Kaliumionen ($\overset{+}{K}$) mit Chlorionen ($\overset{-}{Cl}$) zusammentreten unter Bildung elektrisch neutralen Natriumcarbonates (Na_2CO_3) bzw. Kaliumchlorides (KCl), so daß die Lösung, der äußerlich allerdings von diesen Umsetzungen nichts anzumerken ist, endgültig folgende Bestandteile enthält: Als unelektrische Moleküle Natriumchlorid (NaCl) und Kaliumcarbonat (K_2CO_3) und dementsprechend elektropositive Natrium- und Kaliumionen und elektronegative Chlor- und Carbonationen, die nun ihrerseits aber wieder teilweise zu unelektrischen Natriumcarbonat- (Na_2CO_3) und Kaliumchloridmolekülen (KCl) zusammengetreten sind. Das ganze System befindet sich in einem Gleichgewichtszustand, dessen Charakter im wesentlichen von der relativen Menge der in Lösung befindlichen Stoffe abhängig ist, und der nur durch die Fortnahme eines der vorhandenen Produkte gestört werden kann.

Wenn wir nun statt der Pottaschelösung eine Silbernitratlösung ($AgNO_3$) zu der Kochsalzlösung (NaCl) hinzugeben, so stellt sich natürlich in analoger Weise ein chemisches Gleichgewicht ein, nach einer teilweisen Spaltung der Komplexe treten die elektropositiven Silberionen mit den elektronegativen Chlorionen zusammen unter Bildung von elektrisch neutralem Silberchlorid (AgCl). Dieses letztere fällt jedoch in diesem Falle abweichend von dem erstgenannten Beispiele als weißflockiger, käsiger Niederschlag aus, da es in Wasser unlöslich ist. Der hierdurch gestörte Gleichgewichtszustand des Ganzen wird nun wieder hergestellt, indem die übriggebliebenen nichtdissoziierten Kochsalz- und Silbernitratmoleküle dissoziiert werden, wobei sich von neuem Silberchlorid ausscheidet, bis alle Chlor- oder Silberionen in Form von Silberchlorid aus der Lösung entfernt sind, die nunmehr lediglich elektropositive Natrium- und elektronegative Nitrationen, unelektrische Natriumnitratmoleküle ($NaNO_3$) und die Ionen bzw. Moleküle desjenigen Stoffes enthält, der dem andern gegenüber im Überschuß vorhanden war.

In analoger Weise können natürlich auch die Alkali- bzw. Fettsäureionen der „in Wasser gelösten" Seife mit den Ionen anderer Elektrolyte in Reaktion treten, wobei es ebenfalls von der Art der letzteren abhängt, ob sich ein Niederschlag aus der Lösung abscheidet oder nicht. Bei der Komposition medikamentöser Seifen und insonderheit auch bei der Herstellung antiseptischer Seifen ist diesem Umstand also in weitestem Sinne Rechnung zu tragen, da die Wirksamkeit inkorporierter Substanzen durch die Bildung unlöslicher Verbindungen vollständig aufgehoben werden kann.

Die Seife als Desinfektionsmittel.

Um ein Urteil über die Desinfektionswirkung bzw. die Desinfektionskraft der Seifen zu gewinnen, ist es nötig, zunächst einmal den Desinfektionsvorgang als solchen näher zu betrachten.

Wirkungsweise und systematische Einteilung der Desinfektionsmittel.

Allgemein verwendet man, von physikalischen Methoden (Sterilisation durch Wärme) abgesehen, chemische Desinfektionsmittel, um Bakterien außerhalb des lebenden Organismus zu vernichten. Dabei ist es einleuchtend, daß man in erster Linie die lebenswichtigen Bestandteile der Bakterienzelle schädigen muß, wenn man den Desinfektionsprozeß selbst als wirksam gestalten will. Als Träger ihrer Lebensfunktionen dient nun der Bakterienzelle das Protoplasma, ein Gemenge wasserhaltiger, kolloidaler Eiweißstoffe und lipoider Substanzen bestimmter Zusammensetzung, die in ihren Löslichkeitsverhältnissen am ehesten den Fetten zu vergleichen sind, deren chemische Struktur aber noch unbekannt ist. Es ist beinahe selbstverständlich, daß jedwede Änderung dieser chemischen Struktur eine Schädigung der Bakterien selbst bewirken muß, die dann zumeist in einer Hemmung der Entwicklung und der Fortpflanzung zutage tritt, und daß mithin jede Fremdsubstanz, die die Fähigkeit besitzt, in die Zelle einzudringen und das Protoplasma chemisch oder physikalisch-chemisch zu verändern, ein „Bakteriengift" sein muß.

Die Fähigkeit einer chemischen Substanz, in die Bakterienzelle einzudringen, ist natürlich abhängig

1. von der Permeabilität sowohl der Grenzschicht, welche das Protoplasma umhüllend schützt, wie auch der äußeren Zellmembran, die dieser Grenzschicht aufliegt,
2. von dem Charakter des chemischen Mittels, das zur Anwendung gelangt und
3. auch von dem Milieu, in dem dies Mittel auf die Bakterienzelle wirken soll.

Die Protoplasma-Grenzschicht (Protoplasmahaut) ist im allgemeinen in ihren wesentlichen Eigenschaften nicht verschieden von den entsprechenden Schichten der tierischen und pflanzlichen Zelle, Wasser und lipoidlösliche Stoffe durchdringen sie leicht, Salze im allgemeinen schwerer, doch gibt es eine ganze Reihe von Bakterienarten, deren Grenzschicht auch für Salze leicht durchgängig ist. Die äußere Zellmembran, welche aus einer stickstoffhaltigen Cellulose (Pilzcellulose) besteht, setzt allerdings dem Eindringen fremder Substanzen gleichsam als Schutzorgan einen mehr oder weniger großen Widerstand entgegen, und zwar ist diese Schutzwirkung bei den Dauerformen der Bakterien (Sporen) sehr erheblich. Während beispielsweise eine wäßrige 1 proz. Phenollösung Milzbrandbacillen in etwa 10 Minuten abtötet, werden Milzbrandsporen erst durch tagelange Einwirkung einer 4proz. Lösung vernichtet.

Eine Desinfektionswirkung ist aber nicht nur denkbar auf Grund der Durchdringung, sondern auch auf Grund der Zerstörung der äußeren Schutzschichten des Protoplasmas, und in der Tat kann man die Desinfizientien entsprechend solcher Wirkungsweise in zwei Gruppen einteilen. Die eine umfaßt die lipoid- oder fettlöslichen Stoffe, die auf Grund ihrer Löslichkeitsverhältnisse die lipoide Protoplasma-Grenzschicht fast ohne Widerstand durchdringen und daher schnell und gleichsam „passiv" in das Zellinnere gelangen (Alkohol, Carbolsäure, Kresole u. a.), die andere besteht aus den meist anorganischen Elektrolyten (Säuren, Basen und Salze), die in Fetten kaum löslich sind, auf die eiweißhaltige Grenzschicht aber fällend oder lösend wirken, also erst nach Zerstörung derselben das Protoplasma erreichen.

Die Wirkung dieser letztgenannten „Desinfektionsmittel erster Ordnung" beruht natürlich auf den Reaktionen ihrer Ionen mit dem Eiweiß der Bakterien und wird daher auch nur dort möglich, wo die Art des Milieus die Ionisation gestattet. Drängt man die Dissoziation eines Elektrolyten beispielsweise durch den Zusatz eines zweiten zurück, der mit dem ersten ein Ion gemeinsam hat, so wird auch die Desinfektionskraft des ersteren herabgesetzt[1]), nimmt man durch eine Fällungsreaktion die wirksamen Ionen aus der Lösung fort, so schwindet auch die Desinfektionswirkung derselben vollständig.

Die Wirksamkeit der lipoidlöslichen „Desinfektionsmittel zweiter Ordnung", bei denen also das undissoziierte Molekül Träger der Wirkung ist, wird in der Hauptsache bedingt durch den Teilungskoeffizienten ihrer Löslichkeit einerseits in dem umgebenden Medium, andererseits in den fettartigen Zellbestandteilen[2]). Während beispielsweise Phenol in wäßriger Lösung eine kräftige Wirkung besitzt, weil seine Löslichkeit in Wasser geringer ist als in Lipoiden, verschwindet seine Desinfektionskraft in öliger Lösung vollständig[3]), weil es auf Grund seiner Lösungsaffinität vom Öl festgehalten und nicht an die Bakterien abgegeben wird. Andererseits wird die Desinfektionswirkung der lipoidlöslichen Stoffe eine bessere, je mehr man ihre Löslichkeit in dem umgebenden Medium verringert, je günstiger also der Teilungskoeffizient für die Bakterienzelle wird. So wird beispielsweise die Desinfektionskraft der Carbolsäure in wäßriger Lösung durch den Zusatz von Säuren und Salzen erhöht, indem durch die „Aussalzung" des Phenols aus der wäßrigen Lösung sein Eindringen in die Bakterienzelle erleichtert wird[4]).

Stoffe, die als solche lipoidlöslich sind, gleichzeitig aber auch durch Ionen wirken können, gehören natürlich beiden Gruppen zugleich an,

---
[1]) Paul u. Krönig, Ztschr. f. Hyg. u. Infektionskrankh. 25, S. 1. 1897. — Ztschr. f. physik. Chemie 21, S. 414.
[2]) Vgl. Overton, Vierteljahrschr. d. naturforsch. Ges. in Zürich 1899.
[3]) Robert Koch, Mitteilungen aus dem Kaiserl. Gesundheitsamt 1. 1881.
[4]) Scheurlen, Arch. f. exp. Path. u. Pharm. 37, S. 74. 1895. Spiro und Bruns, Arch. f. exp. Path. u. Pharm. 41, S. 355. 1898.

ihre Wirkungsweise wird alsdann vornehmlich durch das jeweilig vorhandene Milieu beeinflußt werden. Im allgemeinen kommt die Desinfektionskraft chemischer Mittel jedoch in wäßriger Lösung am ehesten und in organischen Solvenzien am wenigsten zur Geltung, indem in letzteren die Dissoziation der Desinfizientien erster Ordnung nur gering ist, für solche zweiter Ordnung aber der Teilungskoeffizient zwischen dem Medium und den Bakterien ein für diese ungünstiger wird.

Charakterisierung der Seife als Desinfektionsmittel.

Schon aus den bisherigen Betrachtungen ergibt es sich als beinahe selbstverständlich, daß wäßrige Seifenlösungen eine gewisse Desinfektionskraft besitzen müssen. Denn sie können einerseits durch die bei der Hydrolyse entstehenden Hydroxylionen (OH), deren Konzentration im allgemeinen die Desinfektionswirkung der Alkalien bedingt[1]), als Desinfektionsmittel erster Ordnung, andererseits durch die in der Seifenlösung vorhandenen mehr oder weniger lipoidlöslichen Bestandteile als Desinfektionsmittel zweiter Ordnung wirken. Ferner ergibt es sich mit Notwendigkeit, daß nicht alle Seifen eine gleiche Desinfektionskraft besitzen werden, daß vielmehr entsprechend ihrer chemischen Zusammensetzung und der hierdurch bedingten Änderung ihrer physikalisch-chemischen Eigenschaften weitgehende Unterschiede auftreten können. Die Unsicherheit eines Allgemeinurteils über die Größe der Desinfektionskraft der im Handel befindlichen Seifen ist daher kaum überraschend, und es wird durchaus begreiflich, daß die diesbezüglichen Untersuchungen vieler Autoren meist recht erhebliche Differenzen aufweisen. Während die einen nämlich den Handelsseifen einen beträchtlichen Desinfektionswert zuschreiben, sprechen ihnen andere jegliche Wirkung ab, soll doch nach Kuisl[2]) eine 5 proz. Seifenlösung sogar ein guter Nährboden für Cholerabacillen sein.

Die Desinfektionskraft der Seife an sich.

Die Desinfektionskraft der Seife als solcher wurde zuerst von Robert Koch[3]) festgestellt, der bei seinen Untersuchungen fand, daß gewöhnliche Schmierseife imstande ist, in einer Verdünnung von 1:5000 eine Behinderung und bei 1:1000 eine vollständige Aufhebung der Entwicklung von Milzbrandsporen zu bewirken. Im Jahre 1890 untersuchte sodann Behring[4]) etwa 40 verschiedene Seifensorten mit dem Ergebnis, daß eine „feste Waschseife" bei einer Verdünnung von 1:70

---

[1]) Entgegen dieser allgemein bestehenden Annahme könnte man die Desinfektionswirkung der Alkalien aber auch auf die Alkalimetallionen zurückführen, welche imstande sind, unlösliche Eiweißstoffe in wasserlösliche Alkaliverbindungen überzuführen.
[2]) Kuisl, Beiträge zur Kenntnis der Bakterien im normalen Darmtraktus. Dissert. München 1885.
[3]) Robert Koch, Mitteilungen aus dem Kaiserl. Gesundheitsamt 1, S. 271. 1881.
[4]) Behring, Ztschr. f. Hyg. u. Infektionskrankh. 9, S. 414. 1890.

in Bouillon Milzbrandbacillen innerhalb zweier Stunden abzutöten vermag. 1894 konnte M. Jolles[1]) die Desinfektionskraft der Seife alsdann ebenfalls bestätigen. Bei seinen Versuchen töteten 3 proz. Lösungen von fünf verschiedenen Seifen, deren Fettsäure, Alkali- und freier Alkaligehalt bestimmt war, Cholerakeime in 10 Minuten ab, mit zunehmender Konzentration und Temperatur nahm auch die Desinfektionskraft zu. Auch bei seinen späteren Untersuchungen[2]), für die er Typhus- und Kolibacillen als Testobjekt benutzte, kam er ebenfalls zu dem Ergebnis, daß den Seifenlösungen an und für sich eine bedeutende Desinfektionskraft innewohnt, und daß die Seife infolgedessen für die Desinfektion von schmutziger und mit Dejekten infektiös Erkrankter verunreinigter Wäsche das geeignetste und natürlichste Reinigungsmittel sei.

Auch A. Serafini[3]) spricht den gewöhnlichen Waschseifen, und zwar den reinen fettsauren Salzen als solchen, eine ziemlich bedeutende Desinfektionskraft zu und betont, daß alle Zusätze, welche den Gehalt der Handelsseifen an solchen Salzen herabsetzen, auch die Desinfektionswirkung abschwächen. Andererseits kam aber Konradi[4]) bei seinen mit Milzbrandsporen angestellten Untersuchungen über die bactericide Wirkung der Seifen zu dem Resultat, daß der Seifensubstanz selbst keine nennenswerte desinfizierende Wirkung zukommt, daß dieselbe vielmehr, wenn überhaupt vorhanden, gerade durch gewisse Zusätze, vor allem durch odorierende Stoffe (Terpineol, Vanillin, Cumarin, Heliotropin u. a.) bedingt werde. Seine Resultate wurden bei einer Nachprüfung von anderer Seite mehrfach bestätigt gefunden, im allgemeinen neigten spätere Autoren aber wieder der Ansicht zu, daß den Seifen eine antiseptische Wirkung zukomme. So berichtet 1905 A. Rodet[5]) über die Desinfektionskraft einer reinen, von überschüssigem Alkali freien Natronseife (Marseiller Seife), deren Wirksamkeit er an Staphylokokken und Typhusbacillen prüfte. In beiden Fällen konnte er zweifellos eine antiseptische Wirkung feststellen, indem die Seife einem Nährboden zugesetzt, auch schon in schwachen Konzentrationen das Wachstum der Bakterien behinderte, ohne dasselbe allerdings selbst in sehr viel höheren Dosen ganz zu unterdrücken. Durch reine Seifenlösungen wurden aber beide Bakterienarten abgetötet und zwar bei einem Gehalt von 1% Seife die empfindlicheren Elemente des Staphylokokkus in einigen Stunden, die Typhusbakterien schon in wenigen Minuten. Mit wachsender Konzentration und steigender Temperatur machte sich, den Beobachtungen früherer Autoren entsprechend auch eine schnellere und energischere Wirkung bemerkbar.

Endlich betonte dann im Jahre 1908 C. Rasp[6]) auf Grund eigener Experimentalstudien ganz besonders die schwankende Desinfektions-

---

[1]) M. Jolles, Ztschr. f. Hyg. u. Infektionskrankh. 15, S. 460. 1893.
[2]) M. Jolles, Ztschr. f. Hyg. u. Infektionskrankh. 19, S. 130. 1898.
[3]) A. Serafini, Arch. f. Hyg. 33, S. 369. 1898.
[4]) Konradi, Arch. f. Hyg. 44, S. 101. 1902. — Zentralbl. f. Bakter. 36, S. 151. 1904.
[5]) A. Rodet, Rev. d'Hygiène 1905, S. 301.
[6]) Rasp, Ztschr. f. Hyg. u. Infektionskrankh. 58, S. 45. 1908.

wirkung der käuflichen Schmierseifen und hob hervor, daß weder die chemische Analyse hinsichtlich des Alkaligehaltes, noch die chemisch-physikalische Untersuchung (Leitfähigkeit), noch die Feststellung der Fettsäuren durch die Hüblsche Jodzahl diese Schwankungen voll erklären könnten. Auf Grund der bei Temperaturerhöhung eintretenden Steigerung der Wirksamkeit glaubte er jedoch schon auf die Bedeutung der Dissoziation hinweisen zu dürfen, seine Arbeit schloß er mit den Worten: „Einen weiteren Beitrag zur Theorie der Seifenwirkung dürften wohl Versuche mit Seifen bringen, welche mit chemisch reinen Substanzen angefertigt werden."

Bald danach erschien dann eine Arbeit von Reichenbach[1]), in der dieser Gedanke bereits zur Tat wurde und deren umfangreiches experimentelles Material nunmehr eine Klärung der vorliegenden Frage in fast vollem Umfange zuläßt. Reichenbach verwandte für seine Untersuchungen unter beinahe vollständiger Vernachlässigung aller Handelspräparate die chemisch reinen Alkalisalze all der Säuren, die für gewöhnlich im Seifenkörper angetroffen werden und konnte auf diese Weise feststellen, daß die Kalisalze der gesättigten Fettsäuren ganz allgemein eine recht beträchtliche Desinfektionskraft besitzen, während die Salze der ungesättigten Fettsäuren an und für sich bei der Desinfektionswirkung der Seifen kaum in Betracht kommen können. Eine besonders bemerkenswerte Desinfektionskraft besitzt vor allen anderen Salzen das palmitinsaure Kalium. Eine $1/_{40}$n-Lösung (0,72%) vermochte Bact. coli in weniger als 5 Minuten abzutöten, eine Wirkung, die mit einer wäßrigen 1 proz. Carbolsäurelösung noch nicht in 20 Minuten erreicht wird. Im Gegensatz hierzu zeigen $1/_{10}$n-Lösungen von oleinsaurem Kalium überhaupt keine nennenswerte Wirkung und $1/_{2,5}$ normale führen erst bei einstündiger Wirkung eine teilweise Abtötung der Testbakterien herbei.

Schon aus diesen Versuchen dürfte sich ein großer Teil der in der Literatur vorhandenen Widersprüche erklären, denn es geht aus ihnen mit großer Wahrscheinlichkeit hervor, daß eine Seife um so höhere Desinfektionskraft besitzt, je stärker sie in wäßriger Lösung hydrolysiert wird. Diese Theorie gewinnt jedoch an Bedeutung dadurch, daß sie durch eine ganze Reihe weiterer Beobachtungen gestützt werden konnte. Reichenbach fand nämlich des weiteren, daß die Desinfektionswirkung der fettsauren Alkalien analog der hydrolytischen Spaltung mit verringertem Molekulargewicht der Fettsäuren abnimmt. Aus der Reihe heraus fällt lediglich das Stearat, das trotz seines größeren Molekulargewichts eine etwas schwächere Desinfektionskraft, gleichzeitig aber auch eine etwas geringere Hydrolyse zeigt als das Palmitat. Ferner konnte entsprechend den aus dem obigen Satze herzuleitenden Schlüssen u. a. gezeigt werden, daß die Desinfektionskraft einer Seifenlösung bei zunehmender Verdünnung in geringerem Maße abnimmt, als der Verdünnung eigentlich entspricht. Da nämlich mit steigender Verdünnung die Hydrolyse einer Seifen-

---
[1]) Reichenbach, Ztschr. f. Hyg. u. Infektionskrankh. 59, S. 296. 1908.

lösung zunimmt, und zwar der Art, daß die absolute Menge der hydrolysierten Bestandteile allerdings vermindert wird, der prozentuale Anteil des zersetzten Salzes aber stetig wächst, so muß ein Teil der Verdünnungswirkung durch die relative Zunahme der Spaltprodukte aufgehoben werden.

Trotzdem nun die obige Erklärung den bisher besprochenen, experimentell gefundenen Daten in vollkommenster Weise Rechnung trägt, muß man aber bei näherer Überlegung doch zu dem Ergebnis kommen, daß die mehr oder weniger hydrolytisch gespaltenen fettsauren Salze allein nicht für die Desinfektionskraft der handelsüblichen Seifen maßgebend sein können. Schon die Resultate Robert Kochs, der doch auf Grund seiner Untersuchungen gerade den aus Tranen und pflanzlichen Ölen, d. h. also aus hauptsächlich ungesättigten Fetten hergestellten Schmierseifen eine große Desinfektionskraft zusprach, lassen es vermuten, daß bei diesem Desinfektionsprozeß noch andere Umstände mitwirken müssen, die es möglich machen, daß auch den aus ungesättigten Fettsäuren hergestellten Seifen bisweilen eine größere Wirkung zukommen kann.

Es ist nun natürlich, hier zunächst an den „überschüssigen" Alkaligehalt der Seifen zu denken, insonderheit da es nahe liegt, in Übereinstimmung mit den Ansichten früherer Autoren (Behring usw.) auch das aus den Seifen hydrolytisch abgespaltene Alkali als den in erster Linie für die Desinfektionskraft maßgebenden Faktor anzusprechen. In der Tat erhielt auch Reichenbach durch die Kombination einer kaum desinfizierenden Kaliumoleatlösung mit einer ebenfalls nur schwach wirksamen Kaliumhydratlösung stark desinfizierende Flüssigkeiten, und zwar wurde das Maximum des Desinfektionswertes erreicht bei einer Mischung von $1/6$ Oleat ($n/50$) mit $5/6$ Kalilauge ($n/50$). Entgegen der obigen Annahme würde es aber, wie er selbst zeigen konnte und wie auch vor ihm schon andere Autoren ausgesprochen haben[1]), durchaus falsch sein, die Wirkung der Seife als eine reine Alkaliwirkung aufzufassen, indem Seifenlösungen in den meisten Fällen eine stärkere Wirkung besitzen, als sie günstigsten Falles vom Alkali allein ausgeübt werden könnte. Die Bedeutung des überschüssigen Alkalis dürfte also weniger in seiner eigenen Desinfektionskraft als in einer Steigerung der Desinfektionswirkung der fettsauren Salze begründet sein, und so faßt Reichenbach das Ergebnis seiner Untersuchungen dahin zusammen, daß „Alkali und fettsaure Salze bei gemeinsamer Einwirkung eine gegenseitige Erhöhung ihrer Desinfektionskraft bewirken, und zwar eine stärkere Erhöhung als sie durch dieselben Mengen in einer gleichstarken Lösung desselben Mittels hervorgebracht worden wäre".

Die Frage, wie diese Erhöhung selbst zustande kommt, ist hierbei offen gelassen, und doch dürfte ihre Deutung gerade bei Berücksichtigung der Resultate Reichenbachs und im Hinblick auf die oben entwickelte Theorie der Desinfektionswirkung überhaupt keineswegs unmöglich sein.

---

[1]) Siehe z. B. Serafini l. c.

Kaum genügend beachtet scheint nämlich bei der Auslegung der bisherigen Ergebnisse das bei der Hydrolyse der gesättigten fettsauren Salze neben dem Alkali entstehende, in erheblichem Maße lipoidlösliche saure Salz, das in der Seifenlösung relativ schwer löslich ist, in diesem Medium also einen für die Bakterienzelle günstigen Teilungskoeffizienten besitzt. Nicht ausreichend berücksichtigt scheint dann ferner auch die Tatsache, daß die Seifen durch Alkalien wie durch Elektrolyte überhaupt aus ihren wäßrigen Lösungen „ausgesalzen" werden, so daß auch hier, soweit die ausgesalzenen Seifen lipoidlöslich sind, ein Eindringen derselben in die Bakterienzelle erleichtert wird. Da nun die ungesättigten Neutralseifen im Gegensatz zu den gesättigten eine nicht unbedeutende Lipoidlöslichkeit besitzen, so ist die Wirkung des überschüssigen Alkalis gerade hier erklärlich.

In der Tat findet diese Anschauung bei einer experimentellen Prüfung der sich nunmehr ergebenden Schlußfolgerungen eine weitgehende Bestätigung[1]), und somit könnte man bei Berücksichtigung dieser Ausführungen zusammenfassend sagen: **Die Desinfektionskraft wäßriger Seifenlösungen ist abhängig von dem jeweils obwaltenden Verhältnis zwischen den Alkalisalzen der gesättigten und ungesättigten Fettsäuren und von der Reinheit der Seife selbst, indem die Wirkung der gesättigten Seifen parallel läuft der relativen Menge hydrolysierter Fettsäure bzw. sauren Salzes, die Wirkung der ungesättigten im wesentlichen nur bedingt wird durch das Aussalzvermögen gleichzeitig vorhandener Elektrolyte (überschüssiges Alkali). Das in Seifenlösungen vorhandene gebundene oder überschüssige Alkali ist im übrigen, von seiner eigenen, nicht gerade großen Desinfektionskraft abgesehen, insofern von Bedeutung, als einerseits durch die Art desselben Unterschiede in der Lipoidlöslichkeit der sauren Salze der gesättigten Säuren, andererseits durch seine Art und Menge Änderungen der physikalischen Eigenschaften der Seifenlösung (Zurückdrängung der Hydrolyse, Beeinflussung der Mikrostruktur der kolloiden Seifenteilchen) veranlaßt werden.**

Praktische Folgerungen.

Für die Praxis ergibt sich nun aus diesen Darlegungen, daß man bei der Fabrikation von Seifen je nach Art und Verarbeitung der verwandten Rohmaterialien die mannigfachsten Abstufungen in der Desinfektionskraft der fertigen Produkte wird erzielen können, ohne daß der Konsument in der Lage ist, aus der Handelsbezeichnung und dem Aussehen auf die diesbezügliche Qualität zu schließen. Infolgedessen ist der Seife selbst als Desinfektionsmittel eine gewisse Unzuverlässig-

---

[1]) Die diesbezüglichen Versuche des Verfassers sollen demnächst publiziert werden.

keit nicht abzusprechen, solange wenigstens als eine Angabe der Zusammensetzung von seiten des Fabrikanten streng vermieden und eine analytische Kontrolle infolgedessen ausgeschlossen wird. Wie aus dem Vorhergehenden ersichtlich, würde für eine solche Angabe aber keineswegs die Mitteilung des Alkali- und Gesamtfettsäuregehaltes genügen, auch die Art des Fettsäuregemisches, der Gehalt an gesättigten und ungesättigten Fettsäuren müßte berücksichtigt werden, wenn das heute beim Gebrauch der Seife als Desinfektionsmittel obwaltende Gefühl der Unsicherheit verschwinden soll. Für die Herstellung desinfizierender Seifen am ehesten zu empfehlen bleiben jedoch die neutralen Seifen der gesättigten Fettsäuren, da sich die Anwendung stark alkalischer oder kochsalzhaltiger Seifen in den meisten praktisch vorkommenden Fällen von selbst verbietet.

Einfluß der Temperatur des Waschwassers auf die Desinfektionskraft der Seife.

Aber nicht nur die Qualität einer Seife als solcher ist in jedem Falle für die Höhe ihrer Desinfektionskraft maßgebend, auch die Temperatur des Waschwassers ist daneben, wie schon mehrfach hervorgehoben wurde, von erheblicher Bedeutung, indem ganz allgemein der Prozentualgehalt und die Hydrolyse wäßriger Seifenlösungen mit einer Temperaturerhöhung wächst. Nach Versuchen von C. Rasp[1]) werden beispielsweise Staphylokokken durch eine 50° warme 1 proz. Seifenlösung in 5′ und durch eine $1^0/_{00}$ Lösung gleicher Temperatur in 30′ abgetötet, während Wasser von 50° erst nach zweistündiger Einwirkung eine Abnahme der Testbakterien bedingt.[2]) Da die Haut nun Temperaturen von 50—60° sehr leicht erträgt, so ist bei Verwendung der Seife als Desinfektionsmittel heißes oder wenigstens warmes Wasser stets vorzuziehen, insonderheit, da heißes Wasser selbst schon Hornschichten in größerer Tiefe durchdringt als Wasser von gewöhnlicher Temperatur.

Die therapeutische Bedeutung der Seife.

Von

Dr. med. Conrad Siebert, Charlottenburg.

Seifen werden in der Medizin heutzutage **hauptsächlich zu externem Gebrauche** verwendet. Eine Verordnung von Seifen zu interner Anwendung findet nur in sehr beschränktem Maße statt. Von dieser Verwendungsweise wäre die Seife als Laxans in Form von **Seifenklystieren** und **Stuhlzäpfchen** zu erwähnen. Die Wirkung wird durch Anregung der Dickdarmperistaltik hervorgerufen. Bei Säurevergiftungen wird Seife fein geschabt oder in Wasser gelöst zum Zwecke

---

[1]) C. Rasp, Ztschr. f. Hyg. u. Infektionskrankh. 58, S. 56. 1907.
[2]) Vgl. auch A. Serafini, Arch. f. Hyg. 33, S. 369.

der Neutralisation als Gegengift verabreicht. Schließlich ist Sapo medicatus als Pillenkonstituens ein sehr beliebtes Mittel.

Hiermit wäre wohl die interne Verwendungsmöglichkeit der Seife erschöpft, der die viel ausgedehntere Anwendung zu äußerem Gebrauche und zwar besonders zur Pflege der Haut und zur Heilung von Hautkrankheiten gegenübersteht. Das richtige Verständnis für die Nutzanwendung der Seifen in der Medizin werden wir gewinnen, wenn wir uns die verschiedenen **pharmakologischen Qualitäten** vergegenwärtigen, die der Seife als solcher innewohnen.

Die Seife ist:
1. ein **entfettendes** Mittel,
2. ein die Hornschicht der Haut erweichendes und auflösendes (**keratolytisches**) Mittel,
3. ein **parasitifuges** Mittel, d. h. ein Heilmittel, welches Parasiten aus der Haut vertreibt, indem es die oberflächlichsten Hautschichten mit diesen zugleich entfernt,
4. ein rein keimtötendes, d. h. ein **Desinfektionsmittel** und
5. ein erweichendes, zerteilendes, **entzündungswidriges** Mittel.

Die entfettende Eigenschaft der Seife spielt in der **allgemeinen Hygiene und Kosmetik** der Haut eine große Rolle, da auf ihr ja die hautreinigende Wirkung beruht. Die aus der atmosphärischen Luft auf die Haut gelangenden Verunreinigungen bleiben an dem fettigen Sekret der Haut kleben und werden von demselben teilweise umhüllt, so daß sie sehr fest haften. Mit Wasser allein sind die Schmutzteilchen, wegen des mangelnden Mischungsvermögens zwischen Fett und Wasser, nicht zu entfernen; wir brauchen eben ein Mittel, um das Fett zur Lösung zu bringen und so mit der Entfernung des Hautfettes eine Reinigung der Haut herbeizuführen. Mit der Eliminierung der akzessorischen Schmutzpartikelchen durch Seife wird aber auch die Haut zugleich von abgelagerten Produkten ihrer physiologischen Tätigkeit (Fett, Schweiß) befreit, die Poren werden geöffnet, und die normalen Funktionen der Haut können sich ungehindert vollziehen. Da mit der mechanischen Entfernung der genannten Produkte auch auf die Haut gelangte Bakterien, Pilzkeime usw. fortgeschafft werden, so wird aus dem Angeführten die ungeheure hygienische Bedeutung, welche der Seife zukommt, ohne weiteres klar.

Bei gewissen Erkrankungen der Haut, die sich in **übermäßiger Fettabsonderung** äußern, spielt die Seifenwirkung auch eine therapeutische Rolle. Bei der Seborrhoea oleosa sehen wir das Gesicht des Patienten wie mit Fett beschmiert. Durch Verordnung von Seifen und hier besonders stark alkalischer Seifen, in schweren Fällen sogar von Spiritus saponatus kalinus, können wir zunächst das Aussehen des Patienten bessern und bei konsequenter Verwendung auch Beseitigung der primären Ursache und so Heilung herbeiführen. Das gleiche gilt auch bei übermäßiger **Schweißsekretion** an Händen, Füßen, Achselhöhlen usw. Diese starken Schweißabsonderungen sind meistens mit starker Fettsekretion vergesellschaftet, da bekanntlich nach Unna auch die Schweißdrüsen Fett produzieren.

In der gleichen Weise wie bei der Hautpflege, wird auch die entfettende Wirkung der Seife bei der Haarpflege ausgenützt. Jedes Haar hat einen normalen Fettgehalt, der einerseits bei manchen Personen, besonders brünetten oder schwarzen, so erheblich sein kann, daß er unschön wirkt, andererseits können gewisse Erkrankungen, wie die Seborrhoea capitis (Kopfschuppenbildung) zu einer außerordentlichen Vermehrung des Haarfettes führen. Durch regelmäßige Waschungen, wobei immer zu beachten ist, daß warmes Wasser die fettlösende Fähigkeit der Seifen bedeutend steigert, kann man den Haaren ihr normales Aussehen wiedergeben. Bei andauernder Seifenverwendung liegt jedoch die Gefahr vor, daß eine fettarme Haut zu sehr entfettet und dadurch spröde und rissig wird. Es ist daher von jeher das Bestreben der Dermotherapeuten gewesen, „neutrale" Seifen zu benutzen. In den überfetteten, zentrifugierten Seifen, den Albumosenseifen usw. war das Problem nur annähernd gelöst. In der auch für die Herstellung der Afridol- und Providolseife benutzten Proval-Grundseife[1]) ist das Ziel einer auch in Lösung vollkommen neutralen Seife inzwischen jedoch erreicht worden.

Die hornschichtlösende Wirkung der Seife nutzen wir in zweifacher Richtung aus. Wir können einmal mit Hilfe der Seife bestimmte Oberschichten der Haut entfernen, wenn dazu Veranlassung vorliegt, andererseits können wir die oberflächlichen Schichten durch Auflockerung für andere Medikamente durchlässiger machen, die sonst nur schwer oder gar nicht von der Haut aufgenommen werden, d. h. wir können das resorbierende Vermögen der Haut steigern. Das Rheumasan ist z. B. ein Präparat, bei dem Salicylsäure der Seife inkorporiert ist, wodurch die Salicylsäure viel leichter von der Haut aufgenommen wird. Auch die Resorption des Quecksilbers hat man bei der sogenannten „grauen Salbe" durch Zusatz von Seifen zu erleichtern gesucht, ohne daß aber meines Wissens diese Versuche eine allgemein praktische Anerkennung gefunden haben.

Die hornschichtentfernende Wirkung der Seife suchen wir überall dort anzuwenden, wo es zu einer gesteigerten Produktion von Hornzellen gekommen ist, also bei allen schuppenden Dermatosen, und wenn es darauf ankommt, die oberen Epidermisschichten einer sonst normalen Haut aus gewissen, noch näher zu erörternden therapeutischen Gründen zu entfernen. Mit den Seifen kann man, je nach Wahl des Präparates und nach Art der Verwendung, leichte Abschilferungen der pathologischen Hornzellen, aber auch vollständige Schälungen der Oberhaut erzielen. Die Schälung, den intensivsten Grad der Seifenwirkung, erreichen wir am besten mit Schmierseifen z. B. Sapo kalinus, oder deren alkoholischer Lösung, dem Spiritus saponatus kalinus. Vor den anderen Schälmitteln, den Schälpasten mit Resorcin, Naphthol,

---

[1]) Pharmazeutische Seifen-Industrie Gesellschaft, Berlin.

Schwefel u. a., zeichnet sich die Seifenschälung dadurch aus, daß sie verhältnismäßig wenig Reaktionserscheinungen auslöst.

Um einen Schäleffekt zu erzielen, dürfen Seifen nicht in der sonst üblichen Weise verwendet werden, sondern müssen wie Salben resp. Tinkturen dauernd auf die Haut aufgetragen werden. Seifenschälungen können in Betracht kommen bei schwerer Acne vulgaris, Acne rosacea und Hyperpigmentationen (Chloasma, Leberflecken, Epheliden, Sommersprossen). Die Schälwirkung bei Acne vulgaris und Acne rosacea leuchtet wohl ohne weiteres ein. Bei der schweren Acne vulgaris wird durch die Schälung der Abfluß des Eiters aus den vereiterten Haarbälgen erleichtert. Bei der Acne rosacea wird die Eiterung ebenfalls beschleunigt und die diese Erkrankung begleitenden oberflächlichen Gefäßerweiterungen, die dem Patienten das bekannte rote Aussehen des Gesichts verleihen, werden durch Abhebung der Oberhaut zerstört, so daß das Gesicht nach der Schälung stark abblaßt. Bei den genannten Pigmentationsanomalien, dem Chloasma und den Epheliden, spielt sich die anormale Pigmentvermehrung in den tiefsten Epidermisschichten ab, so daß die Krankheitsprodukte für die Seife nicht direkt erreichbar sind. Die Erklärung des in diesen Fällen nur indirekten Erfolges bei der doch nur relativ oberflächlichen Wirkung der Seife liegt in dem biologischen Gesetze der durch Reize hervorgerufenen starken Zellvermehrung. Werden die obersten Zellschichten durch Schälung entfernt, so erfolgt eine sehr lebhafte Produktion der tiefer gelegenen Epidermiszellen, wodurch die unteren Schichten sehr schnell nach oben nachrücken. Die Pigmentablagerung in den unteren Zellen geht aber im Verhältnis zu der durch den Schälprozeß bedingten Zellproliferation langsamer vor sich, so daß wir also eine weniger pigmentierte Haut erhalten.

Ein weites Feld für die Ausnützung der hornschichtlösenden Eigenschaft der Seife ist, ohne daß ausgesprochene Schäleffekte erzielt werden, bei allen Erkrankungen gegeben, die durch eine pathologische Überproduktion von Hornzellen charakterisiert sind. Hierzu gehören zunächst einige Krankheiten, die angeboren sind, und so Bildungsanomalien vorstellen, im Gegensatz zu andern Krankheitsbildern, bei denen die krankhafte Hornzellenbildung mit Entzündungserscheinungen einhergeht. Von der ersten Gruppe wäre die Ichthyosis, die sogenannte Fischschuppenkrankheit, zu nennen, und der Lichen pilaris, gekennzeichnet durch punktförmige kegelartige Hornauflagerungen an den Streckseiten der Arme und Beine. Bei beiden Erkrankungen, die man wohl als unheilbar ansehen muß, kann man durch die dauernde Verwendung geeigneter Seifenpräparate insofern Nutzen schaffen als man die Haut, nach Entfernung der Hornauflagerungen durch Salicylsäure, in einem erträglichen Zustande erhalten kann.

Den Übergang zu den mit Entzündungserscheinungen einhergehenden Hornzellenanomalien bildet der Callus (Schwiele) und der Clavus (Hühnerauge). Die Anwendung der Seife in diesen Fällen, besonders in Form von Seifenpflastern ist ja wohl allgemein bekannt.

Groß ist nun die Gruppe der Erkrankungen, bei denen die Hornschichtvergrößerungen das Resultat von Entzündungsprozessen sind. Das chronische Ekzem steht als die verbreitetste Krankheit im Vordergrunde des Interesses. Da dasselbe neben den schuppigen Auflagerungen auch durch eine entzündliche Verdickung der Haut charakterisiert ist, so resultiert der Heilungsprozeß aus der hornschichtlösenden und der entzündungswidrigen Eigenschaft der Seife, die noch weiter unten näher erläutert werden soll. Bei der Ekzembehandlung spielen, abgesehen von medikamentösen Seifen, besonders Salicylsäure-Seifenpflaster und Bleiseifen (Emplastrum lithargyri) die Hauptrolle; reine Seifenpräparate finden hauptsächlich zu Beginn und zum Schluß der Behandlung Verwendung. Wir gebrauchen sie zuerst, um die Haut durch Befreiung von den hornigen Auflagerungen für die weitere medikamentöse Behandlung vorzubereiten, und wir wenden sie zum Schluß in der Hauptsache in Form von medikamentösen Seifen an, um die geheilte Haut abzuhärten und das Rezidivieren zu verhüten, d. h. als prophylaktische Maßnahme. Stehen doch einige Autoren sogar auf dem Standpunkte, daß sie eine ekzematöse Haut erst dann als vollständig geheilt ansehen, wenn sie die Einwirkung von auch energischer wirkenden medikamentösen Seifen (Teer-, Schwefel-, Ichthyolseife) anstandslos verträgt. Bei den schweren Ekzemen der Handteller und Fußsohlen, die oft zu kolossalen Verdickungen der Haut führen, wäre eine therapeutische Beeinflussung durch unsere bewährten Ekzemmittel (Teer, Pyrogallussäure, Chrysarobin usw.) gar nicht denkbar, wenn man nicht durch Seifenbehandlung die Haut für eine genügende Resorption vorbereiten könnte.

Eine keratolytische Seifeneinwirkung verlangen weiter die Schuppenflechte (Psoriasis vulgaris), das seborrhoische Ekzem, Acne vulgaris in ihren milderen Formen, und einige andere sehr selten vorkommende Erkrankungen, auf die ich hier nicht weiter eingehen will. Bei dem seborrhoischen Ekzem, das eine sehr oberflächliche, mit kleinen fettdurchtränkten Schuppen bedeckte Form des Ekzems vorstellt, genügen einfache Seifenwaschungen, um die Auflagerungen zu beseitigen. Das Gleiche ist der Fall bei Schuppenflechte in ihren frischen Stadien, während bei den älteren Formen auch zur Anwendung des Pflasters, eventuell in Kombination mit Salicylsäure, gegriffen werden muß. In ganz hartnäckigen Fällen sucht man auch die Einwirkung der gebräuchlichsten Heilmittel (Teer, Chrysarobin) durch Hinzufügen von Seife zu erhöhen (Dreuwsche Salbe). Nach Heilung der Psoriasis sind tägliche Waschungen des Körpers mit Seife zum Verhüten von Rezidiven sehr zweckmäßig.

Bei der Acne vulgaris haben wir eine Erkrankung vor uns, bei der wir die vermehrte Hornzellproduktion mit dem bloßen Auge nicht wahrnehmen können. Das mikroskopische Bild der Erkrankung zeigt uns aber, daß Hornzellenvermehrung auch hier eine Rolle spielt und zwar besonders in den Ausführungsgängen der Haarbälge. Durch die Überproduktion der Hornzellen verschließen sich diese und gehen hierdurch alsdann in Eiterung über. Es ist nicht von der Hand zu weisen, daß hier eventuell auch infektiöse Momente mitspielen, so daß gerade diese Krankheit eine große Domäne der Seifenbehandlung bildet, indem wir hier die hornschichtlösende und desinfizierende Wirkung der Seife ausnützen, sei es mit, sei es ohne Zusatz von Medikamenten, die in der Lage sind, die beiden erforderlichen Eigenschaften der Seife zu erhöhen.

Die parasitifuge Wirkung der Seife tritt am eklatantesten in Erscheinung bei der Behandlung der Pilzerkrankungen der Haut. Auch hier müssen wir in intensiver Weise die Schälwirkung herbeiführen, um Heilung zu erzielen. Die hier in Frage kommenden Krankheiten sind Pityriasis versicolor (Schuppenkleinflechte), Herpes tonsurans (scherende Flechte), Sycosis parasitaria (Bartflechte), Eczema marginatum, Erythrasma. Die Pilze sitzen bei diesen Erkrankungen meistens in den oberen Lagen der Hornschicht, jedoch so tief, daß sie bei der gewöhnlichen Applikation von Desinfizientien nicht erreichbar sind. Durch die Schälwirkung der Haut werden die oberen Zellagen abgehoben und mit ihnen die Pilze und die Sporen entfernt, so daß Heilung resultiert.

Über die rein desinfizierende Wirkung der Seife, d. h. über die bakterientötende Kraft ist lange in der Literatur gestritten worden. Diese Eigenschaft der Seife als solche ist wohl nicht allzu hoch anzuschlagen. Sie tritt schon intensiver zutage bei der Kombination mit Alkohol und aus diesem Grunde erfreut sich der Seifenspiritus teilweise großer Beliebtheit bei Chirurgen zur Desinfektion der Hände und des Operationsfeldes. Wir dürfen aber nicht vergessen, daß hierbei die intensive mechanische Reinigung, das Bürsten, den Desinfektionsvorgang unterstützt, und daß es sich bei diesem Vorgang um die Entfernung solcher Bakterien handelt, die der Haut äußerlich anhaften und nicht wie pathologische Keime in biologische Relationen zu dem Gewebe getreten sind. Anders liegt die Situation, wenn pathogene Keime vorhanden sind, die nicht mehr ganz oberflächlich sitzen. Hier gibt es vielleicht nur eine bakterielle Erkrankung, eine sehr häufig bei Kindern vorkommende Staphylokokkenerkrankung, die man durch bloße Seifenwaschungen zur Heilung bringen kann, die Impetigo contagiosa. Aber auch hier sind die pathologisch-anatomischen Verhältnisse sehr günstig, da die Erkrankung sehr oberflächlich bleibt und nicht in die Tiefe geht, und die Infektionskeime anscheinend äußeren Einflüssen gegenüber sehr empfindlich sind. Schwieriger wird die Situation bei den Leiden, bei denen die Keime resistenter sind und Neigung haben, auf dem Wege der Haarbälge in die Tiefe zu gehen, wie bei der Acne vulgaris, der Furunkulose oder der Sycosis parasitaria, einer zweiten Form der Bartflechte. Hier kommen wir mit der gewöhnlichen Desinfektionswirkung der Seife nicht mehr aus.

Man hat nun durch den Zusatz anderer Desinfektionsmitteln versucht, diese Wirkung der Seife zu erhöhen, leider waren diese Bemühungen aber, wie an anderer Stelle dieses Buches ausführlich besprochen ist, anfangs nicht von besonderem Erfolge gekrönt, da die zugesetzten Chemikalien im Seifenkörper tiefgehendere Zersetzungen erlitten, die die keimtötende Kraft zum größten Teil aufhoben. Erst durch den Zusatz auch im Seifenkörper dauernd haltbarer, kräftig wirkender Quecksilberverbindungen ist es gelungen, in der **Afridolseife** eine starke, und in der **Providolseife** eine dem Prozentgehalt entsprechend schwächere desinfizierende Seife herzustellen. Von der Verwendung dieser Seifen können wir uns auch Erfolge bei widerstandsfähigeren Krankheitskeimen versprechen, doch müssen wir auch hierbei festhalten, daß es sehr schwer ist, schon in das Gewebe eingedrungene Keime zu treffen. Es gelingt uns dieses auch nicht bei der Verwendung von konzentrierten Lösungen unserer stärksten Desinfektionsmittel, es sei denn, daß wir das Gewebe vollständig zerstörten, d. h. verätzten. Es liegt also auf der Hand, daß auch die beste desinfizierende Seife Ansprüchen dieser Art nicht genügen kann. Nun aber werden bei den in Frage kommenden Erkrankungen durch den Vorgang der Eiterung immer wieder Keime auf die Haut gebracht, die an anderen Stellen den Krankheitsprozeß fortsetzen. Um diese Keime aber zu vernichten, d. h. in prophylaktischer Hinsicht, können uns desinfizierende Seifen von außerordentlichem Nutzen sein.

Die Verwendung von Seifen als **entzündungswidriges, zerteilendes Mittel** beschränkt sich in der Hauptsache auf die Verwendung von Seifenpflaster. Wir verwenden es bei Furunkel, Pflegmonen usw., um diese Entzündungsprozesse ev. zum Stillstande und zur Verteilung zu bringen. Hierher gehören auch wohl die Einreibungen mit Schmierseifen, die man bei Drüsen-Knochen-Gelenktuberkulose, bei Exsudaten usw. in Anwendung bringt.

Wir haben bis jetzt nur von der therapeutischen Wirkung der Seife als solcher gesprochen. Es ist nun schon lange das Bestreben vorhanden gewesen, die Wirkung der Seife durch beigefügte, ähnlich wirkende Medikamente zu erhöhen oder die Wirkung durch Kombination mit anders wirkenden Heilmitteln zu ergänzen. Das Resultat dieser Bemühungen waren die **medikamentösen Seifen**. Und die Vorliebe, die gerade das Publikum für derartige Seifen zeigt, beweist, daß in diesen Gedankengängen etwas durchaus praktisch Brauchbares liegt. Unna hat sehr richtig die Vorzüge der medikamentösen Seifen erkannt und diese Grundsätze in ähnlicher Weise, wie folgt, formuliert. Diese Seifen sind äußerst praktisch bei der Behandlung von **universellen Hauterkrankungen**. Es ist sehr schwierig und mit großen Unbequemlichkeiten verknüpft, die besonders auf dem Gebiete der Reinlichkeit liegen, einen ganzen Körper mit Salben einzureiben oder zu verbinden. Die Verwendung einer Seife gestaltet sich viel einfacher, bequemer und auch viel billiger. Selbst der Gebrauch der teuersten medikamentösen Seifen stellt sich nicht so kostspielig wie der von Salben und Pasten. Es soll damit allerdings nicht gesagt sein, daß man mit einer Seife jede Salbenbehandlung überflüssig machen kann, jedoch wird sie bei verständiger Auswahl der richtigen Fälle schätzenswerte Dienste leisten. Eignet sich der Krankheitsfall nicht für eine alleinige Seifenbehandlung, so kann man wenigstens durch medikamentöse Seifen im Laufe des Tages einzuwirken suchen, was den Patienten nicht zu beruflichen Störungen führt, und kann zur Nacht Salbenverbände machen. Sind die Symptome der Erkrankungen durch eine entsprechende Therapie zum größten Teil beseitigt, so haben wir in der Verwendung von Seifen eine sehr bequeme Methode, die Nachbehandlung durchzuführen, die letzten Reste zu beseitigen und durch noch darüber hinausgehende Seifenapplikationen prophylaktisch einzuwirken. Beispielsweise spielt solche Prophylaxe eine besonders wichtige Rolle bei gewissen, leicht rezidivierenden Hauterkrankungen, also bei Pilzkrankheiten und bakteriellen Infektionen. Als letzter, bereits erwähnter Vorteil der medikamentösen Seifen wäre dann schließlich noch die Tatsache hervorzuheben, daß die Seife ihrer hornschichtlösenden Eigenschaften wegen den inkorporierten Medikamenten das Eindringen in die Tiefe der Hautschicht erleichtert.

Diesen angeführten Vorteilen der Seifentherapie stehen nun allerdings auch einige Nachteile gegenüber, die aber nicht imstande sind, die Verwendung medikamentöser Seifen in weitgehender Weise einzuschränken. Die Seife ist zunächst kein indifferentes Heilmittel. Es gibt immer diese oder jene Haut, die besonders während irgendeines Erkrankungs- oder Reizzustandes die Behandlung mit Seife nicht verträgt, oft sogar mit einer Verschlimmerung des Leidens auf diese Behandlung reagiert. Dieser Zustand kann nun entweder ein dauernder oder auch ein nur vorübergehender sein. Aufgabe des Arztes ist es jedenfalls, diese Fälle herauszufinden und bei ihnen die Seifentherapie ganz zu unterlassen oder sich vorsichtig einzuschleichen. Ein anderer Umstand, den man als Arzt oft als nachteilig empfindet, ist der, daß wir bei der Dosierung von Medikamenten auf die Konzentrationen angewiesen sind, wie sie uns die Industrie zur Verfügung stellt, und deren Zahl aus technischen Rücksichten naturgemäß nur beschränkt sein kann. Wollen wir eine empfindliche Haut durch eine ganz allmähliche Steigerung der Konzentration an ein an und für sich nicht indifferentes Heilmittel gewöhnen, so können wir das bequem und allmählich mit Salben bewerkstelligen, während wir bei Seifen meistens genötigt sind, sprungweise vorzugehen, wobei wir leicht das gewonnene Terrain wieder verlieren können. Daß wir schließlich auch nicht jedes Medikament ohne entwertende Zersetzung dem Seifenkörper einverleiben können, ist im Folgenden ausführlich behandelt worden. Bezüglich der Qualität der medikamentösen Seifen muß das Renommee der betreffenden Fabrik bürgen, da bekanntlich auch sehr viele minderwertige Fabrikate in den Handel kommen.

Den Vorteilen der Seifentherapie stehen also auch Nachteile gegenüber, und ich möchte aus persönlicher Erfahrung nochmals hervorheben, daß es für den Arzt nicht immer leicht ist, eine Seifentherapie durchzuführen. Es gehört mitunter große Erfahrung dazu und ein guter Blick dafür, was man einer Haut zumuten kann, um die Therapie auf diesem nicht indifferenten Wege, der dann aber sehr viele Vorteile bietet, durchzuführen. Das Publikum ist vor einer selbständigen kritiklosen Verwendung medikamentöser Seifen, wie sie häufig leider besonders auf Grund industrieller Reklamen in der Tagespresse stattfindet, dringend zu warnen. Der Schaden ist in den meisten Fällen weit größer als der Nutzen.

Die Technik der Anwendung medikamentöser Seifen kann eine verschiedenartige sein, entsprechend der Intensität der Wirkung, die wir erzielen wollen. Das einfache Waschen mit einer medikamentösen Seife unter nachfolgendem Abspülen des Seifenschaumes mit Wasser stellt die mildeste Anwendungsform dar. Intensiver wirkt die Seife schon, wenn wir die Haut einschäumen und den Schaum dann mit einem trocknen Handtuch abreiben. Die stärkste Wirkung erzielen wir, wenn wir auf der Haut einen ausgiebigen dicken Schaum erzeugen, den wir auf der Haut eintrocknen und ev. 12 bis 24 Stunden darauf verweilen lassen. Diese einzelnen Grade der Wirkungsintensität können wir noch dadurch abstufen, daß wir warmes oder kaltes Wasser zum Einschäumen verwenden, und zwar von dem Gesichtspunkte aus, daß das warme Wasser dem kalten gegenüber zu einer stärkeren Einwirkung der Seife auf die Haut führt.

Im folgenden sei noch eine kurze Zusammenstellung der gewöhnlichsten Hauterkrankungen gegeben, bei denen medikamentöse Seifen mit Erfolg verwendet werden können. Gleichzeitig sind die speziell geeigneten Präparate benannt worden.

Hyperidrosis (starke Schweißsekretion): Salicyl-, Chinosol-, Formalinseife.

Seborrhöe (starke Fettsekretion): Waschungen mit Spiritus saponatus kalinus, Schwefel-, Thiol-, Salicyl-, Resorcin-, Naphthol-, Marmor-Sandseife.

Comedonen (Mitesser): Natriumsuperoxydseife. (Zu vermeiden Teer-, Schwefel-, Resorcinseife.)

Urticaria (Nesselsucht): Menthol-, Eucalyptol-, Campher-, Thymolseife.

Prurigo: die oben genannten Seifen als symptomatische, den Juckreiz mildernde Mittel, als Heilmittel und für die Prophylaxe Schwefelseife.

Ekzeme: Im akuten Stadium sind Seifen im allgemeinen zu vermeiden. Es können jedoch versucht werden Zinkoxyd- und Keraminseife. Bei subakuten Ekzemen: Thiol-, Ichthyol-, Tanninseife. Bei chronischen Ekzemen: Resorcin- und Teerseife. Sind starke Verdickungen der Hornschicht vorhanden: Salicylseife, ev. in Kombination mit den bereits angeführten Präparaten.

Pityriasis versicolor: Salicyl-, Schwefelseife ev. Kombination beider.

Trichophytie: in leichten Fällen: Salicylschwefel-, Providolseife, in schwereren: Afridol-, Naphthol-, Chrysarobinseife.

Pityriasis rosea: wie oben.

Eczema marginatum: wie oben.
Erythrasma: Salicyl-, Schwefel-, Providol-, Afridolseife.
Favus: starke Schwefelseife, Naphthol-, Chrysarobin-, Jodkaliumseife.
Scabies: Nicotin-, Naphthol-, Styrax-, Perubalsam-, Schwefel-, Schwefelsandseife.
Impetigo: Thymol-, Salicyl-, Chinosol-, Afridol-, Providolseife.
Pernionen (Frostbeulen): Tannin-, Ichthyol-, Perubalsam-, Campherseife.
Lichen ruber: Zur symptomatischen Bekämpfung des Juckreizes Menthol-, Thymolseife.
Psoriasis vulgaris (Schuppenflechte): Zur Vorbehandlung zwecks Entfernung der Schuppen: Salicyl-Resorcinseife, Kaliseife; zur weiteren Behandlung: Pyrogallus-, Teer-, Chrysarobinseife.
Furunculosis: Afridol-, Providol-, Schwefelseife.
Acne vulgaris: Resorcin-, Schwefel-, Providol-, Afridol-, Salicyl-, Naphthol-, Hefe-, Marmorseife.
Acne rosacea: Ichthyol-, Resorcin-, Schwefelseife.
Sycosis non parasitaria (Bakterienbartflechte) Afridol-, Providol-, Resorcin-, Schwefelseife.
Ichthyosis: Salicyl- und Resorcinseife, weiche und flüssige Kaliseifen.
Pediculosis: Afridol- und Naphthalinseife.

II. Allgemeine Technologie der medikamentösen Seifen.

Die Rohmaterialien und die Fabrikation der Grundseife.

Die Forderungen, welche die Therapie an medikamentöse Seifen stellt und welche im wesentlichen mit den Bedingungen übereinstimmen, unter denen auch ein Optimum der Wasch- und Desinfektionswirkung erreicht wird, lassen es als notwendig erscheinen, der Fabrikation der Grundseife die größtmögliche Sorgfalt zuzuwenden. Denn die im wesentlichen von dem Darstellungsprozeß abhängende Beschaffenheit und Zusammensetzung der Seifengrundlage sind von derselben Bedeutung für die therapeutische Brauchbarkeit wie die Gleichmäßigkeit und die dadurch bedingte Zuverlässigkeit des Gesamtfabrikates.

Allerdings kann es nicht die Aufgabe dieses Buches sein, die Herstellung der Grundseife, d. h. den Verseifungsprozeß, die Trocknung und maschinelle Verarbeitung von Grund aus zu besprechen. Im großen und ganzen richten sich die erforderlichen Maßnahmen nach den Vorschriften, die auch sonst für die Fabrikation guter Toiletteseifen gelten, so daß hier auf die diesbezüglichen Lehr- und Handbücher verwiesen werden kann[1]).

Wie unter den Toiletteseifen, so sind auch unter den medikamentösen Seifen die festen Natronseifen am meisten begehrt, und unter ihnen wieder verdienen die sogenannten „pilierten Fettseifen" den Vorzug, da sie in bezug auf ökonomischen Verbrauch, Güte und Haltbarkeit das vollkommenste Erzeugnis der gesamten Seifentechnik darstellen. Für ihre Herstellung kommen als Rohmaterial alle Fette in Frage, die vornehmlich aus gesättigten Fettsäuren bestehen, so daß sich die Zusammensetzung des Ansatzes in ziemlich weiten Grenzen bewegen kann. Lediglich schlechte, verdorbene Fette dieser Art und solche von unbekannter oder zweifelhafter Herkunft sind von der Verwendung prinzipiell auszuschließen. Als Hauptmaterial am meisten zu empfehlen ist auch heute noch frischer Schlachthaustalg von bester Qualität und zwar am ehesten Rindertalg, der rein und von heller Farbe, frisch geschmolzen, wasser- und säurefrei sein soll. Sein Schmelzpunkt darf möglichst nicht unter 43° C liegen. Ist er in dieser ein-

---

[1]) C. Deite, Handbuch der Seifenfabrikation. Berlin 1912, 3. Aufl. Bd. II. — Ubbelohde-Goldschmidt, Handbuch der Chemie und Technologie der Öle und Fette Bd. III. — G. Hefter, Technologie der Fette und Öle, Bd. IV.

wandfreien Form nicht zu haben, so muß er einer geeigneten Reinigung, einer Läuterung, unterworfen werden, um ein späteres Ranzigwerden der gefertigten Seife auszuschließen. Dies Ranzigwerden, ein heute kaum genügend erklärter Prozeß, wird angeblich durch die Zersetzung der in dem Fette eingeschlossenen Eiweißsubstanzen hervorgerufen, die bereits durch eine Raffination mit Salzwasser zum größten Teil entfernt werden.

Von den vegetabilischen Fetten kommen für die Herstellung medikamentöser Seifen in Betracht gebleichtes Palmöl, das den fertigen Seifen allerdings ein leicht gelbliches Aussehen gibt, Cocosöl und zwar möglichst Cochin- oder Malabaröl, das klar und schneeweiß auf Grund der leichten Löslichkeit seiner Seifen in Wasser bei einem Zusatz von 10—25% die Schaumfähigkeit der Talgseifen wesentlich verbessert, sodann Palmkernöl, in geringerem Maße Oliven- und Erdnußöl und schließlich zwecks Erhöhung der Geschmeidigkeit der fertigen Seife in kleiner Menge auch Ricinusöl, das aber frisch, wasserhell und erster Pressung sein soll.

An Stelle des relativ teuren Talges können im Eventualfalle teilweise auch andere Fette wie gutes weißes Knochen- oder Kammfett verwandt werden, doch erfordert jedes dieser Fette bei der Verseifung eine seiner Eigenart entsprechende Behandlung. Als voller Ersatz können unter Berücksichtigung gewisser Ansatzverhältnisse vielfach auch die sogenannten „gehärteten Öle" (Talgol, Candelite usw.) gelten, die aus ungesättigten Fetten durch Hydrierung gewonnen und von einigen Spezialwerken bereits technisch dargestellt werden. Bedingung ist hier allerdings eine stets gleichbleibende Qualität von stets wenigstens annähernd gleichem Schmelzpunkt, gleicher Jod- und Verseifungszahl, da diese Faktoren für die Eigenschaften des fertigen Produktes (Aussehen, Geruch, Konsistenz, Waschwirkung und Desinfektionskraft) besonders entscheidend sind.

Zur Verseifung des Fettansatzes, der am besten vielleicht aus 80 bis 85% Talg und dementsprechend 20—15 % Cocosöl besteht, dient Natronlauge in Stärke von ca. 38—40° Bé. Eventuell vorhandene Verunreinigungen werden über Glaswolle abfiltriert. Ein Zusatz von Kalilauge, der die Seife weicher und in Wasser leichter löslich machen soll, und daher von manchen Autoren (Unna, Eichhoff u. a.) gefordert wird, empfiehlt sich hier nicht, da bei dem wiederholt notwendigen Aussalzen der fertig gesottenen Seife mit Kochsalz der größte Teil der gebildeten Kaliseife doch wieder in Natronseife verwandelt würde. Ohne ein wiederholtes Aufkochen mit Wasser und Aussalzen ist aber die Herstellung einer völlig neutralen, chemisch reinen „Kernseife", wie sie allein als feste Grundseife für therapeutische Zwecke geeignet ist, undenkbar.

Die weitere Bearbeitung des Kernes, der in 70% Alkohol gelöst mit Phenolphthalein Rotfärbung nicht erzeugen darf, ist identisch mit der bei der Toiletteseifenfabrikation geübten Methodik. Er wird in Blockformen oder Kühlpressen gebracht, nach dem Erkalten in Riegel geschnitten und gehobelt. Die Späne werden sodann im staubfreien

Luftstrom getrocknet und piliert, d. h. auf einer mit Steinwalzen versehenen Maschine zu papierdünnen, nudelförmigen Blättern ausgewalzt. Um hier ein vollständig befriedigendes Resultat, d. h. eine vollkommen gleichmäßige Beschaffenheit zu erzielen, darf die getrocknete Grundseife im Höchstfalle 14—15%, im allgemeinen aber nicht über 10% Wasser enthalten. Ist die Grundseife einwandfrei, d. h. alkalifrei (nicht zu kräftig abgerichtet), nahezu salzfrei (genügend ausgeschliffen) und besitzt sie den richtigen Feuchtigkeitsgehalt, so läßt sie sich ohne jeden Zusatz leicht pilieren und zu einem tadellosen Endprodukt weiterverarbeiten. Ist sie zu salzhaltig oder haben die Späne durch Übertrocknung die für das Pilieren notwendige Geschmeidigkeit eingebüßt, so wird das fertige Produkt „kurz" und spröde ausfallen. Eine solche Seife neigt alsdann zur „Schuppenbildung" und zerbröckelt leicht beim Gebrauch. Waren die Seifenspäne zu feucht auf die Maschine gebracht, so wird das Endprodukt stets Blasen und Risse zeigen.

Während des Pilierens werden der Grundseife gleichzeitig die zu inkorporierenden Arzneistoffe und gegebenenfalls auch das auf Unnas Vorschlag hin ziemlich allgemein angewandte „Überfett" beigegeben. Die Mischung wird vier- bis fünfmal durch die Piliermaschine geschickt, wodurch eine völlig gleichmäßige Verteilung erreicht wird, und alsdann mittels besonderer Maschinen (Strangpresse) zu Strängen geformt, die in Stücke bestimmten Gewichtes zerschnitten und in geeigneten Stanzen gleichmäßig gepreßt und mit dem notwendigen Aufdruck versehen werden. Bei der Auswahl der hierbei benötigten Pressen ist natürlich der Charakter des Preßgutes von Bedeutung. Im besonderen eignen sich automatische Pressen (Autopressen, Preßautomaten) nur für die Pressung solcher medikamentösen Seifen, welche nicht klebende Zusätze enthalten. Für die Herstellung von Teer- und Teerschwefelseifen, wie überhau t für alle Seifen, welche teerartige oder teerähnliche Arzneimittel enthalten (z. B. Ichthyol und seine Ersatzpräparate) sind sie wenig brauchbar, eine Tatsache, auf die die in Frage kommenden Maschinenfabriken nicht immer aufmerksam machen.

Reine Cocosseifen, zu deren Herstellung fast ausschließlich das leicht verseifbare Cocosfett oder Gemische desselben mit anderen billigeren Fetten verwendet werden, und die sich durch die Eigenart ihrer technischen Herstellung und ihre charakteristischen Eigenschaften von den Talgseifen wesentlich unterscheiden, sollten im allgemeinen als Grundlage für medikamentöse Seifen grundsätzlich abgelehnt werden. Abgesehen von dem verhältnismäßig hohen Wassergehalt (bis zu 40% und mehr), der für therapeutische Zwecke nicht immer erwünscht ist, enthalten diese Seifen nämlich neben allen Verunreinigungen der Rohmaterialien auch das während des Verseifungsprozesses gebildete Glycerin, sind also keineswegs als chemisch rein zu bezeichnen. Als Hauptnachteil muß es aber gelten, daß diesen „halbwarm- oder kaltgerührten Leimseifen" die zu inkorporierenden Medikamente schon vor Beendigung des Verseifungsprozesses beigemischt werden müssen, so daß die gleichmäßige Verteilung und vor allem die Haltbarkeit der meisten Arzneimittel in der losen Emulsion, welche noch den größten Teil der verwandten Rohstoffe in freiem Zustande enthält, nicht gewährleistet ist, zumal da diese Seifen auch in der Form noch einer sehr erheblichen Selbsterhitzung ausgesetzt sind. Trotzdem aber werden Cocosseifen selbstverständlich nach wie vor neben den pilierten Seifen bestehen bleiben, einerseits weil sie, allerdings auf Kosten der Güte, billiger sind als die letzteren, andererseits weil der größte Teil der Konsumenten nicht in der Lage ist, beide Seifenarten voneinander zu unterscheiden und nach ihrem wahren Werte zu beurteilen. Es würde sich daher vielleicht empfehlen, jedem Stück einer medikamentösen Seife eine diesbezügliche kurze Erklärung für den Konsumenten beizulegen.

Wie aus dem Obigen hervorgeht, steht jedoch der Mitverwendung von Cocosöl bei der Herstellung von Talgseifen nichts entgegen, auch ist es angängig, einer Talgseife auf der Piliermaschine geringe Mengen einer kaltgerührten Cocosseife beizumischen, vorausgesetzt allerdings, daß sie sorgfältig bereitet außer dem bei der Verseifung abgespaltenen Glycerin Verunreinigungen nicht enthält. Ein Zuviel davon ist aber dringend zu vermeiden, da bei längerem Gebrauch von Cocosseifen auch die gesunde Haut spröde und rissig wird. Denn obwohl die Cocosseifen ihrem chemischen Charakter entsprechend in wäßriger Lösung weniger hydrolysiert sind als die Talgseifen und obwohl sie an sich als überfettet, d. h. als besonders milde wirkend gelten müßten, indem sie neben den Alkalisalzen der Cocosfettsäuren etwa 15% unverseifte Fettbestandteile als freie Fettsäure und unvollständig verseiftes Fett (Mono- und Diglyceride) enthalten, so ist doch die Beobachtung nicht von der Hand zu weisen, daß die Cocosseifen unzweifelhaft schärfer sind als die neutral abgerichteten Seifen anderer Fette. Der Grund hierfür ist darin gegeben, daß die Cocosseifen einerseits in Wasser bedeutend leichter löslich sind als jene, so daß beim jeweiligen Gebrauche eine größere Seifenmenge zur Verwendung kommt und zweitens in der Tatsache, daß der prozentuale Alkaligehalt der Cocosseifen ein relativ hoher ist. Denn auch das gebundene Alkali besitzt eine Wirkung auf die Haut, die um so größer ist, je konzentrierter die verwandten Lösungen sind.

Welcher Art und Zusammensetzung aber auch eine für die Herstellung medikamentöser Seifen verwandte Grundseife sei, Haupterfordernis bleibt die dauernde Gleichmäßigkeit des Fabrikates, damit bei der Behandlung von Krankheitsfällen für den Arzt unbekannte Faktoren ein für allemal ausgeschlossen bleiben. Versagt eine Seife in dieser Beziehung, so ist sie therapeutisch unbrauchbar.

Völlig neutrale Grundseifen.
Dialysierte und zentrifugierte Seifen.

Wie oben gesagt, ist eine der ersten Anforderungen, die auch von seiten der Ärzte immer wieder an eine therapeutisch brauchbare und hygienisch gute Seife gestellt werden muß, wirkliche Neutralität, d. h. völliges Freisein von überschüssigem Alkali. Die Methoden, dieses Ziel zu erreichen, sind in zweierlei Richtung gegeben, einmal kann der frischgesottene Kern, wie schon kurz erwähnt wurde, auf mechanischem Wege durch wiederholte „Verschleifung" einer weitgehenden Reinigung unterzogen werden, und andererseits ist es möglich, das gegebenenfalls in der fertigen Grundseife noch vorhandene freie Alkali durch chemische Umsetzung zu vernichten oder abzustumpfen. Eine korrekt geschliffene Seife wird in bezug auf Neutralität und Reinheit allen gerechten Anforderungen wohl stets am ehesten entsprechen können, und daher dürfte es auch entgegen den Forderungen mancher Dermatologen als durchaus unnötig erscheinen, die wiederholt ausgesalzene Grundseife durch Dialyse einem weiteren Reinigungsprozeß zu unterwerfen, indem man ihre Lösungen oder Emulsionen in Därme aus Pergamentpapier einfüllt, diese in Wasser einhängt und den verbleibenden Rückstand im Dampfbade eindickt. Denn die einzige Verunreinigung, die eine sorgfältig bereitete Grundseife noch aufweisen kann, besteht in geringen Salzmengen, die physiologisch ohne größere Bedeutung sind. Dialysierte Seifen werden daher heute auch nur noch für die Bereitung des später besprochenen Opodeldok verwandt.

Im Gegensatz zur Dialyse, die also wenigstens noch für vereinzelte Zweige der pharmazeutischen Seifenindustrie eine gewisse praktische Bedeutung besitzt, ist aber das von Liebreich empfohlene Zentrifugieren der Seife[1]), das in den meisten medizinischen, die Kosmetik behandelnden Arbeiten ebenfalls immer wieder besprochen wird, eine Maßnahme, die heute nur noch in eben jenen Büchern existiert und technisch völlig undurchführbar ist. Denn das an sich bestechende Verfahren, den Laugenüberschuß und die salzartigen Verunreinigungen durch Ausschleudern vom Seifenkörper zu trennen, hat sich in der Praxis als unmöglich erwiesen und ist daher auch seit etwa zwanzig Jahren nirgends mehr ausgeführt worden. Zentrifugierte Seifen sind auch dem Namen nach heute nicht mehr im Handel zu finden, und es steht zu vermuten, daß die zahlreichen Autoren, welche diese Seifen und insonderheit die „zentrifugierten Kinderseifen" seinerzeit empfohlen und ihrer Milde halber anderen Produkten vorgezogen haben, niemals ein Stück Seife zur Verfügung gehabt haben, das überhaupt je zentrifugiert worden ist.[2])

Neutralisation durch chemische Umsetzung.

Für die verschiedenen Methoden, das ungebundene Alkali einer Grundseife nach dem Sieden und Abrichten auf chemischem Wege zu eliminieren und so eine völlige Neutralität zu erzielen, können natürlicherweise nur solche Substanzen in Betracht kommen, die Alkali unter Bildung eines neutralen Salzes zu binden vermögen. Es liegt hier natürlich nahe, für diese Neutralisation zunächst an die Verwendung

---
[1]) D. R. P. 29 290.
[2]) Vgl. Ztschr. Unlauterer Wettbewerb 1903, Heft 6, S. 67. Reichsgerichtsurteil vom 3. Januar 1903.

freier Säuren zu denken, und in der Tat wird der gewünschte Effekt bei Zusatz der durch Titration gefundenen erforderlichen Menge einer stärkeren Säure auch stets erreicht. Auch durch Zusatz von Ammoniumsalzen (Salmiak), die sich mit freiem Ätznatron unter Abscheidung von Ammoniak zu Natriumsalzen umsetzen, können völlig neutrale Seifen erhalten werden. Der fertig gesottenen Seife wird für diesen Zweck die dem freien Alkali äquivalente Menge Salmiak in Lösung zugemischt und der zuerst auftretende Ammoniakgeruch durch genügend langes Weitersieden zum Verschwinden gebracht[1]). Auch durch die Zugabe einer dem freien Alkaligehalte entsprechenden Menge eines Salzes der Magnesiumgruppe, z. B. eines Zink- oder Magnesiumsalzes hat man neutrale Seifen herzustellen versucht. Das freie Alkali setzt sich mit dem Zinksalz um, unter Bildung eines neutralen Salzes und unter Abscheidung von feinst verteiltem Zinkhydrat, das der Seife angeblich eine hervorragende Milde und Heilkraft verleiht, dieselbe vor dem Ranzigwerden schützt und die Schaumbildung fördert. (!) Für die Herstellung neutraler flüssiger Seifen wird das bei dem Neutralisationsprozeß gebildete unlösliche Metallhydrat zwecks Klärung der Produkte abfiltriert[2]).

Aber alle die hier zuletzt besprochenen Maßnahmen und Methoden haben in der Technik kaum Verwendung gefunden, weil sie einerseits zur Erzielung einer wirklichen Neutralität ein sehr vorsichtiges Arbeiten und die strenge Vermeidung jeden Reagenzienüberschusses erfordern und weil andererseits eben die heute geübte Siedemethode zwecks Erzielung neutraler Seifen, d. h. solcher Produkte, welche freies Alkali nicht mehr enthalten, eine nachträgliche Präparation als überflüssig erscheinen läßt.

Neutralisation des hydrolytisch abgespaltenen Alkalis.

Die Wünsche der Ärztewelt sowohl wie die Bemühungen der Technik, diesen Wünschen nach Möglichkeit voranzueilen, haben jedoch bei der Erreichung einer in chemischem Sinne neutralen Grundseife nicht Halt gemacht, blieb doch als höheres Ziel die auch bei der Hydrolyse neutral bleibende Seife, indem die Aufhebung des bei der hydrolytischen Spaltung in wäßriger Lösung entstehenden, nach dem Grade der Verdünnung mehr oder weniger reichlich vorhandenen Alkalis eine in ihrer Wirkung besonders milde Seife erwarten ließ. An sich dürfte diese Aufgabe allerdings eine etwas problematische zu nennen sein, da bei der etwa 10 proz. Konzentration des Seifenschaumes eine merkliche Hydrolyse überhaupt nicht besteht. Wenn dennoch aber durch eine große Anzahl meist patentierter Verfahren, die die Herstellung von bei der Hydrolyse neutral bleibenden Seifen zum Gegenstand haben, der beabsichtigte Zweck zum Teil in befriedigender Weise erreicht wird, so ist diese Tatsache darauf zurückzuführen, daß schon die bloße Gegenwart

---

[1]) Engl. Pat. Nr. 14 681 (1884) C. R. A. Wright.
[2]) Ver.-St. A. Pat. Nr. 842 010 Dr. L. H. Reuter New York.

vieler Stoffe genügt, um den alkalischen Charakter einer Seifenlösung abzuschwächen.

Damit liegt nun die Frage nahe, ob denn Seifenwirkung und Alkaliabspaltung überhaupt unzertrennliche Begriffe sind und ob wohl fettsaure Salze existenzfähig sind, die in wäßriger Lösung trotz neutraler Reaktion doch Seifencharakter zeigen. Stiepel, der diese Frage in einer ausführlichen Arbeit behandelt hat[1]), kommt auf Grund einer experimentellen Untersuchung zu dem Schluß, daß die beiden obigen Begriffe nicht unzertrennlich sind. Aus durch Titration ermittelten Zahlen ergab sich nämlich in bezug auf den Dissoziationsgrad der Seifen erstens, daß neben den Alkali abspaltenden Salzen der Stearinsäure, Palmitinsäure usw. auch solche Seifen existieren — die Capryl- und Pelargonsäureseife — welche ohne jede nachweisbare Alkaliabspaltung Seifencharakter zeigen, und daß es zweitens Fettsäuren wie auch Gemische von Fettsäuren gibt, deren Seifen von der Zusammensetzung eines Moleküls Fettsäure und eines Moleküls Alkali in wäßrigen Lösungen zwar in geringem Maße dissoziieren, welche aber auch dann noch vollkommene Seifenwirkung zeigen, wenn das infolge hydrolytischer Spaltung entstehende freie Alkali durch eine Säure neutralisiert worden ist, oder wenn diese Fettsäuren lediglich mit derjenigen Menge Alkali gesättigt worden sind, welche sich aus der Neutralisation in wäßriger Lösung ergibt.

Stiepel hat dann auf Grund dieser Ergebnisse als Grundlage für medikamentöse Seifen eine aus den nach besonderem Verfahren[2]) gewonnenen, niederen Kern- und Cocosölfettsäuren hergestellte Grundseife empfohlen, die in wäßriger Lösung nicht dissoziiert und infolgedessen auch keine Spur von alkalischer Reaktion zeigt. Leider hat sich aber diese Seife, die außerordentlich leicht resorbiert wird und auch mit hartem oder kaltem Wasser stark schäumt, auf Grund der hohen Darstellungskosten anscheinend nicht eingeführt.

Überfettete Seifen.

Um eine besonders milde Wirkung zu erzielen, werden die meist verwandten medikamentösen Seifen, die sich in der Hauptsache wohl von den handelsüblichen Grundseifen ableiten, auf Unnas Vorschlag hin auch heute noch fast stets „überfettet", d. h. nach vollkommener Absättigung der Fettsäuren durch Alkali mit einer bestimmten Menge (3%—5% der getrockneten Seife) unverseiften Fettes versetzt. Neben den oben erwähnten Gründen gab für diese Maßnahme auch die Tatsache Veranlassung, daß die dauernde Anwendung selbst einer im chemischen Sinne völlig neutralen Seife durch Fettentziehung allmählich eine unangenehme Trockenheit und vielfach auch eine keineswegs erwünschte leichte Kongestion erzeugt. Durch die Überfettung sollte also in erster Linie diese dem Arzt unwillkommene Nebenwirkung

---

[1]) Seifenfabrikant 1901, Nr. 47—50. — Seifensiederztg. Augsburg 1908, S. 331.
[2]) D. R. P. 170 563. H. Winter.

der Seife selbst paralysiert, daneben aber auch die Eigenwirkung des eventuell vorhandenen freien bezw. bei der Hydrolyse entstehenden Alkalis aufgehoben werden.

Es ist natürlich falsch, anzunehmen, daß das Überfett auch wenn es leicht verseifbar ist, Alkali durch Verseifung bindet, und daß die Haut auf diese Weise vor dem schädigenden Einfluß desselben geschützt bleibt; denn das beim Waschprozeß freiwerdende Alkali kann bei der in Erscheinung tretenden Verdünnung und bei der gewöhnlich unter 50° liegenden Temperatur des Waschwassers auf das Überfett verseifend nicht einwirken. Auch Unna selbst hat diese Wirkungsweise niemals in ernstliche Erwägung gezogen, die Absicht seiner Maßnahme liegt vielmehr offenbar in der Verwendung einer bereits mit Fett gesättigten Seife, deren Aufnahmefähigkeit für das Hautfett, das der Haut nach Möglichkeit erhalten bleiben soll, herabgesetzt ist, so daß das Überfett also im Sinne einer Abschwächung wirkt.

Für die Überfettung selbst sind die verschiedensten Fette empfohlen worden. Unna selbst ging von dem Prinzip aus, nach Möglichkeit nur tierische Fette für die menschliche Haut als naturgemäßeste zu verwenden, mußte diese Absicht aber aus technischen Gründen aufgeben und machte das Zugeständnis, daß zur Überfettung Olivenöl verwendet werden könne. Eichhoff, der seine Seifen ursprünglich ebenfalls mit Olivenöl überfettete, verwandte später ein Gemisch von Olivenöl und Lanolin und Buzzi endlich beschränkte sich auf das Lanolin allein, das im Gegensatz zu den Fettsäureglyceriden (Olivenöl, Schweinefett u. a.) mit Wasser leicht mischbar ist, nicht ranzig wird, und dem — ein im gewissen Sinne zweifelhafter Vorzug — eine größere natürliche Affinität zur menschlichen Haut zukommt.

Im allgemeinen dürfte im Sinne Unnas jeder nicht ranzig werdende Fettsäureester für die Überfettung der Seifen geeignet sein und zwar ohne Rücksicht auf die mehr oder weniger leichte Verseifbarkeit desselben, da eine chemische Bindung des Alkalis durch das Überfett nicht erwartet werden kann. Neben dem Lanolin, das hauptsächlich aus Fettsäureestern des Cholesterins besteht, dürfen daher besonders empfohlen werden die Wachsarten, das Bienenwachs (Palmitinsäure-melissylester), das chinesische Wachs (Cerotinsäure-cerylester), das Walrat (Palmitinsäure-cetylester) und schließlich das Lecithin, der charakteristische Bestandteil der Nervensubstanz und des Eidotters, ein Difettsäureglycerid, das mit einem Phosphorsäurerest esterartig verkuppelt ist, der sich seinerseits noch mit Cholin verbunden hat.

Die praktischen Versuche Unnas u. a. lassen nun das aus physiologischen Gründen eingeführte Prinzip der „Überfettung" gerade für die medikamentösen Seifen dadurch als besonders vorteilhaft erscheinen, „daß manche Medikamente wie Säuren (Salicylsäure) und leicht zersetzliche Salze (Sublimat), welche sich schwer in gewöhnlichen, neutralen Seifen erhalten lassen, in den durch Fett verdünnten Seifen besser zu konservieren sind und sich deshalb auch in größeren Mengen beimischen lassen". Bei der Herstellung solcher Seifen werden nämlich die Medikamente, ehe sie der Grundseife auf der Piliermaschine beigemischt werden, vielfach mit dem „Überfett" auf das feinste verrieben, so daß jedes Medikamentteilchen gleichsam in einer Fettschicht eingekapselt und dadurch den schädigenden Einflüssen des feuchten Seifenkörpers entzogen ist.

Solche Seifen haben natürlich therapeutisch einen nur zweifelhaften Wert, indem die inkorporierten Medikamente, soweit sie beim Gebrauch der Seifen noch vom Fett umschlossen sind, als solche nicht oder doch nur langsam in Wirksamkeit treten können, und soweit sie durch mechanische Einwirkung vom Fett befreit mit der wäßrigen Seifenlösung in Berührung kommen, durch chemische Umsetzung unrettbar der Zerstörung anheimfallen für den Fall, daß sie als solche im neutralen Seifenkörper nicht beständig sind. Will man daher die oben genannten Vorteile der „Überfettung" bei einer medikamentösen Seife nicht entbehren, so sollte man die Medikamente, soweit sie in der Seife haltbar sind, dem bereits überfetteten Seifenkörper beigeben, eine Vermischung von Fett und Medikament in unverdünntem Zustand aber dringend vermeiden.

So zwingend nun im ganzen genommen die Vorteile der Überfettung sein mögen, als ein Nachteil muß die Tatsache gelten, daß die Schaumfähigkeit der Seifen durch das Überfett leidet. In welchem Maße dies geschieht, hängt im wesentlichen von den physikalischen Eigenschaften der verwandten Fette ab, die Verminderung der Schaumkraft ist am geringsten bei Verwendung von Lanolin, Lecithin und den von Seifenlösungen leicht emulgierbaren Fetten, am größten bei Verwendung vornehmlich gesättigter Fette, wie z. B. Rindertalg.

Saure, bei der Hydrolyse neutral bleibende Seifen.

Man hat es daher versucht, das für die Überfettung verwandte Fett durch andere Stoffe zu ersetzen, welche einerseits die Schaumfähigkeit weniger beeinträchtigen als die Fettsäureester und welche andererseits geeignet sind, die Dissoziation der fettsauren Salze in wäßriger Lösung herabzusetzen bzw. das beim Waschprozeß durch Hydrolyse frei werdende Alkali chemisch zu binden und der Seife selbst auf diese Weise jegliche Reizwirkung zu nehmen.

Angesäuerte Seifen.

Als ein Ersatz in diesem Sinne kommen am ehesten naturgemäß die Fettsäuren selbst in Frage, die zuerst von Geißler[1]) für diesen Zweck empfohlen wurden. Solche durch Fettsäuren überfettete Seifen können erhalten werden, indem man entweder eine in alkoholischer Lösung neutrale Seife auf der Piliermaschine mit 2%—5% Fettsäure

---

[1]) Geißler, Pharmazeutische Zentralhalle 1885, S. 321.

Angesäuerte Seifen.

(Ölsäure, Stearinsäure u. a.) vereinigt, bis die Mischung ganz gleichmäßig geworden ist, oder indem man nach dem Fertigsieden der Seife im Kessel beim letzten Schleifen dem Wasser soviel Mineralsäure zusetzt, daß ein etwaiger Alkaliüberschuß neutralisiert wird und die abgesetzte Seife einen Gehalt von 2%—5% freier Fettsäure zeigt[1]).

Die so erhaltenen Seifen reagieren in wäßriger Lösung nahezu neutral, indem sie auf Phenolphthaleinzusatz nur eine ganz leichte Rosafärbung zeigen. In 70% Alkohol besitzen sie jedoch ihrer Zusammensetzung entsprechend stark sauren Charakter und müssen daher auch als saure Seifen bezeichnet werden.

Daß solche sauren Seifen, wenn sie aus besten Fetten sorgsam hergestellt und gut verpackt sind, ranzig werden, ist trotz vielfacher gegenteiliger Behauptung kaum zu befürchten, da weder reine Seifen noch reine Fettsäuren als solche diesem Prozesse unterliegen und da vom chemischen Standpunkt aus kein Grund vorliegt, daß die beiden Stoffe gemischt weniger haltbar sein sollten. In der Annahme, daß dem Vorgang des Ranzigwerdens eine Oxydation zugrunde liegt, sollten saure Seifen sogar haltbarer sein als neutrale oder gar alkalische, da das Reduktionsvermögen der fettsauren Salze nach Versuchen des Verfassers in hohem Maße von dem Grade der Alkalescenz mit abhängig ist. Saure Seifen besitzen in der Regel überhaupt keine Reduktionskraft und aus diesem Grunde sind gerade diese Produkte auch als Grundlage für medikamentöse Seifen besonders zu empfehlen. Denn abgesehen von der milden Wirkung dieser Seifen, der allerdings als Nachteil ein nur geringes Schaumvermögen gegenübersteht, können viele Medikamente, die durch Reduktionsmittel verändert werden und daher in einer neutralen oder gar alkalischen Seife nicht haltbar sind, in einer sauren Grundseife unzersetzt erhalten werden.

Der erste, der diese wichtige Eigenschaft der sauren Seifen praktisch erkannt hat, ist Eichhoff gewesen, der mit seiner Methode des „Ansäuerns" durch Salicylsäure eine ganze Anzahl therapeutisch wertvoller Seifen herstellen konnte[2]). Allerdings glaubte er, daß die Salicylsäure als solche im Seifenkörper erhalten bliebe, da er die Fettsäuren für „stärker" hielt. Buzzi konnte dann zeigen, daß diese Voraussetzung nicht richtig ist, daß sich die Seifen vielmehr mit der Salicylsäure unter Abscheidung der äquivalenten Fettsäuremenge zu salicylsaurem Natrium umsetzen und empfahl daher aus Zweckmäßigkeitsgründen zum Ansäuern der Grundseifen wieder die zuerst von Geißler verwandte Ölsäure oder noch besser dasselbe Fettsäuregemisch, das in der Seife an Alkali gebunden ist[3]).

In der Tat muß das durch den Zusatz der Salicylsäure in der Seife gebildete salicylsaure Natron zum wenigsten als ein Ballaststoff angesehen werden, da diesem Salz irgendwelche Wirkungen therapeutischer

---
[1]) Vgl. die Patentanmeldung H. 28 039, 23 e vom 1. 5. 02. Dr. Hirsch.
[2]) Eichhoff, Über Seifen. Dermatol. Studien 2. Reihe, 1. Heft, S. 20 ff.
[3]) Buzzi, Beitrag zur Würdigung der medikamentösen Seifen. Dermatol. Studien 2. Reihe, 6. Heft, S. 509.

oder technischer Art nicht zukommen. Für das Ansäuern der Seifen empfehlen sich daher neben den Fettsäuren der ungesättigten Reihe, die mit wäßrigen Seifenlösungen leicht Emulsionen zu bilden vermögen, am ehesten solche Säuren, die nach Umsetzung mit der Seife als Alkalisalze entweder geeignet sind, die Seife an sich zu verbessern (Borsäure — Borax), oder welche erst als Alkalisalze die gewünschten therapeutischen Wirkungen auslösen. (Oxyquecksilber-o-toluylsäure—Afridol.)

Eiweißseifen.

Unter den Stoffen, die zur Erzeugung neutraler, d. h. in diesem Zusammenhange saurer Seifen als Zusatz zur Grundseife verwandt werden, verdienen noch die Eiweißkörper eine besondere Würdigung. Auf Grund ihres amphoteren Charakters, d. h. ihrer Fähigkeit, sowohl mit Säuren wie mit Basen Salze zu bilden, werden sie als außerordentlich mild wirkende Neutralisationsmittel angesehen, die zudem den Vorteil besitzen, auch mit kaltem Wasser selbst gute Schaumbildner zu sein.

Der erste Eiweißkörper, der damals noch lediglich als Füll- und Verbilligungsmittel für die Fabrikation von Toiletteseifen herangezogen wurde, war die in den Molkereien in großem Überschuß vorhandene Magermilch. Die früher weit verbreiteten, gut schäumenden Milchseifen sind jedoch durch das meist ranzig werdende Milchfett leicht dem Verderben ausgesetzt und verlangen auch sonst bei ihrer Herstellung besondere Vorsicht. Später wurde dann das aus entrahmter Kuhmilch gewonnene fettfreie Casein empfohlen, das auch heute noch als Füllmittel für Toiletteseifen in weiterem Maße benutzt wird. Vor seiner Verwendung wird es meist durch Borax oder Pottasche (Kaliumcarbonat) in Lösung gebracht, die Beimischung geschieht ebenfalls am besten auf der Piliermaschine. Diese beiden Präparate, denen sich als drittes die heute leicht zugängliche Trockenmilch (Milchpulver) anschließt, wurden zunächst also allein aus ökonomischen Rücksichten zur Fabrikation herangezogen, ohne daß man sich von vornherein darüber klar war, daß mit der durch diesen Zusatz erzielten Wirkung unbeabsichtigt ein technisch bedeutsamer Effekt erreicht wurde.

Mit der allmählichen Erkenntnis dieses Umstandes beginnt die Eiweißseife aber ein Problem zu werden, das immer und immer wieder besonders in der Patentliteratur in Erscheinung tritt, trotzdem man nicht behaupten kann, daß in den jeweils erteilten Patenten dem bisher Besprochenen gegenüber ein generell neuer Erfindungsgedanke zum Ausdruck kommt.

Die ältesten diesbezüglichen Patentverfahren[1]), nach denen die auf dem Reklamewege besonders bekannt gewordene Rayseife hergestellt wird, benutzen das mit Formaldehyd behandelte Eieralbumin bzw. den Gesamtinhalt des Hühnereis. Durch die Behandlung mit Formaldehyd entsteht aus den Eiweißkörpern ein Methyleneiweiß, das beim Erhitzen nicht koaguliert und durch Salze nicht gefällt wird.

---

[1]) D. R. P. Nr. 112 456 und 122 354.

Gleichzeitig nimmt die Acidität des Eiweißmoleküls durch den Eintritt des Formaldehydrestes zu, während gewöhnliches Hühnereiweiß schon als solches alkalisch reagiert, also schon ein Salz ist[1]). Die Rayseife muß daher, wie auch durch die Analyse bestätigt wird[2]), als eine schwach saure Seife angesehen werden.

Ein zweites Patentverfahren[3]) benutzt ein Hühnereiweiß, das mit Methyl- oder Äthylalkohol so lange versetzt ist, bis ein dicker, krümeliger Brei entsteht, welcher nach mechanischer Entfernung des Alkohols mit wasserfreiem Wollfett oder Vaselin zu einer gleichmäßigen Salbe verrührt und der neutralen Grundseife zugesetzt wird. Durch das Verfahren wird beabsichtigt, der Eisubstanz das darin enthaltene, leicht ranzig werdende Eifett (Eieröl) und das schwach alkalische Eiweißlösungswasser zu entziehen, es ist in seiner Ausführungsform jedoch ganz illusorisch, da die Eiweißstoffe durch Alkohol koaguliert, d. h. wasserunlöslich gemacht werden, so daß sie zur Alkalibindung nicht mehr geeignet sind, ganz abgesehen davon, daß die von einer Fettschicht umhüllten Eiweißteilchen gar nicht oder erst sehr spät in Wirksamkeit treten können.

Am ehesten gelöst erscheint die Frage der Eiweißseife in einer Reihe von Patenten[4]), welche zur Herstellung von bei der Hydrolyse neutral bleibenden Seifen gewisse Spaltungsprodukte der Eiweißkörper benutzen, nämlich die aus gereinigten Eiweißstoffen (Casein) durch Hydrolyse erhaltenen Albumosen. Diese sind nicht koagulierbar, in Wasser leichter löslich als natives Eiweiß und wirken als Säure stärker als dieses letztere, so daß die mit Alkali gebildeten albumosesauren Salze bei der Hydrolyse viel beständiger sind als die Alkalialbuminate. Der Zusatz kann in beliebiger Konzentration (bis zu 50%) erfolgen, ohne daß eine gleichzeitige Beimischung von Konservierungsmitteln (Formaldehyd, Überfett) erforderlich wird.

Dem letzterteilten Patent Nr. 221 623 zufolge geschieht die Herstellung der Albumosenseifen, die namentlich von Delbanco empfohlen wurden[5]), derart, daß eine alkalische Albumosenlösung mit einer dem vorhandenen Alkali entsprechenden Menge von Fettsäuren erwärmt wird. Das dadurch entstehende Reaktionsprodukt ist, den dortigen Angaben zufolge, albumosenhaltige Seife.

Daß mit diesen stark sauren Seifen der gewünschte Effekt, soweit er überhaupt erreichbar ist, auch wirklich erreicht wird, ist nicht zweifelhaft, müssen sie doch in dieser Beziehung zum wenigsten das Gleiche leisten, wie die oben besprochenen mit Fettsäuren angesäuerten Seifen. Durch die bei der Fabrikation verwandten Fettsäuren wird nämlich, wie

---

[1]) Näheres vgl. Cohnheim, Chemie der Eiweißkörper. 2. Aufl. Braunschweig 1904, S. 126—127.
[2]) Ubbelohde - Goldschmidt, Bd. 3, 2. Abt., S. 982.
[3]) D. R. P. Nr. 134 933.
[4]) D. R. P. Nr. 183 187, 193 562, 221 623.
[5]) Monatshefte f. prakt. Dermatologie 38, S. 539. 1904. Deutsch. Med. Ztg. 1905, Nr. 47.

auch die Analyse beweist[1]), lediglich das im Überschuß vorhandene Alkali der Albumosenlösung, nicht aber das an die Albumosen gebundene Alkali zur Seifenbildung verwandt, so daß diese Produkte, die eine dem Gesamtalkali entsprechende Menge Fettsäure aufweisen, fettsaure Seifen darstellen, die neben den Eigenschaften dieser letzteren das eigenartige Schaumbildungsvermögen des albumosensauren Alkalis zeigen.

Für die Herstellung medikamentöser Seifen ist die Albumosenseife daher auch als Grundlage in hohem Maße geeignet. Daß diese Seifen aber, wie von der Herstellerin behauptet wird, infolge des Diffusionsvermögens der Albumosen das Eindringen von Medikamenten in die Haut befördern und daher eine bedeutendere Tiefenwirkung zeigen, als sie allen gewöhnlichen medikamentösen Seifen eigen ist, dürfte zum wenigsten solange zweifelhaft sein, bis diese Behauptung durch exakte Vergleichsversuche bewiesen ist. Einem in bezug auf Güte und Schnelligkeit über das gewöhnliche Maß hinausgehenden Heileffekt steht jedenfalls von vornherein die bei einer Albumosenseife wohl entbehrliche Überfettung durch Olivenöl entgegen.

Für die Herstellung insonderheit flüssiger Eiweißseifen wird nach dem D. R. P. 265 538 die Verwendung frischer oder konservierter Tierblutsera bzw. defibrinierten Blutes empfohlen, die ihres hohen Globulingehaltes halber eine weitgehende Neutralisation wäßriger Seifenlösungen bewirken und auf Grund ihres geringen Fettgehaltes dem Hühnereiweiß gegenüber besondere Vorteile bieten.

Neben den bisher besprochenen ist jedoch auch eine große Anzahl anderer Eiweißkörper bekannt, deren Allgemeinverwendung für die Seifenfabrikation durch bestehende Patente weder behindert ist, noch behindert werden kann. Denn es ist kaum denkbar, daß auf Verfahren zur Herstellung von Eiweißseifen jemals wieder Patente erteilt werden dürften, da das Kaiserliche Patentamt in dem bloßen Ausfindigmachen des für die Seifenfabrikation jeweils geeignetsten Eiweißkörpers mit vollem Rechte nur das Ergebnis einfachen Ausprobierens im Rahmen einer an sich bekannten Erfindung und eine für den Fachmann selbstverständliche Maßnahme sieht. Dem Grade ihrer Acidität entsprechend sind nämlich alle Eiweißkörper für die Herstellung von bei der Hydrolyse neutral bleibenden Seifen mehr oder weniger geeignet, so daß ihre Verwendungsmöglichkeit hauptsächlich durch den Preis bedingt wird. Neben den allgemein zugänglichen Präparaten, wie z. B. Blutalbumin, werden als Spezialpräparate vielfach verwandt das Sapalbin (H. Niemöller in Gütersloh), sowie das Gliadin und Glutenin (Dr. Klopfer, Dresden-Leubnitz), die Hauptbestandteile des Weizenklebers.

Alkalische Seifen.

In einem in gewissem Sinne unerwarteten Gegensatz zu den bisher besprochenen sauren Seifen, die beim Waschprozeß völlig neutral wirken sollen, stehen die alkalischen oder besser gesagt alkalisierten Seifen, die

---
[1]) Ubbelohde-Goldschmidt l. c.

besonders von Buzzi empfohlen und in die Therapie eingeführt worden sind. Das Indikationsgebiet der alkalisierten Seifen ist allerdings relativ klein, und daher sahen Unna und Eichhoff beispielsweise auch von ihrer Herstellung ab. Für bestimmte Hautaffektionen, die mit übermäßig starker Verhornung einhergehen (Ichthyosis, Psoriasis, Acne usw.), d. h. also für diejenigen Krankheiten, wo Epidermis zerstört werden muß, ist der Wert dieser Seifen aber unwidersprochen. Denn mit der Anwendung einer alkalischen Seife wird, wie Buzzi schreibt[1]), „die beabsichtigte Zerstörung und Entfernung der hypertrophischen Hornsubstanz, der Schuppen, Krusten, Borken, der stopfenden Pfröpfe, des übermäßigen Hautfettes usw. viel rascher und vollkommener bewerkstelligt als mit neutralen Seifen oder gar mit solchen, in denen die Seifenwirkung durch Fettüberschuß mehr oder minder abgeschwächt ist". Weiter bieten alkalische Seifen den Vorteil, daß sie „mit ihrer potenzierten, keratolytischen und fettemulgierenden Wirkung sich durch die Oberhaut eine Bahn zu schaffen vermögen, wie sie eine überfettete Seife wohl nicht oder doch nur viel langsamer und unvollkommener erzwingen könnte", so daß die dieser Grundseife beigemischten Arzneimittel so tief wie möglich in die Haut eindringen.

Trotz dieser Vorteile, die die alkalisierten Seifen also bei gewissen Dermatosen unbedingt bieten, sind die Anwendungsmöglichkeiten dieser Produkte aber doch nur beschränkte, weil der Chemismus der menschlichen Haut eine kontinuierliche Benutzung in höherem Maße alkalisierter Seifen nicht gestattet. Da solche Seifen zudem bei Witterungs- und Temperaturwechsel leicht schwitzen, indem das in der Seife enthaltene freie Alkali unter Wasserabgabe in Alkalicarbonat übergeht, so ist es begreiflich, daß absichtlich alkalisierte medikamentöse Stückseifen im Handel kaum anzutreffen sind, und daß als Grundlage hier meist eine neutrale weiche, d. h. salbenförmige Seife dient, die im Bedarfsfalle mühelos, ex tempore in gewünschter Weise alkalisiert werden kann, wodurch zugleich die Gleichmäßigkeit und Sicherheit der Wirkung gegeben ist.

Wird letztere weniger betont, so sind der Therapie in dem Sapo kalinus und Sapo viridis des Handels zwei Präparate gegeben, die in reichlichem Maße freies Alkali enthalten und für eine intensive Seifenwirkung am ehesten geeignet sind. Buzzi selbst empfahl jedoch für die Alkalisierung an Stelle der meist zu energisch wirkenden Ätzalkalien die Verwendung der Alkalicarbonate, indem er zeigen konnte, daß bereits ein Zusatz von 4% Kaliumcarbonat genügt, um die keratolytische Wirkung der Seifen auf eine Stufe zu stellen, die den meisten therapeutischen Indikationen entspricht. Solche carbonathaltigen Seifen werden auch bei längerem Gebrauch von der Haut gut vertragen und können selbst unter wasserdichtem Verband längere Zeit der Haut einverleibt werden, ohne daß sich Ätzerscheinungen zeigen.

---

[1]) Siehe Buzzi, l. c. S. 461 und 462.

Wie bereits anfangs erwähnt ist, gelten die „alkalischen Seifen" ganz allgemein auch in großer Verdünnung noch als stark bactericid. Es sei daher noch einmal hier daran erinnert, daß die Steigerung der Desinfektionskraft der Seifen durch Alkalien abhängig ist von der Zusammensetzung des Fettansatzes, und daß im allgemeinen nur die Seifen der ungesättigten Fettsäuren durch Alkalizusatz an Desinfektionskraft gewinnen können. Die abtötende Wirkung der Alkalien selbst ist unter gewöhnlichen Verhältnissen eine nur geringe, wächst allerdings mit steigender Temperatur recht erheblich. Nach Versuchen, die im hygienischen Untersuchungsamt der Stadt Königsberg angestellt wurden, liegt z. B. das Desinfektionsoptimum einer gesättigten Sodalösung zwischen 50° und 60° (Diphtheriebacillen werden in einer Minute abgetötet), während die Wirkung schon bei 35° eine recht geringe ist. (Abtötungszeit für Diphtheriebacillen eine Stunde.)[1].

Einfluß von Verfälschungen, Füllmitteln und Zusatzstoffen.

Es ist leider eine bekannte Tatsache, daß die wenigsten Handelsseifen wirklich reine Seifen sind, die meisten sind durch sogenannte „Füllmittel" vermehrt, weil die Preise für die Rohmaterialien stark gestiegen sind, die Seifen — auch die medikamentösen Seifen — aber noch immer zu ganz unglaublich billigen Preisen verkauft werden. Daß durch solche Manipulationen, wenn sie auf medikamentöse Seifen ausgedehnt werden, meist mehr Schaden als Nutzen entsteht, ist leicht einzusehen, da die Ärztewelt hierdurch in ihrem Mißtrauen nur verstärkt wird. Denn für hygienische und therapeutische Zwecke können solche Seifen, die Zusätze von Harz, Wasserglas, Weizen-, Roggen- oder Kartoffelmehl, Talkum, Stärke, Leim, geschlemmtem Ton, Kreide, Sirup, Zucker und andere Beschwerungsmittel enthalten, nie und nimmer empfohlen werden, denn all diese Zusätze sind, um mit Eichhoff[2]) zu reden, „Fälschungen und nicht mehr Füllungen, und Fabrikanten solcher Seifen gehören vor den Strafrichter".

Es läßt sich allerdings nicht leugnen, daß gewisse der Seife sachgemäß und im richtigen Mengenverhältnis beigegebene Zusätze die Seifenwirkung durch Erhöhung der Emulsionsfähigkeit verbessern können[3]), aber auch solche Zusätze sollten bei der Herstellung medikamentöser Seifen vermieden werden, da der zu erzielende Endeffekt um so sicherer vorauszusehen ist, je einfacher das angewardte Präparat zusammengesetzt ist. Zudem ziehen die Erfolge einer wissenschaftlich geleiteten Fabrikation auch heute noch ein recht umfangreiches Epigonentum groß, das durch ebendiese Erfolge ermutigt durch marktschreierische Anpreisungen und eine vielfach lächerliche Reklame ungeeignet

---

[1]) Siehe Seifensiederztg. 1907, S. 564.
[2]) Eichhoff l. c. S. 14—15.
[3]) G. Hauser, Über den Wirkungswert der in der Praxis gebräuchlichen Zusätze und Füllmittel in Seifen und seifenhaltigen Marktartikeln. Seifensiederztg. 1909, S. 1275, 1329, 1356.

hergestellte Seifen in Verkehr bringt, die dann als billige Ersatzpräparate dienen sollen. Mit jeder Entfernung von der gegebenen einfachen Basis wird daher auch immer eine Zunahme unrationell zusammengesetzter, ja selbst schädlich wirkender Seifen verbunden sein.

Vor allem aber muß es betont werden, daß die meisten Ingredienzien, die sonst bei der Herstellung von Toiletteseifen ausgedehnte Verwendung finden, wie z. B. Vaselin und Glycerin, auch die Desinfektionskraft der Seife selbst erheblich abschwächen können. Die letztere kommt ja in der Hauptsache nur den fettsauren Salzen als solchen zu, und so ist es natürlich, daß alles, was in einer Seife den Gehalt an solchen Salzen vermindert, eine Eigenwirkung aber in der Seife nicht besitzt, auch die Desinfektionskraft herabsetzt. Andererseits kann aber auch die Wirkung der den Seifen beigegebenen Heilstoffe durch solche Zusatzmittel direkt nachteilig beeinflußt werden. Viele Antiseptica wie Carbolsäure, die drei Kresole, Kreolin, Lysol, Thymol, Formol, Tannin u. a. verlieren beispielsweise in rein wäßriger oder auch seifenhaltiger Lösung auf Glycerinzusatz hin erheblich an Desinfektionskraft, trotzdem das unverdünnte käufliche Glycerin nachweislich bactericide Wirkung besitzt[1]). Im allgemeinen sollte daher jedes Füll- oder Zusatzmittel bei der Herstellung medikamentöser Seifen vermieden werden, da die Wirkung dieser Seifen durch solche Stoffe nur kompliziert wird und sich ein Vorteil weder für den Fabrikanten noch für das konsumierende Publikum ergeben dürfte.

Die Konsistenz medikamentöser Seifen.

Für die Konsistenz medikamentöser Seifen lassen sich kaum bestimmte Forderungen aufstellen, da die Ansichten über den Wert und Unwert der verschiedenen Zubereitungen weit auseinandergehen. Am meisten verwandt wird allen Bemühungen zum Trotz neben der weichen Seifenform auch heute noch das feste Seifenstück, das ja auch für Toilettezwecke fast ausschließlich im Gebrauch ist, während pulverförmige und flüssige Seifen selbst in dermatologischen Kreisen nur eine geringe Verbreitung gefunden haben. Gewisse Vor- und Nachteile mag im Einzelfall natürlich die eine Form der anderen gegenüber bieten, doch ist damit keinesfalls Veranlassung gegeben, nunmehr gerade diese eine dauernd und enthusiastisch allen anderen vorzuziehen.

Ihrer Herstellungsweise entsprechend müssen die handelsüblichen, flüssigen Seifen mit Ausnahme des Seifenspiritus als Grundseifen z. B. für rein antiseptische Zwecke weniger geeignet erscheinen als die festen Stückseifen, weil sie niemals reine Seifenlösungen darstellen, vielmehr zwecks Erhöhung ihrer Haltbarkeit (Vermeidung des Eindickens) gewisse Zusätze wie Glycerin, Zuckerlösung, Chlorkalium und Pottaschelösung enthalten, die der vollen Entwicklung einer antiseptischen Wirkung entgegenstehen. Auch ist es — entgegen z. B. der Ansicht Buzzis[2])

---
[1]) O. v. Wunschheim, Arch. f. Hyg. 39, S. 101—141.
[2]) Buzzi, l. c. S. 457.

— zum wenigsten nicht immer zutreffend, daß durch den Abschluß von Luft und Licht, sowie durch Fernhaltung des Waschwassers von dem beim Gebrauche nicht notwendigen Seifenquantum eine größere Haltbarkeit der inkorporierten Präparate bedingt werde, da viele Medikamente auch durch die Reduktionswirkung der Seife selbst zerstört werden. Ein unbestrittener Vorzug, den die flüssigen Seifen allerdings vor jenen anderer Konsistenz besitzen dürften, ist die bequemere Anwendung und leichtere Übertragung besonders auf behaarte Körperteile.

Für die Einverleibung der Medikamente in diese flüssigen und ebenso in die unten besprochenen weichen Seifen gilt als allgemeine Regel die Vermischung des betreffenden Arzneimittels mit dem Seifenkörper direkt oder unter Benutzung geringer Mengen anderer Lösungsmittel bei möglichst tiefer Temperatur. Die Konzentration der Medikamente in diesen Seifen ist für gewöhnlich eine hohe, da man ja durch Verdünnung mit Wasser den Prozentgehalt beliebig herabsetzen kann. Dies gilt besonders auch für die als Desinfektionsmittel verwandten Kresolseifenpräparate, die später noch ausführlich behandelt werden.

Die pulverförmigen Seifen, die von Eichhoff in die Therapie eingeführt wurden, bieten, soweit sie nicht durch Trocknen und Vermahlen medikamentöser Stückseifen[1]) hergestellt werden, den unbedingten Vorteil, daß viele Medikamente, die in der Stückseife bei der innigen Berührung mit dem Seifenkörper allmählich doch Zersetzung erfahren (Perborate), in der losen Mischung mit einem reinen Seifenpulver oft unbegrenzt lange haltbar sein können. Trotzdem aber sind medikamentöse Seifen in Pulverform nur äußerst selten anzutreffen, und wirklich gehalten haben sich neben den festen Stückseifen lediglich die weichen Zubereitungen.

Diese weichen medikamentösen Kaliseifen sind nun die eigentlichen Konkurrenten der Fettsalben, denen gegenüber sie eine ganze Reihe von Vorteilen bieten. Da die Affinität der Seife zur menschlichen Haut größer ist als die eines Fettes, und da die Kaliseifen in besonderem Maße die Eigenschaft besitzen, die Hornschicht zu erweichen, sind sie imstande, leichter in die Epidermis einzudringen und die inkorporierten Heilmittel somit mehr in die Tiefe zu führen, als es eine fettartige Salbenkomposition jemals vermag. Die Folge davon ist, daß diese Mittel, wie experimentell festgestellt ist, nach vorhergegangener Resorption schnell in den Blutkreislauf gelangen und ebenso schnell ihre Wirkungen entfalten. Bei oberflächlichen Einreibungen mit einer neutralen weichen 5% Jodkaliumseife läßt sich beispielsweise das Jod im Speichel schon 6 Stunden, im Harn 36 Stunden nach Beginn des Experimentes nachweisen, während bei Einreibungen und Guttaperchaverband das Jod im Harn schon nach 12, im Speichel nach 2—3 Stunden auftritt[1]). Auch die Schmierkuren mit weichen Seifen, denen metallisches Quecksilber einverleibt ist, liefern den besten Beweis dafür, daß

---

[1]) Buzzi, l. c. S. 42 und 56.

die Medikamente in Seifenform durch die normale Haut resorbiert werden, und der Fabrikant pharmazeutischer Seifenpräparate kann daher nicht nachdrücklich genug darauf hingewiesen werden, gerade dieser weichen Zubereitung das lebhafteste Interesse zu schenken, die, soweit chemische Wechselwirkungen ausgeschlossen bleiben, stets die Annehmlichkeiten der Seife mit den an eine Salbe gestellten Forderungen verbinden wird.

Für die Fabrikation weicher Seifen existiert eine Unmenge von Vorschriften, die jedoch nicht immer zweckmäßig sind und auch nicht immer einwandfreie Präparate ergeben. Denn die Bereitung einer neutralen Kaliseife ist weit schwieriger als die einer neutralen Natronseife. Das Muster einer weichen Kaliseife ist der Sapo kalinus des D. A. B. Zu seiner Herstellung werden 20 Teile Leinöl im Wasserbade in einem geräumigen, tiefen Zinn- oder Porzellangefäße erwärmt und dann unter Umrühren mit einer Mischung aus 27 Teilen Kalilauge (spez. Gewicht 1,138—1,140) und 2 Teilen Weingeist versetzt. Die erhaltene Mischung wird bis zur vollständigen Verseifung weiter erwärmt. Der Sapo kalinus ist eine gelblichbräunliche, durchsichtige, weiche, schlüpfrige Masse von schwachem, seifenartigem Geruch und geringer Alkaleszenz.

Die gewöhnliche Schmierseife oder grüne Seife, der Sapo kalinus venalis des D. A. B. gilt als Repräsentant einer stark alkalischen weichen Seife. Sie wird meist aus billigeren Fetten und Ölen durch Verseifung mit Kalilauge als gelbbraun oder grünlich gefärbte Masse gewonnen, die in Alkohol und Wasser klar löslich sein soll.

Auch die sonst nach den für pharmazeutische Zwecke gegebenen Vorschriften hergestellten Produkte sind mit wenigen Ausnahmen[1]) ebenfalls reine Kaliseifen, die entweder auf mehr oder weniger umständliche Weise neutralisiert oder mit Fettsalben vermischt zu einer nach Möglichkeit indifferenten Basis umgestaltet sind und daher als Vehikel für die meisten Medikamente dienen können. Unter den Präparaten der letzteren Klasse ist besonders die Salbenseife nach Unna hervorzuheben, eine allerdings schwach natronhaltige, mit 5%—10% Schweinefett überfettete Kaliseife. Das fertige Produkt enthält etwa 40—50% Wasser, 2,5—6% Überfett, 4—5% Glycerin, 40—43% Fettsäuren und 4—6% Alkali[2]).

Auch das Mollin von Kirsten ist eine stark überfettete, glycerinhaltige, weiche Seifenbasis, während die von Buzzi[3]) und G. J. Müller[4]) empfohlenen weichen Grundseifen reine Kaliseifen sind.

Zur Herstellung ihrer Präparate benutzen beide Autoren das Olivenöl, welches Buzzi mit Natronlauge, Müller mit alkoholischer Kalilauge verseift. Aus den erhaltenen Seifen wird alsdann durch verdünnte

---

[1]) Seifensiederztg. 1905, S. 551, Herstellung einer Natronseife von cremeartiger Beschaffenheit.
[2]) Näheres s. Ubbelohde-Goldschmidt 3. S. 962.
[3]) Buzzi, l. c. — Seifenfabrikant 1892, S. 6.
[4]) Dr. G. J. Müller, Grundlinien der Hauttherapie mittels medikamentöser Seifen. Berlin 1897. S. Karger.

Säuren die Fettsäure abgeschieden, die nach gründlicher Reinigung mit destilliertem Wasser von Buzzi in der genau berechneten Menge Kalilauge gelöst und durch Eindampfen auf die gewünschte Konsistenz gebracht, von Müller aber dazu verwandt wird, um den Kaliüberschuß einer zweiten Verseifungscharge zu neutralisieren. Das so erhaltene Savonal genannte Präparat hat jedoch ebenso wie die Seife Buzzis eine weitere Verbreitung nicht gefunden.

Ersatzpräparate für gewöhnliche Seifen.

Es ist bereits mehrfach betont worden, daß die Art der für die Herstellung medikamentöser Seifen verwandten Grundseifen für deren Wirkung von weitgehender Bedeutung ist, indem die Seifen ihrer chemischen Zusammensetzung entsprechend einerseits selbst bestimmte erwünschte oder unerwünschte Eigenwirkungen besitzen, andrerseits aber auch die typischen Eigenschaften der beigegebenen Medikamente günstig oder ungünstig beeinflussen können. Besonders gilt dies für Seifenpräparate desinfizierender Wirkung, bei deren Herstellung, wie später gezeigt werden wird, neben der Art auch die Menge der in dem Desinfektionsgemisch vorhandenen Seife zu beachten ist.

Eine Reihe von Spezialseifenpräparaten sollen nun hier nicht unerwähnt bleiben, weil sie im Gegensatz zu den handelsüblichen Gebrauchsseifen für eine Reihe in Wasser unlöslicher, therapeutisch wichtiger Stoffe, nämlich für Terpene, ätherische Öle und die höheren Homologen des Phenols, ein hervorragendes Lösungsvermögen besitzen und es somit gestatten, diese für die Therapie wertvollen Produkte in eine bequeme Anwendungsform zu bringen[1]). Es sind dies zunächst die Seifen, die sich vom Ricinusöl (bisweilen auch von einem durch Erhitzen chemisch verändertem Ricinusöl) ableiten, vornehmlich das **ricinolsaure, ricinussulfosaure und dioxystearinsaure Kalium** und weiter die bereits erwähnten **Seifen der niederen Kern- und Cocosölfettsäuren**.

Die Herstellungsverfahren dieser Produkte sind relativ einfach, die Ricinussulfosäure wird durch Behandeln der aus dem Ricinusöl gewonnenen Ricinolsäure mit Schwefelsäure erhalten und findet bereits in Form ihrer Alkalisalze unter dem Namen Türkischrotöl als Beize in der Färberei ausgedehnte Verwendung. Die Dioxystearinsäure wird ebenfalls aus der Ricinolsäure gewonnen, indem diese letztere zunächst mit konzentrierter Schwefelsäure behandelt und das so erhaltene Produkt mit Wasser verkocht wird. Die niederen Kern- und Cocosölfettsäuren werden, wie erwähnt, nach dem Verfahren des D. R. P. 170 563 durch Destillation im Vakuum hergestellt.

Wie ersichtlich handelt es sich in all diesen Präparaten um Seifen, die in wäßriger Lösung entweder gar nicht oder nur äußerst schwach hydrolysiert sind und daher in dieser Lösung keinen oder einen nur ge-

---

[1]) Siehe Laubenheimer, Phenol und seine Derivate als Desinfektionsmittel S. 63. Berlin 1909. (Urban und Schwarzenberg.)

ringen Gehalt an saurer Seife besitzen. Wie nun diese Seifen, die als solche Seifencharakter nur in geringem Maße aufweisen, imstande sind, größere Mengen freier Fettsäure (Ricinolsäure, bzw. Kern- oder Cocosölfettsäuren) zu sauren Seifen aufzulösen, die ihrerseits die für die Seife charakteristischen Eigenschaften in vollstem Maße zeigen, so entsteht anscheinend auch aus dem phenolartigen Medikament als einer schwachen Säure und der gar nicht oder schwach hydrolysierten Seife eine Doppelverbindung mit ganz neuen, für eben diese Verbindung typischen Eigenschaften entsprechend der früheren Annahme Hellers, der zufolge sich bei der Vereinigung von Seifen und Kresol „ein neuer, kompliziert zusammengesetzter Körper" bilden sollte[1]).

Neben den bisher besprochenen Seifen finden gewissermaßen als Ersatzpräparate für die Seifen aus tierischen oder pflanzlichen Fetten hier und da auch in der pharmazeutischen Seifenindustrie die sogenannten Naphthenseifen Verwendung. Diese gelb bis braun gefärbten, äußerlich den Schmierseifen ähnlichen Produkte, die bei der Raffination der kaukasischen Leuchtöle gewonnen und in Rußland mit dem Namen „Myloin"[2]), in Deutschland vielfach als „Mineralseife" bezeichnet werden, sind den Untersuchungen Charitschkows zufolge als die Alkalisalze der aromatischen Naphthencarbonsäuren aufzufassen. Ihr intensiv petroleumähnlicher Geruch, der wahrscheinlich durch in geringer Menge vorhandene organische Schwefelverbindungen bedingt wird und ihrer Verwendung gewisse Grenzen zieht, wird ziemlich abgeschwächt, wenn sie zusammen mit Seifen aus pflanzlichen oder tierischen Fetten verarbeitet und schwach parfümiert werden, weshalb sie namentlich seitens russischer Fabrikanten als Füllmittel bzw. als ein Seifensurrogat von unbestrittenem Reinigungswerte häufiger verwendet werden. Neben der guten Schaum- und Waschkraft besitzen die Naphthenseifen aber eine Eigenschaft, die sie für therapeutische Zwecke besonders brauchbar erscheinen läßt, nämlich ein relativ hohes Desinfektionsvermögen. Aus diesem Grunde wird auch sowohl die Naphtha selbst wie ihre Destillate von den kaukasischen Völkern seit alters her zu Heilzwecken verwandt, ebenso wie die naphthensauren Salze seitens ihrer Produzenten auch direkt als „Desinfektionsseife" gehandelt werden[3]), obwohl diese Alkalisalze eine geringere Wirkung besitzen als die freien Säuren. Die Naphthensäuren selbst wirken in Konzentrationen von 1 : 100 etwa ebenso stark auf pathogene Bakterien ein, wie eine 3 proz. Lösung von Carbolsäure, indem Staphylokokken z. B. von einer 1 proz. Naphthensäureemulsion in weniger als 30 Minuten abgetötet werden[4]).

Da die Naphthensäuren nach einer von Breda angegebenen Methode durch Oxydation mit Kaliumpermanganat und darauf folgende Destillation[5]) auch hell und geruchlos gewonnen werden können, dürften sie

---

[1]) Heller, Über die Bedeutung des Seifenzusatzes zu Desinfektionsmitteln. Arch. f. Hyg. 47, S. 213. 1903.
[2]) „Mylo" im Russischen = Seife.
[3]) Siehe Seifensiederztg. 1907, S. 509.
[4]) Siehe Seifensiederztg. 1903, S. 656.
[5]) D. R. P. Nr. 179 564.

vielleicht auch direkt an Stelle der heute aus Erdöldestillaten unter Verwendung von Seifen hergestellten Desinfektionsmittel als antiseptischer Zusatz für pilierte Seifen brauchbar sein[1]).

Unter diesen hier zuletzt genannten Präparaten aus Erdöldestillaten ist als das älteste besonders das aus einer Rohnaphtha armenischer Herkunft gewonnene Naftalan hervorzuheben, eine grünlich-schwarze, konsistente Salbenmasse, die neutral reagiert und mit Wasser oder Glycerin emulgierbar ist. Seiner Zusammensetzung nach ist es ein mit wenig Seife versetztes, nahezu reines Mineralfett, das auch für die Fabrikation reduzierend und jucklindernd wirkender Seifen verwandt wird[2]). Seine Konkurrenzpräparate sind das Nafalan (Nafalan-Ges. zu Magdeburg), das Sapolan (Jean Zibell & Co. Triest), das Ropolan (Milde & Rößler, Prag) und das Petrosapol (G. Hell & Co., Troppau), sämtlich Naphthaprodukte, die durch den nötigen Seifenzusatz konsistent gemacht sind und als Salbengrundlage für Mittel gegen Scabies, Ekzeme usw. Verwendung finden.

---

[1]) Naphthenseifen werden in Baku sowohl als Surrogat wie als Desinfektions- und Haushaltseifen in den Handel gebracht durch die Firmen Feigl & Co., Schriro & Co., Batentzeff und Gebr. Nobel.

[2]) H. Rohleder, Medikamentöse Seifen bei Hautkrankheiten. Berl. Klinik 1901, Heft 158.

III. Die spezielle Zusammensetzung medikamentöser Seifen.

Seifenspiritus und Spiritusseifen.

Wie eingangs auseinandergesetzt wurde, ist die Desinfektionskraft eines Stoffes nicht nur abhängig von seiner Konzentration und der Dauer seiner Einwirkung, sondern in erster Linie auch von dem chemischen Milieu, in dem er seine Wirksamkeit entfaltet, d. h. besonders von der Zusammensetzung seines Lösungsmittels.

Somit lag nun der Gedanke nahe, die Seife nicht nur ausschließlich in wäßriger Lösung zu verwenden, sondern für die Lösung auch solche Mittel heranzuziehen, die in Anbetracht der eben erwähnten Tatsachen als geeignet erscheinen mußten, die Desinfektionskraft der Seife zu erhöhen, ohne ihre physiologischen Eigenschaften nachteilig zu beeinflussen. Am geeignetsten mußte hier der Äthylalkohol (Weingeist, Weinsprit, Spiritus) erscheinen, der auf Grund seiner mechanisch hautfettlösenden Eigenschaften und durch sein großes Diffusionsvermögen die für antiseptische Zwecke besonders wertvolle Eigenschaft besitzt, auch in die tieferen Hautschichten einzudringen und so dem nachfolgenden Antisepticum, im vorliegenden Falle der Seife, den Weg dorthin zu bahnen. Neben diesen mechanisch reinigenden Kräften kommt dem Alkohol aber auch bactericide Wirkung zu. Schon in einer Konzentration von 5%—10% besitzt er entwicklungshemmende Wirkung, doch steigt die Desinfektionskraft mit wachsender Konzentration nur bis zu einem bestimmten Grenzwert, indem anscheinend nur den bei der Vereinigung mit Wasser entstehenden Molekularverbindungen[1]) Desinfektionswirkung zukommt. Absoluter Alkohol desinfiziert nur äußerst wenig, während 30—60% etwa die Mitte hält zwischen 1⁰/₀₀ Sublimat und 3% Carbolsäure.

Für die Zwecke der Händedesinfektion wurde der offizinelle Seifenspiritus (Spiritus saponatus) zuerst von Mikulicz[2]) angewandt. Während

---

[1]) T. Fawssett, Über die Molekularverbindungen von Alkohol und Wasser. Pharm. Journ. and Pharm. 1910, 4. Reihe, Bd. 30, S. 754.
[2]) Mikulicz, Deutsch. Med. Wochenschr. 1899, Nr. 24.

Fürbringer[1]) und später Ahlfeld[2]) anschließend an die mechanische Reinigung der Hände mit Wasser und Seife bzw. heißer Seifenlösung vor der Ausführung chirurgischer Operationen die Vornahme einer Alkoholwaschung empfohlen hatten, vereinfachte er diese Methode dahin, daß er diese beiden Waschungen in eine einzige zusammenzog, indem er eine Mischung beider Mittel, der Seifenlösung und des Alkohols, in Anwendung brachte.

Für die Herstellung des Seifenspiritus, der sich weiterhin auch vornehmlich für die Desinfektion chirurgischer Instrumente usw. als geeignet erwiesen hat, existiert eine Unmenge von Vorschriften. Nach dem D. A. B. ist er zu bereiten aus:

6 Teilen Olivenöl,
7 Teilen Kalilauge v. 1,128 spez. Gewicht,
30 Teilen Weingeist von 90%,
17 Teilen Wasser.

Das Olivenöl wird mit der Kalilauge und einem Viertel der vorgeschriebenen Menge Weingeist in einer verschlossenen Flasche unter häufigem Schütteln beiseite gestellt, bis die Verseifung vollendet ist und eine Probe der Flüssigkeit mit Wasser und Weingeist sich klar mischen läßt. Darauf fügt man der Flüssigkeit die noch übrigen drei Viertel des Weingeistes und das Wasser hinzu und filtriert die Mischung. Spez. Gewicht 0,925—0,935.

Sehr beschleunigt wird die Verseifung des Öles durch ein Erhitzen der obigen, noch unfertigen Mischung im Wasserbade auf 40—50° und am bequemsten ist die Herstellung des Präparates aus fertiger Kaliseife, wie sie etwa von der chemischen Fabrik Helfenberg A.-G. in Helfenberg (Sachsen) geliefert wird. Aus dieser Seife erhält man das offizinelle Präparat, indem man:

100 Teile Kaliseife zur Bereitung von Seifenspiritus in
300 Teilen Weingeist von 90% und
200 Teilen destilliertem Wasser

durch öfteres Schütteln löst, 24 Stunden stehen läßt und filtriert.

Einen Natronseifenspiritus kennt das deutsche Arzneibuch nicht, trotzdem ein aus Natronseife bereitetes Präparat auf die Haut weniger reizend wirkt als das mit Kaliseife hergestellte. Für die Herstellung desselben verwendet man am besten eine fertige Natronseife, die von Salzen fast ganz befreit ein klar bleibendes Präparat liefert. Eine Vorschrift für ein solches mit dem spez. Gewicht 0,925—0,935 lautet:

15,0 Teile Helfenberger Oleinseife,
50,0 Teile Weingeist von 90%,
35,0 Teile destilliertes Wasser.

---

[1]) Fürbringer, Untersuchungen und Vorschriften für die Desinfektion der Hände des Arztes. Wiesbaden 1888 (Bergmann). — Über Händedesinfektion durch Alkohol, Deutsch. Med. Wochenschr. 1899, Nr. 49.
[2]) Ahlfeld, Monatsschr. f. Geb. u. Gyn. 1899, Bd. 10.

Man maceriert unter öfterem Schütteln, bis sich die Seife gelöst hat, läßt dann 8 Tage in einem kühlen Raum ruhig stehen und filtriert hierauf. Zur Parfümierung ist ein geringer Zusatz von Lavendelöl empfehlenswert.

Neben diesem flüssigen Seifenspiritus ist jedoch noch eine ganze Reihe anderer Kompositionen aus Spiritus und Seife bekannt, denen in besonderen Fällen eine nicht geringe Bedeutung zukommt. Unter den Namen Saponimentum, Opodeldok oder Liniment wird eine gallertartige Mischung von Alkohol und Seife (bis zu 10%), die meist noch einen Zusatz von Campher und Ammoniak erfährt, als äußerliches Heilmittel bei schmerzhaften Zuständen der Haut und der Muskeln verwandt. Zur Herstellung dieses als Hausmittel verbreiteten Präparates werden nach dem Deutschen Arzneibuche 40 Teile medizinische Seife und 10 Teile Campher bei Wärme in 420 Teilen Weingeist von 90% gelöst. Nachdem die noch warme Lösung unter Benutzung eines bedeckten Trichters in das zur Aufbewahrung des fertigen Opodeldoks bestimmte Gefäß filtriert worden ist, fügt man:

2 Teile Thymianöl,
3 Teile Rosmarinöl,
25 Teile Ammoniakflüssigkeit (10%)

hinzu und kühlt das Gemisch schnell ab.

Dem Opodeldok ähnlich ist der von Vollbrecht für den Gebrauch im Felde empfohlene feste Seifenspiritus[1]), der durch Lösen von ca. 4—6% Kokosnatronseife in 100 Teilen stark erwärmten 92—95proz. Spiritus beim Erkalten dieser Lösung erhalten wird. Er schmilzt bei Handwärme und soll dann ebenso wirksam sein wie die oben besprochenen flüssigen Präparate. Abgesehen von der Tatsache, daß der 92—95proz. Alkohol nur geringes Desinfektionsvermögen besitzt, zeigt dieser feste Seifenspiritus jedoch den Mangel, daß er auch schon an warmen Tagen zerfließt und deshalb schwer verpack- und transportierbar ist. Zudem wird wie mit jedem Seifenspiritus auch mit diesem Präparate trotz seines Seifengehaltes eine Reinigung der Haut nicht erzielt, indem sich die auf der Haut verbleibenden Unreinlichkeiten erst durch Zuhilfenahme von Wasser und gewöhnlicher Seife entfernen lassen.

Eine Spiritusseife, die in möglichst einfacher Weise gleichzeitig eine Desinfektion und Reinigung der Haut gestattet und zudem die Annehmlichkeiten der gewöhnlichen festen Waschseife — ihre Härte, bequeme Form, leichte Transportfähigkeit und einfache Verwendbarkeit — in sich vereinigt, wird jedoch nach dem D. R. P. 149 793 (Arthur Wolff jr. in Breslau-Berlin-Chbg.) gewonnen, indem man den für das Vollbrechtsche Präparat angegebenen Cocosnatronseifengehalt erheblich (nach der deutschen Patentschrift auf 6—20%, der entsprechenden österreichischen Patentschrift Nr. 22 442 zufolge auf 8—40% wasserfreie Seife) steigert. Unter dem Namen Sapal ist ein nach diesem Ver-

---
[1]) Langenbecks Annalen 1900, Bd. 61, S. 25.

fahren hergestelltes Präparat vor längeren Jahren bekannt geworden, die Fabrikation desselben ist jedoch anscheinend zugunsten des weiter unten zu besprechenden Sapalcol einstweilen sistiert worden, obwohl gerade diese festen, harten Spiritusseifen für eine Reihe von Spezialzwecken eine große Bedeutung erlangen könnten[1]).

Allerdings genügen sie an sich auf Grund der allzu hohen, für das Erhärten des Präparates aber notwendigen Alkoholkonzentration nicht den strengen Anforderungen, welche von seiten der Ärztewelt an ein Desinfektionsmittel gestellt werden müssen, sie sind jedoch die für die Zwecke der Antisepsis denkbar besten Grundseifen, da sie nach Zusatz desinfizierender Mittel einerseits und mechanisch wirkender Stoffe andrerseits eine vollkommene Sterilisation der damit behandelten Hautpartien bewirken müßten. Denn diese Seifen, die für gewöhnlich, wie gesagt, hart und fest sind und daher sicherlich auch in Form dosierter Tabletten (Festalkol) gewonnen werden können, erfahren auch bei wasserfreier Verwendung infolge der Reibwirkung einen Schmelzprozeß, wobei Seifenspiritus gebildet wird, der schnell in die Haut eindringt und dabei die Seife selbst und zugleich auch das eventuell beigemischte Antisepticum in die tiefsten Schichten der Haut einführt. Da sich dieser Vorgang aber an der Luft vollzieht, verdunstet der größte Teil des Spiritus, während sich Seife und Antisepticum in der Haut anreichern. Befeuchtet man nun die Hände mit einigen Tropfen Wasser, so erzielt man durch die üblichen Waschbewegungen ein ausgiebiges Schäumen der tief in die Haut eingeführten Seife und damit eine Reinigungswirkung, wie sie durch keinen anderen Waschprozeß herbeigeführt werden kann. Das gleichzeitig mit der Seife in die Tiefe gedrungene Antisepticum entfaltet zugleich in konzentriertester Lösung eine sehr energische Wirkung, so daß auf diese Weise in der kurzen Zeit einer gewöhnlichen Seifenwaschung eine vollständige Haut- und Händedesinfektion als möglich erscheint, vorausgesetzt allerdings, daß das verwandte Desinfiziens im Seifenkörper dauernd haltbar ist.

Wie schon oben erwähnt, wird an Stelle des Sapal heute das Sapalcol, eine weiche salbenartige Spiritusseife in Tubenpackung in den Handel gebracht, die durch mechanische Verreibung der festen Seife in ähnlicher Weise hergestellt wird, wie es das D. R. P. Nr. 134 406 vorsieht. Ebenso wie das Sapal vermag auch dies Präparat beim Verreiben auf der Haut nach vorherigem Schmelzen in diese einzudringen und ist daher ebenfalls wie beschrieben zu verwenden. Das Sapalcol hat sich einerseits als Cosmeticum (Reiseseife), andererseits aber besonders auch in der Dermatotherapie vorzüglich eingeführt, da sich die verschiedenen nach Blaschkos Vorschriften[2]) hergestellten medikamentösen Zube-

---

[1]) Unter dem Namen „Hartspiritus" ist auch eine glasig durchscheinende Mischung von denaturiertem Spiritus und 18%—20% Stearinnatronseife bekannt, der gewöhnlich noch Schellack, Kolophonium und andere Harze zwecks Erhöhung der Konsistenz der Masse zugefügt sind. Das Präparat wird jedoch lediglich für Brennzwecke verwandt und ist weder bestimmt noch geeignet, als Wasch- und Desinfektionsmittel zu dienen.

[2]) Med. Klinik 1906, Nr. 50.

reitungen erwartungsgemäß bestens bewährt haben[1]). Das erst jüngst bekannt gewordene Afridol-Sapalcol[2]) dürfte zudem, von seiner hervorragenden Heilwirkung bei Acne, Furunculosis usw. abgesehen, besonders berufen erscheinen, als Haut- und Händedesinfektionsmittel auch den schärfsten Anforderungen Genüge zu leisten. Wünschenswert bliebe lediglich ein Ersatz der für die Fabrikation verwandten Cocosseife durch eine rationell zusammengesetzte Talgseife, da die Sapalcolpräparate bei längerem Gebrauch naturgemäß die allgemeinen Nachteile der Cocosseifen nicht vermissen lassen.

Die Haltbarkeit der Medikamente im Seifenkörper.

Es ist schon mehrfach angedeutet, daß leider nicht alle Desinfektions- und Heilmittel bei gleichzeitiger Gegenwart von Seife haltbar sind, weil die Seife ihrer chemischen Natur entsprechend zu Umsetzungen mancherlei Art durchaus befähigt ist. Eine große Anzahl chemischer Substanzen verliert daher, der Seife inkorporiert, ihre Wirkung oder erfährt doch eine so erhebliche Veränderung derselben, daß der praktische Wert solcher Seifen ohne weiteres keineswegs aus der Wirkung des Medikamentes einerseits und derjenigen der Seife andrerseits abzuleiten ist. Man hat es daher zunächst versucht, die in der Seife zersetzlichen Medikamente der innigen Kontaktsphäre des Seifenkörpers zu entziehen, indem man sie entweder, wie erwähnt, mit dem zur Fabrikation verwandten Überfett verrieb, oder gelatinierte oder in die Poren eines sandigen Materials (Bimsstein, Infusorienerde usw.) einführte und die medikamentierten Sandkörner auf die Grundseifen streute[3]). Alle diese Versuche sind jedoch ohne jeden Wert, weil spätestens beim Waschprozeß doch die gefürchteten Wechselwirkungen eintreten werden und die Heil- und Desinfektionskraft dieser Seifen alsdann verloren geht.

Trotzdem aber würde es durchaus nicht zu befürworten sein, die Herstellung medikamentöser bzw. antiseptischer Seifen nunmehr überhaupt zu unterlassen und beispielsweise zur Desinfektion der Haut das Hauptgewicht vornehmlich auf eine energische mechanische Reinigung mit Seife und Bürste zu legen und eine chemische Desinfektion erst nachfolgen zu lassen, um die in den Poren und Drüsenkanälen der Haut alsdann noch zurückgebliebenen Keime zu vernichten. Denn es unterliegt keinem Zweifel, daß diejenigen medikamentösen Seifen, deren Zusammensetzung eine konstante ist, ein Objekt von großer therapeutischer und hygienischer Bedeutung darstellen, indem sie auf Grund ihrer keratolytischen Eigenschaften befähigt sind, die inkorporierten Desinfektions- und Heilmittel in die tiefsten Tiefen der Hautschicht

---

[1]) Scholtz, Über einige neue dermatologische Heilmittel. Therap. Rundschau 1909, Heft 12 und 13.
[2]) Über Afridol s. Näheres auf S. 94.
[3]) Vgl. V. St. A. Patent Nr. 755 945.

einzuführen. Auch die Sauberkeit der Verwendung und die Sparsamkeit beim Verbrauch lassen die Seife als Vehikel für äußerlich anzuwendende Medikamente und vornehmlich für antiseptische Stoffe als äußerst geeignet erscheinen.

Ob ein Medikament im Seifenkörper nun seine Wirkungen dauernd behält und frei entwickeln kann, d. h. als „seifenfest" zu bezeichnen ist, hängt natürlich auch von seinem chemischen Charakter ab. Im allgemeinen werden saure Agenzien die Seife unter Abscheidung der schwächeren Fettsäuren zersetzen, indem sie selbst unter Aufnahme des Seifenalkalis in Neutralsalze übergehen, denen naturgemäß ganz andere Wirkungen zukommen können, als den inkorporierten Säuren. Dagegen werden Medikamente, die selbst Alkalisalze sind oder chemisch indifferente Substanzen wie beispielsweise vegetabilische Rohdrogen in den meisten Fällen im Seifenkörper unzersetzt erhalten bleiben. Auch all die Mittel, bei denen das undissoziierte Molekül Träger der Wirkung ist, dürfen wohl, soweit sie nicht wie beispielsweise das Phenol sauren Charakter besitzen, in der Hauptsache als „seifenfest" angesehen werden (Campher, Naphthalin usw.), während Schwermetallsalze wie Kupfer, Quecksilber- und Silbersalze, die als „Desinfektionsmittel erster Ordnung" durch Ionen wirksam sind, unlösliche und daher nahezu unwirksame Niederschläge bilden, sobald sie mit den löslichen Alkaliseifen in Berührung kommen.

Allgemein gültige, zusammenfassende Gesetze, die für die Haltbarkeit der verschiedenen Mittel im Seifenkörper maßgebend sein könnten, lassen sich jedoch nicht aufstellen, da u. a. beispielsweise auch dem durch die Anwesenheit ungesättigter Fettsäuren bedingten Reduktionsvermögen der Seife selbst und der etwaigen Reduktions- oder Oxydationsfähigkeit der verwandten Heilstoffe Rechnung getragen werden muß. In den folgenden Abschnitten sind daher die für die Verarbeitung der einzelnen Heil- und Desinfektionsmittel und ihre Haltbarkeit im Seifenkörper wichtigen Faktoren jeweils im Anschluß an die Besprechung ihrer Eigenschaften und ihres therapeutischen Wertes behandelt worden.

Teerseifen.

Es ist beinahe selbstverständlich, daß der Teer, dessen therapeutische Bedeutung bereits dem um Christi Geburt lebenden Celsus[1]) bekannt war und der schon von Plinius (gest. 79 p. Chr.) in der Historia naturalis mehrfach gegen Haarausfall und Hautkrankheiten empfohlen wird, schon frühzeitig für die Fabrikation medikamentöser Seifen benutzt worden ist. Denn seiner antiparasitären, resorbierenden, Epidermis regenerierenden (keratoplastischen) und vornehmlich juckstillenden Wirkung halber findet der Teer auch heute noch dem Strome der Zeiten zum Trotz bei Ärzten und Laien als ein Heilmittel für die verschiedensten Dermatosen die weitgehendste Beachtung. Teerseifen

---

[1]) Vgl. Celsus, de medicina lib. V, 22 und lib. V, 28, 16.

sind somit wohl die volkstümlichsten und verbreitetsten medikamentösen Seifen, indem sie in gebildeten wie in ungebildeten Schichten des Volkes als Allheilmittel gegen Flechten, Finnen, Pickel, Mitesser usw. angewandt werden, trotzdem gerade bei ihrer Anwendung eine gewisse Vorsicht vonnöten ist, da der Teer auf Grund unliebsamer Nebenwirkungen, insonderheit bei zarten oder gar schon irritierten Hautpartien, eine ganze Reihe strikter Kontraindikationen aufweist. Auch sind durchaus nicht alle in den Handel kommenden Teerseifen als brauchbare Produkte zu bezeichnen und vornehmlich die ganz billigen sind eher schädlich als heilkräftig zu nennen.

Unter Teer versteht man die Produkte der trockenen Destillation der Steinkohle und verschiedener Holzarten, von denen neben dem ersteren medizinische Bedeutung lediglich der Coniferen-, Birken- und Buchenholzteer besitzen. Der Steinkohlenteer enthält vornehmlich:

I. Sauerstoffhaltige, in Alkali lösliche Verbindungen (Phenole und Säuren).
II. Sauerstofffreie Verbindungen, von denen die Chinolin- und Pyridinbasen mit Mineralsäuren extrahierbar sind, während der Rest hauptsächlich aus Kohlenwasserstoffen (Benzol, Naphthalin, Anthracen, Phenanthren und ihren Homologen) besteht, die durch Destillation im Vacuum nach Entfernung der vorbenannten Bestandteile rein erhalten werden können.
III. Das Pech, welches bei dieser Destillation als Rückstand hinterbleibt.

Die durch Destillation des Holzes gewonnenen Teerarten enthalten neben hochsiedenden Kohlenwasserstoffen, Phenolen und Phenoläthern als wichtige Bestandteile Terpene, Essigsäure und Harzsäuren.

Wenn auch die Möglichkeit, daß die Wirksamkeit des Teers gerade in dieser seiner Heterogenität begründet liegt, nicht ohne alle Wahrscheinlichkeit ist, so darf man andrerseits doch annehmen, daß ein großer Teil der genannten Bestandteile ein für die Wirkung nutzloser Ballast ist, und daß vielleicht die unangenehmen und oft auch schädlichen Nebenwirkungen des Teers gerade einem Teile dieser Ballaststoffe zuzuschreiben sind. Als Nachteil des Teers und der Teerbehandlung gilt nämlich, von dem unangenehmen Geruch und der unschönen Farbe des Präparates ganz abgesehen, vor allem die Tatsache, daß er die Haut färbt, die Wäsche untilgbar verfleckt und oft ganz unliebsame Reizerscheinungen und Entzündungen der damit behandelten Hautpartien sowie bisweilen Intoxikationen unter Beteiligung des Sensoriums und des Magendarmtraktus bewirkt, die seine Anwendung perhorreszieren.

Es ist daher nicht zu verwundern, daß von Ärzten und Chemikern jahrzehntelang Versuche gemacht worden sind, den Teer durch andere Präparate zu ersetzen, welche eine Einschränkung dieser unangenehmen Eigenschaften herbeiführen sollten. Aber alle in diesem Sinne empfohlenen Ersatzmittel wie Resorcin, Naphthol, Pyrogallol, Chrysarobin, Anthrarobin u. a., die später noch ausführlich besprochen werden sollen, waren nicht imstande, den Teer im dermatologischen Arzneischatz entbehrlich zu machen; im Gegenteil, sie haben die für gewisse Krankheitsfälle und besonders für die Ekzemtherapie so wichtigen Eigenschaften des Präparates nur um so stärker hervortreten lassen. Es blieb daher nichts anderes übrig, als zu versuchen, die therapeutisch wichtigen Bestandteile des Präparates herauszusuchen und zu prüfen, ob auch sie noch die unangenehmen Nebenwirkungen zeigen, oder andererseits durch chemische Beeinflussung, beispielsweise durch eine verständige und zielbewußte Kombination mit anderen Substanzen, zu versuchen, das Urprodukt von seinen lästigen Eigenschaften zu befreien, ohne seine therapeutische Wirkung herabzusetzen. Im erstgenannten Falle würde es alsdann als ein besonderer Vorteil gelten müssen, daß der abgeschiedene, wirksame Körper entgegen der wechselnden Zusammensetzung des Ausgangsmaterials stets die gleichen Bestandteile aufweisen und auf diese Weise eine genaue Dosierung gestatten würde.

Zuerst sind von Vieht in dieser Richtung Versuche gemacht worden[1]), den Teer, und zwar den Steinkohlenteer, in der genannten Weise zu modifizieren und ein Produkt zu schaffen, welches wohl die therapeutischen Vorzüge des Ausgangsmaterials, aber nicht seine Nachteile besitzen sollte. Durch eine Reihe von Reinigungsprozessen wurden die klebenden und färbenden Bestandteile extrahiert, das Pech, welches hier etwa 50—60% der Gesamtmenge ausmacht, und die relativ giftigen und übelriechenden Pyridinbasen wurden entfernt und endlich wurde durch eine Mischung des so gereinigten Steinkohlenteers mit gleichen Teilen gereinigten Wacholderteers, der die entstandenen festen Ausscheidungen leicht verflüssigte, ein Produkt erhalten, welches unter dem Namen Anthrasol (Knoll & Co., Ludwigshafen a. Rh.) in der Teertherapie bald festen Fuß fassen konnte[2]). Das Präparat ist also noch immer ein allerdings konstantes Gemisch aus verschiedenen Substanzen, enthält aber im großen und ganzen nur die Phenole und Kohlenwasserstoffe des Teers, mit deren Wirkung sich die Teerwirkung selbst deckt. Es ist ölartig, leicht flüssig, schwach gelb gefärbt, in Wasser unlöslich und erinnert nur durch seinen charakteristischen Geruch an das Ursprungsprodukt. Die Phenole, das Phenol (Carbolsäure) selbst und die Kresole, die im Steinkohlenteer besonders reichlich enthalten sind, bedingen die juckstillende und desinfizierende Wirkung, während nach den umfassenden chemischen und therapeutischen Versuchen von Vieht und Sack[3]) an die Kohlenwasserstoffe und besonders an die flüssigen Methylnaphthaline, welche für die Haut ein sehr großes Durchdringungsvermögen besitzen, die spezifische dermatologische Teerwirkung gebunden ist.

Ob diese Angaben allerdings in all ihren Teilen aufrecht zu erhalten sind, dürfte zweifelhaft sein, da mit verschiedenen Pilzen (Penicillium

---

[1]) H. Vieht, Die dermatologisch wichtigen Bestandteile des Teers und die Darstellung des Anthrasols. Therapie der Gegenwart 1903, Nr. 12.
[2]) D. R. P. Nr. 166 975.
[3]) Sack und Vieth, Münch. Med. Wochenschr. 1903, Nr. 18.

glaucum und Mucor mucedo) auf künstlichen Nährböden angestellte Kulturversuche Seidenschnurs[1]) ergeben haben, daß die Anwesenheit der sauren, in Natronlauge löslichen Körper im Steinkohlenteeröl für die antiseptische Wirkung desselben so gut wie nebensächlich ist, und daß dem von seinen sauren Bestandteilen befreiten Öl ebenfalls eine hohe desinfizierende Wirkung zukommt. Diese Tatsache kann erklärt werden durch den Umstand, daß die unzweifelhaft feststehende antiseptische Wirkung der Carbolsäure und der höher homologen Kresole aus den eingangs erörterten Gründen nur in wäßriger Lösung in Erscheinung tritt, in einer Öllösung aber nicht zur Geltung kommen kann. Jedenfalls sind also auch die hochsiedenden Anteile der neutralen Steinkohlenteeröle vorzügliche Desinfektionsmittel, deren Wirkung voll ausgenutzt wird, wenn sie in einer Seifenemulsion zur Anwendung gelangen.

Es ist selbstverständlich, daß sich die Seifenindustrie sehr schnell des Anthrasols bemächtigte, da es mit Hilfe dieses Produktes gelingt, farblose Teerseifen herzustellen, welche allein durch ihren Geruch auf ihren Teergehalt hinweisen und die durchaus berufen sind, an die Stelle der alten schwarzen Teerseifen zu treten. Ihre Vorzüge diesen gegenüber bestehen vornehmlich in der Reizlosigkeit, auch sind sie ohne schädliche Nebenwirkung und sollen den ersteren an therapeutischer Wirksamkeit nicht das Geringste nachgeben.

Ganz vollkommen ist, wie wir sehen, das Anthrasol allerdings nicht. Denn wenn seine Anwendung auch von vornherein viele Vorteile bietet, so ist doch der vielen lästige Teergeruch noch nicht beseitigt. Auch das Liantral (P. Beiersdorf & Co., Hamburg), ein durch Benzolextraktion gereinigtes und dem Anthrasol ähnliches Steinkohlenteerpräparat, welches wie dieses die charakteristische Teerwirkung besitzt, weist denselben Mangel auf. Ein überlegener Nebenbuhler scheint aber neuerdings dem Anthrasol in dem Pitral (Dresdener Chemisches Laboratorium Lingner) erwachsen zu sein, das als ein gänzlich ungiftiges neutrales Teeröl vor dem ersteren den großen Vorzug fast völliger Geruchlosigkeit besitzt[2]). Es ist frei von Phenolen, Säuren und anderen chemisch und therapeutisch nicht indifferenten Körpern, und besitzt, wie die klinischen Erfahrungen gezeigt haben, als ein Präparat des stark wirkenden Nadelholzteers (Pix liquida) dessen spezifische Wirkungen in vollem Maße, ohne irgendwelche Nachteile in Form unangenehmer Begleiterscheinungen aufzuweisen. Auch die färbenden Substanzen sind aus dem Produkte entfernt, während die wirksamen Bestandteile in chemischer und pharmakodynamischer Hinsicht unverändert geblieben sind. In Verbindung mit 90 % flüssiger Kaliseife und etwas Kaliumcarbonat hat es unter dem Namen „Pixavon hell" als Cosmeticum schnell überall Eingang gefunden und ist als solches seiner

---

[1]) Seidenschnur, Die ökonomische Tränkung von Holz mit Teeröl. Zeitschr. f. angew. Chemie 1901, S. 437 u. 488. — Ders., Zur Frage der Holzkonservierung, Chemikerztg. 1909, S. 701.
[2]) M. Joseph, Über Pitral. Dermatol. Zentralbl. 1909, Nr. 12, S. 354.

angenehmen goldgelben Färbung und seines erfrischenden Geruches halber recht geschätzt. Als Therapeuticum hat es sich besonders bewährt bei Haarerkrankungen, insonderheit bei der Seborrhöe der Kopfhaut, die als die allerhäufigste Ursache des Haarausfalls angesehen werden darf und nach Unnas jetzt wohl allgemein geteilter Ansicht einen entzündlichen Zustand der knäuelförmigen Drüsen darstellt, der auch an anderen Körperregionen zu den bekannten seborrhoischen Dermatosen führt und wahrscheinlich bakteriellen Ursprungs ist.

Wie schon oben gesagt, ist es aber auch ohne mechanische Reinigungsmethoden möglich, dem Teer seine unangenehmen Nebenwirkungen zu nehmen, nämlich durch chemische Veränderung der Ausgangssubstanz. Es lag hier nun nahe, den Formaldehyd, einen Körper, der ebenfalls aus den bei der Trockendestillation des Holzes erhaltenen Nebenprodukten gewonnen wird, als Kombinationsmittel heranzuziehen, da derselbe, wie aus analogen Fällen hinreichend bekannt war, in der Tat imstande ist, die ätzende und reizende Wirkung eines Körpers aufzuheben, indem er mit ihm eine chemische Verbindung eingeht. Es sei hier z. B. nur erinnert an die diesbezüglichen Verbindungen des Phenols und seiner Homologen, die später noch ausführlicher besprochen werden, sowie an den im günstigen Sinne veränderten Charakter, den diese Verbindungen unbeschadet ihrer arzneilichen Wirkung dem Ausgangsmaterial gegenüber aufweisen, oder an die Eigenschaften, welche die Citronensäure von der Methylencitronensäure unterscheiden, einer Verbindung der ersteren mit Formaldehyd.

Auch in dem vorliegenden Fall glückte es der chemischen Industrie, durch eine analoge Kondensation der Rohteere das Ausgangsmaterial in therapeutischer Hinsicht nicht unwesentlich zu verbessern, indem die Verbindung mit Formaldehyd den verschiedenen Bestandteilen des Teers zunächst die Fähigkeit nimmt, lokale Reizungen zu erzeugen und indem sie ferner dem Produkt nur eine geringe Möglichkeit läßt, resorptive Nebenwirkungen auszulösen. Bei der Verbindung der einzelnen Bestandteile mit dem Formaldehyd bilden sich nämlich hochmolekulare Körper, die vom Organismus nicht so schnell wie die ersteren aufgenommen werden, und zweitens setzt die Einschaltung von Methylengruppen, wie sie durch die Reaktion bedingt ist, die Giftwirkung des Produktes erheblich herab. Gleichzeitig mit dem Kondensationsprozeß findet sodann auch eine Desodorierung statt, so daß der penetrante Teergeruch fast ganz aus den verwandten Rohteeren verschwindet.

Das Dresdener Chemische Laboratorium Lingner bringt seit einiger Zeit ein Produkt in den Handel, das in dem geschilderten Sinne durch Kondensation des offizinellen, nach der alten Methode in Meilern gewonnenen Nadelholzteers (Pix liquida) mit Formaldehyd unter Zusatz von Kondensationsmitteln (Säuren oder Alkalien) gewonnen wird[1]) und frei von allen Nebenwirkungen ist. Das Pittylen (ἡ πίττα der Teer) genannte Präparat stellt ein lockeres, amorphes Pulver von

---

[1]) D. R. P. Nr. 161 939 und 233 329.

gelbbrauner Farbe und schwachem, eigentümlichem, kaum an Teer erinnerndem Geruch dar. Wie das Material, aus dem es hergestellt wurde, ist es jedoch keineswegs eine einheitliche Substanz, stellt vielmehr ein Gemenge der verschiedenartigen Körper dar, die auch in dem verwandten Teer vorhanden waren, und deren jeder sich seiner Konstitution entsprechend mit dem Formaldehyd verbunden hat. Wie oben erwähnt, dürften wohl vorwiegend die Methylenverbindungen der im Nadelholzteer besonders reichlich enthaltenen Harzsäuren den Hauptbestandteil des Produktes bilden, neben denen aber auch Diphenylmethanderivate der gleichfalls in größerer Menge vorhandenen aromatischen Kohlenwasserstoffe zugegen sind. In geringerem Maße sind fernerhin vorhanden die Verbindungen welche die im Nadelholzteer nur wenig enthaltenen Phenole und phenolartigen Körper mit dem Formaldehyd eingehen, ferner die Verbindungen der aliphatischen Säuren, wie Essigsäure, Propionsäure usw. und der im Nadelholzteer vorhandenen Ketone und Aldehyde, die sich wahrscheinlich sämtlich in Methylen- oder Anhydromethylenverbindungen verwandelt haben. Auch die färbenden Bestandteile des Teers haben an der Reaktion teilgenommen, so daß durch die Kondensation mit Formaldehyd die Färbekraft des Produktes ebenfalls herabgesetzt ist.

Es ist nun eine charakteristische Eigentümlichkeit des Pittylens, in verdünnten Laugen und Seifenlösungen löslich zu sein. Es bilden hier offenbar die Kondensationsprodukte der vorhandenen Harzsäuren, Phenole usw. mit dem vorhandenen Alkali wasserlösliche Verbindungen, wobei die sonst noch vorhandenen, an sich vielleicht nicht löslichen Verbindungen der Kohlenwasserstoffe ebenfalls in Lösung gehen. Infolgedessen findet das Präparat auch weiteste Anwendung in Form von festen und flüssigen Pittylenseifen, die dunkelbraun und fast geruchlos sind und das Präparat vollkommen gelöst enthalten, so daß es zu voller Wirkung gelangen kann. In der Tat haben sich diese Seifen nach Joseph[1]) bei den verschiedensten Dermatosen vorzüglich bewährt. Reizungen der Haut sind sehr selten, während die spezifisch juckstillende und keratoplastische Teerwirkung in ihnen voll enthalten ist. Auf die Tatsache, daß das Seifenalkali aus der inkorporierten Verbindung langsam wieder Formaldehyd abspaltet, der dann einen Teil der ihm eigenen physiologischen Wirkungen entfaltet, soll später nochmals zurückgekommen werden.

In Verbindung mit flüssiger Kaliseife erschien das Pittylen zuerst als Pixavon[2]) im Handel. Dies Präparat ist jedoch aus langem Frauenhaar nur schwierig auszuwaschen und für weißes Haar unbrauchbar, weil es dasselbe nach mehrfacher Benutzung gelb färbt. Es ist daher wohl heute vollkommen durch das oben besprochene helle Pixavon ersetzt, das diese Mängel nicht aufweist.

---
[1]) M. Joseph, Über Pittylen, ein neues Teerpräparat. Dermatol. Zentralbl. 1905, Nr. 3, S. 66.
[2]) D. R. P. Nr. 184 269 und 186 263.

Ein Präparat, das eine ähnliche Zusammensetzung besitzt, wie das eben besprochene Pittylen ist das **Empyroform** (Chemische Fabrik auf Aktien vorm. E. Schering, Berlin) ein trockenes, graubraunes, in Wasser aber unlösliches Pulver, das auch den unangenehmen Geruch seines Ausgangsmaterials nicht ganz vermissen läßt. Es ist ein Kondensationsprodukt von Formaldehyd mit Laubholzteer (Oleum rusci), dessen therapeutische und antiseptische Wirkung vornehmlich durch das Guajacol, den Brenzcatechinmonomethyläther, bedingt ist. In dem Präparat selbst ist diese Wirkung jedoch etwas geschwächt und besondere Vorzüge hat es den bereits besprochenen gegenüber kaum aufzuweisen.

Aber die Reihe der Teerarten und Teerpräparate, welche für die Seifenfabrikation Verwendung finden, ist mit den genannten keineswegs erschöpft. So enthält die nach dem D.R.P. Nr. 179672 hergestellte Teerseife (Keßler & Co., Berlin) einen Teer, der durch trockene Destillation von Torf gewonnen wird und im Gegensatz zum Holzteer keine freie Essigsäure enthalten soll. Unter dem Namen **Fagacid** bringt die Firma Dr. Noerdlinger in Flörsheim a. M. einen aus Buchenholzteer nach dem Oxydationsverfahren des D.R.P. Nr. 163446 und seiner Zusatzpatente gewonnenen, festen, pechartigen Körper auf den Markt, der auf Grund seines schwach sauren Charakters seifenartige Alkalisalze zu bilden vermag und in dieser Beziehung dem Kolophonium sehr ähnlich ist. Diese Alkalisalze (Fagate) sind feste, schwarze, in Wasser leicht lösliche Körper, und besitzen antiseptische Eigenschaften. Da sie den Fettseifen in beliebig großer Menge zugesetzt werden können, sind sie für die Herstellung antiseptischer Stückseifen mit hohem Teergehalt wertvoll. Die diesbezüglichen Seifen werden, falls die trockenen Fagate (für Seifenpulver und pilierte Seifen) selbst nicht zur Anwendung gelangen sollen, zweckmäßig in der Weise hergestellt, daß man durch Auflösung von Fagacid in heißen konzentrierten Laugen zuerst die entsprechenden Alkaliverbindungen herstellt und diese Lösungen entweder mit solchen von Fettseifen zusammenbringt, oder die Fagacidalkalilösungen, welche entsprechende Mengen freies Alkali enthalten, mit entsprechenden Mengen freier Fettsäure verbindet.

Auch das **Kreosot**, eine vornehmlich aus dem Buchenholzteer durch fraktionierte Destillation gewonnene farblose, ölartige, phenol- (Guajacol) reiche Flüssigkeit (Kp. 205—220°) findet trotz seines höchst unangenehmen Geruches vielfache Verwendung als Ersatzpräparat bei der Teerseifenfabrikation. Seine Wirkung auf die Haut ist eine der Teerwirkung analoge, an Desinfektionskraft übertrifft es denselben aber nicht unwesentlich.

Alles in allem sind die besprochenen Präparate also sämtlich zur Fabrikation von Teerseifen geeignet, die ihrerseits wieder im allgemeinen haltbare Präparate sind und ihre spezifische Teerwirkung nicht verlieren können. Denn die Umwandlungen, welche die verwandten Teerarten beim Waschprozeß erfahren dürften, sind so geringfügiger und therapeutisch unbedeutender Art, daß sie praktisch nicht in Frage kommen. Allerdings soll sich der Fabrikant ebenso wie der Konsument solcher Seifen bewußt sein, daß die besprochenen Präparate, wenn sie auch sämtlich echte Teerwirkung besitzen, ihren Bestandteilen entsprechend, in der Art und dem Grade dieser Wirkung dennoch Unterschiede aufweisen, indem der Steinkohlenteer dem größeren Gehalt an Phenolen und Kohlenwasserstoffen, der Laubholzteer dem Guajacolgehalt und der Nadelholzteer neben dem Phenolgehalt auch dem Gehalt an Harzsäuren seine Wirkung verdankt. Diese Unterschiede treten auch deutlich zutage in dem Grade der baktericiden Wirkung, die bei den wasserlöslichen Präparaten an sich zu beobachten ist, bei den in Wasser unlöslichen aber ebenfalls in Erscheinung tritt, wenn sie in einer Seifenemulsion zur Verwendung gelangen. Da diese Wirkung jedoch nur ein Teil der Gesamtwirkung ist, der bei der Anwendung von Teerpräparaten am wenigsten in Frage kommt, soll hier nicht näher darauf eingegangen werden.

Die Fabrikation der Seifen elbst bietet kaum Schwierigkeiten. Sie werden in fester und flüssiger Form hergestellt und vornehmlich die farblos flüssigen sind unter den verschiedensten Namen (Albopixol, Pixosapol u. a.) am Markte zu finden. Bei der Anfertigung pilierter Fettseifen unter Verwendung von Rohteeren ist lediglich darauf zu achten, daß die Grundseifenspäne einen gewissen Feuchtigkeitsgrad besitzen, da die fertige Seife sonst zu schwer aus der Peloteuse tritt. Bei der Herstellung der billigen Cocosölteerseifen, deren Fabrikation besser ganz unterbleiben sollte, ist der Teer unter schnellem Rühren der gut verbundenen Seife zuzumischen und diese sofort zu formen, da sich die Seife bei längerem Rühren trennt. Als Grundlage für die flüssigen Seifen dient, soweit nicht die genannten wasserlöslichen Präparate verwandt werden, am besten eine alkoholische Olivenölkaliseife, welche zweckdienlich einen Zusatz von Glycerin erhält und 5—10% der gereinigten Teerarten aufzunehmen imstande ist.

Über die Fabrikation der beliebten Teerschwefelseifen und ihre therapeutischen Vorteile wird näheres in einem späteren Abschnitt mitgeteilt.

Phenolseifenpräparate.

Die vielseitige Verwendung, welche die Carbolsäure seit ihrer Einführung durch Lister (1867) als Antisepticum gefunden hat, hat natürlicherweise auch Veranlassung gegeben für die Fabrikation von Carbolseifen, welche sich als Desinfektionsmittel auch heute noch — und zwar in Form von Stückseifen durchaus mit Unrecht — allgemeiner Beliebtheit erfreuen.

Das Phenol (Carbolsäure, Phenylalkohol, C_6H_5OH), das aus dem Steinkohlenteer isoliert, aber auch synthetisch gewonnen wird, krystallisiert in langen, farblosen, an der Luft sich rötlich färbenden Nadeln vom Schmelzpunkt 42° und vom Siedepunkt 180°. Es ist löslich in Wasser (im Verhältnis 6 : 100), Alkohol, Äther, fetten und ätherischen Ölen, besitzt charakteristischen Geruch, brennenden Geschmack und in mehrprozentiger wäßriger Lösung stark antiseptische Wirkung[1]). Diese Wirkung übertrifft diejenige gleichprozentiger Lösungen des Äthylalkohols nicht unbeträchtlich, da ganz allgemein durch den Ersatz aliphatischer Reste (Alkyl) durch solche aromatischer Natur (Aryl) die Lipoidlöslichkeit, und damit der bactericide Effekt chemischer Verbindungen gesteigert wird. In Ätzalkalien löst sich das Phenol auf Grund seines sauren Charakters zu den entsprechenden Phenolalkalisalzen (z. B. C_6H_5ONa), welche stark ätzend wirken, in ihrer Desinfektionskraft aber wesentlich geschwächt sind, da die antiseptische Wirkung des Phenols nicht durch das Ion C_6H_5O, sondern lediglich durch das ungespaltene Molekül bedingt wird.

Es ergibt sich also schon aus dieser Angabe, daß geringprozentige Carbolseifen beim Waschprozeß unmöglich desinfizierend wirken können, und die Kritik, welche sie von seiten der Ärztewelt erfahren haben, kann daher kaum überraschen. Unna sagt z. B. in seiner schon mehrfach zitierten Abhandlung „Über Medizinische Seifen", daß er noch keine Carbolseife gefunden habe, die auch nur den dürftigsten Ansprüchen genügte, und mit ihm bezeichnen viele andere (Jessner, Buzzi usw.) die Carbolseifen als für antiseptische Zwecke unzuverlässig und unbrauchbar.

Trotzdem aber besitzt der Zusatz von Seife zur Carbolsäure nicht immer einen vernichtenden Einfluß auf die antiseptische Wirkung des Mittels und ganz allgemein der Mittel vom Phenoltypus. Ein mäßiger Zusatz erhöht vielmehr die Desinfektionskraft nicht unwesentlich! Dabei besitzen Seifenlösungen ein großes Lösungsvermögen für Carbolsäure, 1 Liter 5 proz. Seifenlösung vermag beispielsweise 600 g Carbolsäure zu $1^1/_2$ Liter Flüssigkeit aufzulösen[2]), und Kaliseife (sapo kalinus des deutschen Arzneibuches) verflüssigt sich mit reiner Carbolsäure sehr leicht, so daß Lösungen bis zum Verhältnis 1 : 3 bei gewöhnlicher Temperatur erhalten werden können. In bezug auf die Desinfektionskraft besitzen diese Mischungen jedoch ein Optimum bei einem Verhältnis von Seife und Carbolsäure wie 1 : 1, indem eine Seife mit 50% Carbolsäure in 4 proz. Lösung einer 5 proz. wäßrigen Carbolsäurelösung äquivalent ist. Nach Heller[3]) kann diese Wirkung dadurch zustande kommen, daß die zu desinfizierenden Objekte der wirksamen Substanz — den Phenolen — leichter zugänglich gemacht werden, oder, was auch hier schon eingangs als das Wahrscheinlichere hingestellt ist, daß aus Seife und Phenol ein neuer, kompliziert zusammengesetzter Körper höherer Desinfektionskraft gebildet wird, wie man das wohl auch bei der Verflüssigung der Phenole durch verschiedene Natronsalze insbesondere der organischen Sulfosäuren (Solveole) wird annehmen müssen.

---

[1]) Eine 1 proz. Carbolsäurelösung tötet Staphylokokken vollständig jedoch erst in 90 Minuten ab. cf. Laubenheimer, Phenole als Desinfektionsmittel. 1909. S. 78.
[2]) Vgl. Triollet, Bull. des scienc. pharmacologiques 1901.
[3]) Heller, Über die Bedeutung des Seifenzusatzes zu Desinfektionsmitteln. Arch. f. Hyg. 1913, Bd. 47, S. 213.

Trotzdem aber ist die Herstellung von geringprozentigen und dennoch wirksamen Phenolseifen nicht durchaus unmöglich, obwohl die Phenole ganz allgemein durch größere Mengen Alkali und Seife eine bedeutende Herabminderung ihres Desinfektionswertes erfahren. Man kann zu recht brauchbaren Fabrikaten gelangen, wenn man Sorge trägt, daß die genannte Abschwächung gering bleibt im Verhältnis zu dem Desinfektionswert des Präparates selbst, indem man diesen letzteren durch innere Substitution, d. h. durch die Einführung chemischer Gruppen, welche die Lipoidlöslichkeit des Präparates erhöhen, nach Möglichkeit kräftigt.

Solche Steigerung der Desinfektionskraft wird, wenn auch noch nicht in genügendem Maße, beispielsweise schon erreicht durch die Einführung einer Methylgruppe (CH_3) in den Benzolkern des Phenols. Man gelangt so zu den drei isomeren Kresolen (Methylphenolen),

Orthokresol Metakresol Parakresol

die für die Desinfektionspraxis neben dem Phenol große Bedeutung gewonnen haben. Vornehmlich das nach der Abscheidung der Carbolsäure und der Kohlenwasserstoffe hinterbleibende Produkt, das früher fälschlicherweise vielfach als „rohe Carbolsäure" bezeichnet wurde und neben einigen anderen schwer flüchtigen Produkten des Steinkohlenteers (Naphthalin und Pyridine) etwa 90% eines Gemisches der obigen drei isomeren Kresole enthält, findet als Rohkresol (Cresolum crudum) für die Fabrikation von Desinfektionsmitteln vielfach Verwendung.

Man hat schon früh die starke Desinfektionskraft dieses billigen Produktes erkannt, aber die Schwerlöslichkeit desselben stand anfangs seiner Verwertung recht hinderlich im Wege. Das reine Orthokresol löst sich nach Gruber[1]) nur zu etwa 2,5% in Wasser und die Löslichkeit der beiden anderen Isomeren ist noch geringer (Metakresol 0,53%, Parakresol 1,8%). Diesem Übelstand kam nun wieder die schon oben erwähnte Eigentümlichkeit der Kaliseife (Fett- und Harzseife) zu Hilfe, sich mit dem Phenol und seine Homologen zu verflüssigen und die letzteren wasserlöslich zu machen, und es entstanden so eine Unzahl von Präparaten, unter denen der offizinelle Liquor cresoli saponatus und das Lysol (Schülke & Mayr, Hamburg) die beachtenswertesten sind. Für das erstere wird im Deutschen Arzneibuch folgende Vorschrift gegeben. Im Wasserbad wird 1 Teil Kaliseife erhitzt und in kleinen Anteilen 1 Teil (Teeröl-)Kresol so lange darin verrührt, bis eine gleichmäßige von ungelöster Seife freie Mischung entsteht. Das mit dem Namen Lysol bezeichnete Präparat wird nach dem Verfahren

---

[1]) Gruber, Über die Löslichkeit der Kresole in Wasser und über die Verwendung ihrer wäßrigen Lösungen zur Desinfektion. Arch. f. Hyg. 1893, S. 619.

des D.R.P. Nr. 52 129 in der Weise hergestellt, daß man Teeröl (technisches Trikresol vom Siedepunkt 187—210°) mit Leinöl oder einem Fett mischt und mit einer konzentrierten Kalilösung bei Gegenwart von Alkohol so lange zum Sieden erhitzt, bis vollständige Verseifung eingetreten ist und das Endprodukt sich glatt in Wasser löst. Beide Präparate bilden eine ölartige Flüssigkeit von brauner Farbe mit dem eigenartigen Geruch des Rohkresols. Sie sind beide in Wasser klar löslich und sollen für Desinfektionszwecke in 5—10 proz. Lösungen verwendet werden.

Die obige Vorschrift des Deutschen Arzneibuches ist für Herstellung kleinerer Mengen Kresolseifenlösung in der Tat recht empfehlenswert. Bei der Fabrikation größerer Mengen kommt man jedoch billiger zum Ziele, wenn man die Seife frisch herstellt und das Kresol zusetzt, ehe die Seife festgeworden ist. Ein ganz geringer Zusatz von Kresol genügt schon, um die frisch hergestellte Seife vollständig zu verflüssigen, so daß man die warme Schmelze der übrigen Kresolmenge leicht mit dem schon verflüssigten Produkte mischen kann. Es ist sogar nicht einmal nötig, die Verseifung ganz zu beendigen, wenn man die Kresolseifenlösung einige Tage stehen lassen kann. Man kocht das Leinöl mit der höchstens 15 grädigen Kalilauge, bis die Mischung zu schäumen beginnt und eine Probe mit einem gleichen Teil Kresol auch nach dem Abkühlen eine klare Lösung ergibt. Der Zusatz von Spiritus, wie ihn das Arzneibuch bei der Verseifung vorschreibt, kann ohne Bedenken fortgelassen werden. Die unfertige Kaliseife wird dann mit dem Kresol vermischt und 1—2 Tage unter zeitweiligem Umrühren stehen gelassen, bis sich eine Probe in destilliertem Wasser klar löst.

Von den genannten Kresolseifenlösungen zeigten nun leider vornehmlich die nach der Vorschrift des Arzneibuches angefertigten Präparate bisweilen nicht geringe Schwankungen ihres Desinfektionswertes, die entweder durch eine ungleichmäßige Zusammensetzung des verwandten Rohkresols[1]), oder durch etwa vorhandenes überschüssiges Alkali der Kaliseife, das zur Bildung von Kresolalkali führt, veranlaßt sein konnten[2]). Um daher eine gleichmäßige Zusammensetzung und zugleich eine starke Desinfektionswirkung zu garantieren, erschien am 19. Oktober 1907 ein preußischer Ministerialerlaß mit der Vorschrift einer neuen Kresolseife für Hebammen. Für diese Seife, die frisch unter Zusatz von Alkohol zu bereiten ist, soll, um das als minderwertig erachtete Orthokresol auszuschließen, ein Kresol vom Siedepunkt 199 bis 204° verwendet werden, doch darf es heute als ziemlich sicher gelten,

---

[1]) Fischer und Koske, Untersuchungen über die sogenannte rohe Carbolsäure mit besonderer Berücksichtigung ihrer Verwendung zur Desinfektion von Eisenbahn-Viehtransportwagen. Arbeiten aus dem Kaiserlichen Gesundheitsamte 19, S. 603. 1903. — Fehrs, Über den Desinfektionswert verschiedener Handelsmarken von Liquor cresoli saponatus des deutschen Arzneibuches. Zentralbl. f. Bakteriologie u. Parasitenkunde 37, S. 730.

[2]) Schneider, Phenole in Verbindung mit Säuren und Gemischen mit Seifen vom chemischen und bakteriologischen Standpunkte aus. Zeitschr. f. Hygiene u. Infektionskrankh. 53, S. 116. 1906.

daß diese Seife dem bis dahin obligatorischen Lysol an Wirkung zum wenigsten nicht überlegen ist.

Wenn demnach die Desinfektionskraft der genannten Präparate als für die Praxis ausreichend erachtet wird, so spricht andererseits doch, von ihrem unangenehmen Geruch ganz abgesehen, gegen ihre Allgemeinverwendung die Tatsache, daß diese Lösungen die Hände beim Gebrauch stark schlüpfrig machen. Alle Versuche, diese Schlüpfrigkeit durch Zusätze beispielsweise von Fettsäuren oder durch Ersatzmittel für die Seife aufzuheben und so zu neutralen Produkten zu gelangen, haben einen wirklichen Erfolg nicht gehabt, da diese Zusätze oder Ersatzmittel einerseits als solche zu teuer waren, andererseits aber auch die Desinfektionskraft nicht unbedeutend beeinträchtigten.

Die Giftigkeit dagegen, welche übrigens geringer ist als die äquivalenter Carbolsäurelösungen, wird man diesen Präparaten kaum zum Vorwurf machen dürfen, denn es ist nicht anzunehmen, daß es je gelingen wird, ein Mittel zu synthetisieren, das Bakterien vernichtet und für Organzellen vollkommen ungiftig ist. Starke Bakteriengifte werden stets auch starke Körpergifte sein.

Neben den besprochenen Kresolseifenpräparaten ist unter den ähnlich zusammengesetzten Produkten dieser Klasse, für deren Herstellung eine Unzahl von Rezepten existiert und die unter den verschiedensten Namen im Handel anzutreffen sind (Bazillol, Krelution, Kresapol, Sapocarbol u. a.) als ältester Repräsentant noch hervorzuheben das durch die Firma Pearson & Co. in Hamburg von England her eingeführte Kreolin. Für die Fabrikation dieses Präparates wird ein an Kohlenwasserstoffen reiches Teeröl verwandt, das in der zum „Aufschluß" benutzten konzentrierten Harzseife wohl löslich ist. Beim Verdünnen mit Wasser bleiben jedoch lediglich die Kresole gelöst, während sich die Kohlenwasserstoffe in feinen Tröpfchen ausscheiden, so daß das Gemisch das Aussehen einer Emulsion annimmt, eine Erscheinung, die in gewissem Sinne als Nachteil den vorbesprochenen Mitteln gegenüber gelten kann.

Auf Grund der oben erwähnten Tatsache, daß ein über 50% hinausgehender Seifenzusatz die Desinfektionskraft der Kresole, wie aller Phenolhomologen überhaupt, stark beeinträchtigt, ist es selbstverständlich, daß 3—5% Lysol-Toilettenseifen eine antiseptische Wirkung nicht besitzen können, und daß ihre Fabrikation zu Desinfektionszwecken daher besser unterbleibt. Noch brauchbar für diese Zwecke ist jedoch die beispielsweise als Lysopast (C. Fr. Hausmann, St. Gallen) bezeichnete, transparente, braune Masse, die 90% Lysol enthält, das durch Vermischen mit 10% einer neutralen Seife in eine geleeartige Form übergeführt worden ist.

Neben den bisher besprochenen Kresolseifenlösungen besitzen aber auch einige Kresolseifenpräparate in fester Form Interesse, weil sie eine konstante und verhältnismäßig einfach zu kontrollierende Zusammensetzung aufweisen, leicht und genau dosierbar, in Wasser gut löslich, relativ ungiftig und reizlos sind. Als Metakalin (Farbenfabriken vorm. Friedr. Bayer & Co., Elberfeld) ist das Gemisch aus 80% einer krystallinischen Doppelverbindung von Metakresol und Metakresolkalium der Formel $3\ C_6H_4(OH)CH_3 \cdot C_6H_4(OK)CH_3$ mit 20% Seifenpulver bekannt geworden, das desinfektorisch dem Lysol völlig gleichwertig ist[1]). Mit dem Namen Para-Lysol wurde ein Präparat bezeichnet, das eine analoge Verbindung von 85% Para-Kresol mit 15% Seife (Schülke & Mayr, Hamburg) darstellt, und das dem an sich kräftiger wirksamen Metakalin auf Grund des höheren Kresolgehaltes an Desinfektionskraft nicht nachsteht.[2])

Aber mit den hier besprochenen Kresolen ist die Reihe der für die Desinfektionspraxis brauchbaren Homologen des Phenols in keiner Weise erschöpft. Neben einigen synthetisch leicht zugänglichen Stoffen (den Propylphenolen und -Kresolen) verdient insonderheit das Thymol, ein Methylisopropylphenol der Formel

$$\underset{C_3H_7}{\underset{|}{\overset{CH_3}{\overset{|}{\bigcirc}}}}\text{OH}$$

Beachtung, da es die bisher besprochenen Antiseptica an Wirkung nicht unwesentlich übertrifft. Das Thymol, das im Großen aus dem Samen des indischen Ajowan gewonnen wird, bildet große, farblose, nach Thymian riechende Krystalle vom Schmelzpunkt 50° und vom Siedepunkt 232°. Es ist leicht löslich in Alkohol, Äther und organischen Solventien, in Wasser jedoch schwer löslich im Verhältnis 1 : 1100. Seine antiseptischen Eigenschaften sind vornehmlich aus den exakten Untersuchungen Robert Kochs[3]) bekannt, die geringe Löslichkeit der Substanz in Wasser und auch in den üblichen Seifenlösungen stand jedoch bisher seiner Allgemeinverwendung hindernd im Wege. Die Untersuchungen Laubenheimers haben aber gezeigt, daß sich mit Hilfe der früher besprochenen, dem Ricinusöl verwandten Seifen Lösungen jeder beliebigen Konzentration herstellen lassen, 25—50% Lösungen sind hellbraune ölige Flüssigkeiten, die mit destilliertem Wasser klare Verdünnungen ergeben.

Eine sehr bedeutende Desinfektionskraft besitzen auch die Xylenole (Dimethylphenole) von der Formel

$$C_6H_3{\overset{\diagup CH_3}{\underset{\diagdown OH}{-CH_3}}}$$

die im Steinkohlenteer natürlich vorkommen, aber wie alle Präparate dieser Gruppe auch synthetisch leicht zugänglich sind. Auffallenderweise lassen sie sich wie die Kresole auch durch gewöhnliche Seifen

---

[1]) Wesenberg, Metakalin, ein festes Kresolseifenpräparat. Zentralbl. für Bakteriologie u. Parasitenkunde. Originale 38, S. 612.

[2]) Nieter, Über die Verwendung von Para-Lysol, einem festen Kresolseifenpräparat, zu Desinfektionszwecken. Hygienische Rundschau 17, S. 451. 1907.

[3]) Robert Koch, Über Desinfektion. Mitteilungen aus dem Kaiserlichen Gesundheitsamte 1, S. 234. 1881.

,,aufschließen", doch stehen nach Laubenheimer diese Seifenlösungen den äquivalenten Ricinusseifenpräparaten an Desinfektionskraft nach. Die Xylenolseifenlösungen sind ebenfalls hellbraune, klare Flüssigkeiten von ölartiger Konsistenz, besitzen einen angenehm aromatischen Geruch und sind in jedem Verhältnis wasserlöslich. Vornehmlich die Metaxylenole (asymmetrisch 1.3.4., symmetrisch 1.3.5.) stellen Desinfektionsmittel von relativ geringer Giftwirkung und hervorragender Wirksamkeit dar. Die letztere tritt in der folgenden Tabelle deutlich in Erscheinung, doch ist dabei zu beachten, daß das Phenol in wäßriger Lösung, das Kresol in Form von Lysol und die beiden anderen Präparate nach Aufschluß durch etwa 50% ricinolsulfosaures Kali zur Anwendung kamen. Staphylokokken wurden abgetötet durch eine 1 proz. Lösung (bezogen auf das gelöste Phenolhomologe)

von Phenol Kresol Thymol m-Xylenol (1. 3. 4.)
in 90' 5' 3' 30''.

Es erhellt also, daß die beiden letztgenannten Präparate, falls es ihr Preis zuläßt, wohl imstande sind, das Kresol in den Kresolseifenlösungen mit Vorteil zu ersetzen, zumal der lästige Geruch des ersteren durch solchen Ersatz ebenfalls in angenehmer Weise geändert wird. Für die Herstellung geringprozentiger antiseptischer Stückseifen genügen jedoch auch sie noch nicht ganz, da sie durch Alkali und Seife noch immer eine erhebliche Abschwächung ihrer Desinfektionskraft erfahren.

Wesentlich anders gestalten sich aber die Verhältnisse, wenn außer der Alkylsubstitution eine Halogensubstitution des Benzolkerns erfolgt. Denn der Eintritt von Halogen (Chlor, Brom, Jod) steigert die Desinfektionskraft des Phenols ebenfalls und zwar unabhängig von der Art des eintretenden Halogens. Schon die Chlorphenole und vornehmlich das p-Chlorphenol der Formel

sind weit stärkere Desinfektionsmittel als das Phenol selbst, und Tribromphenol $C_6H_2Br_3OH$ wirkt sehr kräftig antiseptisch. Nach den Untersuchungen von Bechhold und Ehrlich[1]) kommt den durch Halogen substituierten Phenolderivaten selbst in alkalischen Lösungen eine außerordentlich hohe bactericide Wirkung zu, und zwar wächst diese Wirkung entsprechend der Zahl der eingeführten Halogenatome.

Für die Seifenfabrikation wichtig sind vornehmlich die Halogenkresole. Unter den Monosubstitutionsprodukten besitzt besonders das

---

[1]) Bechhold und Ehrlich, Beziehungen zwischen chemischer Konstitution und Desinfektionswirkung. Hoppe-Seylers Zeitschr. f. physiol. Chemie 47, S. 173. 1906.

billige, aber recht unangenehm riechend Chlor-m-Kresol der Formel

$$\underset{Cl}{\underset{|}{\bigcirc}}\!\!\!\overset{OH}{\underset{}{}}\!CH_3$$

auch in hochprozentigen Seifenlösungen, d. h. also in Form seines Natriumsalzes eine recht bedeutende antiseptische Wirkung, die natürlicherweise aber um so mehr gesteigert ist, je größer der Gehalt solcher Lösungen an freiem Chlorkresol ist. Das Optimum der Wirkung scheint auch hier wieder gegeben bei einem Gewichtsverhältnis von Kresol und Seife wie etwa 1 : 1[1]), während erst bei einem solchen von 1 : etwa 2,5 die Möglichkeit für eine quantitative Umsetzung des Kresols zu seinem Alkalisalz gegeben ist. Im vorliegenden Falle ist die Herstellung solcher Seifenlösungen jedoch durch D. R. P. 244 827 geschützt, eine 50 proz. Lösung des Chlor-m-Kresol in ricinolsaurem Kali ist unter dem Namen Phobrol im Handel. (Hoffmann, La Roche & Co., Grenzach i. Baden.)

Wie schon oben erwähnt, wächst die antiseptische Wirkung des Kresols jedoch mit der Zahl der eingeführten Halogenatome. Unter den bisher geprüften Desinfektionsmitteln dieser Klasse besitzen die Natriumsalze des Tetrabrom-o-Kresol und des Tribrom-m-xylenol der Formeln

$$\underset{Br}{\underset{Br}{Br}}\!\!\!\overset{OH}{\underset{}{\bigcirc}}\!CH_3 \quad \text{und} \quad \underset{Br}{\underset{OH}{Br}}\!\!\!\overset{CH_3}{\underset{}{\bigcirc}}\!\!\!\overset{Br}{\underset{CH_3}{}}$$

wohl die mit Phenolalkalisalzen höchst erreichbaren Desinfektionswerte, indem man für den gleichen Desinfektionseffekt (Entwicklungshemmung von Diphtheriebacillen) nur 0,4 Gewichtsprozent der hierfür erforderlichen Menge Carbolsäure benötigt. Diese Produkte, die auch technisch leicht zugänglich sind und von denen namentlich das erstere praktisch sehr wenig giftig ist, sind daher in hohem Maße auch für die Fabrikation geringprozentiger antiseptischer Stückseifen geeignet, wie dies auch in dem jüngst bekannt gewordenen Ver. St. Am. Pat. 942 538 vorgesehen ist.

Aber die Alkyl- und Halogensubstitution des Benzolkerns sind nicht die einzigen Faktoren, welche die Desinfektionskraft des Phenols zu steigern vermögen. Der gleiche Effekt wird auch erreicht beim Eintritt von Nitrogruppen (NO_2) in den Kern. Trinitrophenol (Pikrinsäure) ist infolgedessen ein starkes, auch in Verbindung mit Seifen gut anwendbares Antisepticum. (Holzkonservierungsmittel.)

---

[1]) Bei diesem Mischungsverhältnis werden Staphylokokken von der 1 proz. Chlorkresollösung in 30″, von der 0,25 proz. Lösung in 1′ abgetötet. Bei einem Überschuß an Seife (1 : 2,5 und 1 : 4) sinken die beiden Zeitangaben auf 4′ bzw. 15′. (Laubenheimer.)

Unter den Desinfizientien, die neben den besprochenen Phenolderivaten für die Fabrikation desinfizierender Seifen empfohlen werden, sind noch die Naphthole zu nennen, dem Phenol ähnliche Hydroxylderivate des Naphthalins von der Formel $C_{10}H_7OH$, die ebenfalls, wenn auch in geringen Mengen, im Teer vorkommen und in zwei Formen, einer α- und einer β-Modifikation, bekannt sind.

α-Naphthol β-Naphthol

Von beiden Isomeren ist das letztere billiger, ungiftiger und beständiger als das erste und seiner ausgezeichneten antiparasitären Wirkung halber bei Hautkrankheiten vielfach als Teerersatzmittel verwandt worden. In Wasser ist es so gut wie unlöslich, löslich ist es jedoch in Alkalilaugen und Seifenlösungen. Sein Natriumsalz hat unter dem Namen Mikrocidin als Antisepticum jedoch nur ein kurzes Dasein gefristet, und ebenso sind die Versuche[1]) erfolglos geblieben, das Rohkresol in den Kresolseifenmischungen wenigstens teilweise durch β-Naphthol zu ersetzen, da die erwartete Erhöhung der Desinfektionskraft nur im geringen Maße eintritt, so daß das Präparat trotz vielseitiger Empfehlung für die Herstellung desinfizierender Seifen nicht geeignet erscheint.

Da das β-Naphthol als aromatische Verbindung aber einen bzw. zwei substituierbare Benzolkerne besitzt, so sind auch hier die oben besprochenen Gesetzmäßigkeiten gültig, indem die Einführung von Halogen, Alkyl- oder Nitrogruppen in den Naphthylrest die Desinfektionskraft wesentlich erhöht. Im Anschluß an die ausführlichen Untersuchungen Bechholds[2]) verdienen vornehmlich die Halogennaphthole das Interesse des Seifenfabrikanten, da sie in Form ihrer leicht wasserlöslichen Natriumsalze in ihren wirksamsten Gliedern alle bisher gebräuchlichen Desinfektionsmittel mit Ausnahme des Sublimats übertreffen. Den verschiedensten pathogenen Bakterien gegenüber bewährt haben sich vornehmlich das Di- und Tribrom-β-Naphthol, Substanzen, die technisch leicht zugänglich und im Handel erhältlich sind. Dabei sind diese Präparate, welche feste Körper von brauner bzw. braunroter Farbe darstellen, geruchlos und praktisch wenig giftig, so daß die Forderungen, welche an ein ideales Desinfektionsmittel gestellt werden, nämlich hohe keimtötende Kraft, Geruchlosigkeit, geringe Giftwirkung und leichte Löslichkeit in ihnen erfüllt zu sein scheinen.

Für die praktische Verarbeitung all dieser Verbindungen zu pilierten Stückseifen ist aber eine kleine Schwierigkeit gegeben in der Tatsache, daß sie bisher nicht in Form ihrer Natriumsalze, sondern lediglich in

---

[1]) Schneider, Neue Desinfektionsmittel aus Naphtholen. Zeitschr. f. Hygiene u. Infektionskrankh. 52, S. 534. 1905.
[2]) H. Bechhold, Halbspezifische chemische Desinfektionsmittel. Zeitschr. f. Hygiene u. Infektionskrankh. 64, S. 137 ff. 1909.

alkalifreiem Zustande gehandelt werden, sodaß der Konsument gezwungen ist, diese für die Fabrikation notwendigen Natriumsalze durch Lösen der bezogenen Präparate in der berechneten Menge Natronlauge und Einengen der erhaltenen Lösungen im kohlensäurefreien Luftstrom, bzw. im Vakuum zunächst selbst herzustellen, wie das auch in der schon oben zitierten amerikanischen Patentschrift Nr. 942 538 vorgesehen ist. Von den technischen Schwierigkeiten ganz abgesehen sind in dieser Operation insofern gewisse Gefahren gegeben, weil sich der geringste Alkaliüberschuß im fertigen Endprodukt unangenehm bemerkbar machen muß, besonders da diese Alkalisalze als Salze schwacher Säuren infolge von Hydrolyse an sich schon stark alkalischen Charakter besitzen und dementsprechend nach ihrer Einverleibung in den Seifenkörper dessen Alkalität erhöhen. Es ist daher für die praktische Darstellung dieser Seifen ratsam, nicht diese reinen Natriumsalze zu verwenden, sondern sich mit Hilfe der mehrfach genannten Ricinusölseifen etwa 50 proz. Lösungen herzustellen und diese sodann auf der Piliermaschine mit der Grundseife zu vermischen. Im allgemeinen werden 5—10 proz. Stückseifen den meisten praktischen Anforderungen genügen können. —

Es ist oben gezeigt worden, daß bei einem Ersatz von Kernwasserstoffen durch chemische Radikale die antiseptische Wirkung der Phenole wesentlich verstärkt wird. Diese Regel, die ganz allgemein für alle aromatischen Verbindungen zutrifft, hat jedoch keine Gültigkeit, wenn der neue Substituent Säurecharakter besitzt. Durch die Einführung weiterer Hydroxyle (OH), Carboxyl- oder Sulfogruppen (COOH, SO_3H) wird im Gegenteil die Desinfektionskraft aromatischer Verbindungen erheblich geschwächt.

Von den Phenolen, welche mehr als ein Hydroxyl enthalten, ist das m-Dioxybenzol, das Resorcin, und von den Trioxybenzolen das Pyrogallol hervorzuheben.

Resorcin   Pyrogallol

Beide werden ihrer teils keratoplastischen, teils stark reduzierenden Eigenschaften wegen bei Psoriasis und anderen parasitären Hautkrankheiten verwandt, wirken aber reizend (ätzend) und Eiweiß koagulierend. Ihre Desinfektionskraft ist geringer als die des Phenols, ihre Giftwirkung diesem gegenüber aber gesteigert. Für die Fabrikation medikamentöser Seifen sind sie ohne weiteres nicht geeignet, wie später bei Besprechung der reduzierenden Hautmittel noch gezeigt werden wird.

Auch der Eintritt der Carboxylgruppe in den Benzolkern setzt die Desinfektionswirkung wesentlich herab, so daß die Phenol- und Kresolcarbonsäuren (Oxybenzoe- und Kresotinsäuren) ungleich schwächer wirken als die entsprechenden Phenole. Nähere Angaben über diese

Verbindungen und ihre Verwendbarkeit für die Seifenfabrikation sind jedoch dem nächsten Abschnitt vorbehalten.

Eine kurze Besprechung an dieser Stelle mögen jedoch die **Phenolsulfosäuren** erfahren, die für die grobe Desinfektion von Ställen, Aborten usw. eine nicht unbedeutende Rolle spielen. Durch Vermischen von Rohkresol mit Schwefelsäure auf warmem oder kaltem Wege gelingt es nämlich, in Wasser leichtlösliche Desinfektionsmittel herzustellen, die in ihrer Wirkung derjenigen der Carbolsäure gleichkommen. Den wesentlichsten Bestandteil dieser stark sauren Mischungen bilden die Kresolsulfosäuren der Formel

$$C_6H_3{<}{\overset{OH}{\underset{SO_3H}{CH_3}}}$$

die an Desinfektionskraft nach Untersuchungen von Fränkel[1]) und Löffler[2]) den unsulfurierten reinen Kresolen selbst aber doch um einiges nachstehen. Die oben erwähnten Desinfektionsgemische haben sich aber für die genannten Zwecke bewährt, da sie einerseits billig sind und da andrerseits ihre gute Wirkung mit derjenigen der Kresolsulfosäuren allein nicht identisch ist, indem sich in diesen Mitteln, zu denen das **Kreolin-Artmann**, das **Sanatol** und das hinsichtlich seiner Zusammensetzung und Wirkung mit diesem identische **Automors** gehören, neben den Kresolsulfosäuren stets reichliche Mengen freier Schwefelsäure und vornehmlich auch unsulfurierte Kresole vorfinden. In der Chirurgie und zur Desinfektion von Instrumenten oder Gebrauchsgegenständen können sie keine Verwendung finden, da ihre saure Reaktion und ihre stark ätzenden Eigenschaften ihrer Benutzung hier ein Ziel setzen.

Durch die Einführung der Sulfogruppe an sich wird also die Wirksamkeit der Phenole, bzw. aromatischer Verbindungen überhaupt, schon wesentlich herabgesetzt, sie schwindet aber ganz, wenn die gebildeten Sulfosäuren durch Neutralisation in ihre Alkalisalze übergehen. Bechhold hat unlängst die Wirksamkeit der Natriumsalze von 15 verschiedenen Naphtholsulfosäuren geprüft, die teilweise hoch bromiert waren und, wie oben ausgeführt, ohne die Sulfogruppe Desinfektionsmittel ganz bedeutender Wirksamkeit darstellen. Sie alle erwiesen sich in 1 proz. Lösung gegen Staphylokokken als völlig unwirksam und zwar durchaus unabhängig von der Stellung der Substituenten im Naphthylrest![3])

Diese Tatsache ist hier von einiger Wichtigkeit, weil dem Publikum bisweilen noch immer Toiletteseifen angeboten werden, welche als Desinfektionszusatz einige Prozente der genannten Kresol-Schwefelsäure-Mischungen aufweisen. Da diese Seifen aber auf Grund ihrer na-

---

[1]) C. Fränkel, Die desinfizierenden Eigenschaften der Kresole, ein Beitrag zur Desinfektionsfrage. Zeitschr. f. Hygiene u. Infektionskrankh. 6, S. 521. 1879.
[2]) Deutsch. Med. Wochenschr. 1891, Nr. 10.
[3]) H. Bechhold, Halbspezifische chemische Desinfektionsmittel. Zeitschr. f. Hygiene u. Infektionskrankh. 64, S. 137ff. 1909.

türlichen Alkalescenz die in den beigegebenen Prospekten gemachten Versprechungen keineswegs erfüllen können, ist ihrer Nachahmung und Anwendung dringend zu widerraten.

Die Bedeutung aromatischer Carbonsäuren für die Herstellung medikamentöser Seifen.

Im vorhergehenden Abschnitt ist gezeigt worden, daß die Desinfektionskraft der Phenole geschwächt wird durch den Eintritt weiterer Hydroxyl- oder Sulfogruppen, und es ist erwähnt, daß in gleicher Weise eine Herabminderung des Wirkungswertes eintritt bei dem Ersatz von Kernwasserstoffatomen durch die Carboxylgruppe (COOH).

Aber nicht nur die Verbindungen, welche die Carboxylgruppe neben der Phenolgruppe aufweisen, besitzen den reinen Phenolen gegenüber geringere Wirksamkeit, vielmehr wird der gleiche Effekt im allgemeinen schon bedingt durch den Ersatz der zweiten durch die erstere, wie durch die Verkuppelung aromatischer Kerne mit Säuregruppen überhaupt. Allerdings wirken die aromatischen Säuren (Benzoesäure, Salicylsäure usw.) selbst noch immer keimtötend, nicht mehr aber ihre wasserlöslichen Alkalisalze, denen die für den Desinfektionseffekt notwendige Lipoidlöslichkeit fehlt. Die Herabsetzung des Desinfektionsvermögens durch den Einfluß des Carboxyl-Natriums (COONa) ist so bedeutend, daß sie auch durch eine reichliche Halogensubstitution nicht kompensiert werden kann, denn es verhalten sich nach den oben zitierten Untersuchungen von Bechhold und Ehrlich die Desinfektionswerte von Phenol in wäßriger Lösung (C_6H_5OH), Tetrachlorphenolnatrium ($C_6HCl_4 \cdot ONa$) und tetrachloroxybenzoesaurem Natrium ($C_6Cl_4(OH)COONa$) wie 2 : 50 : 1, so daß also das Carbonsäurederivat nur die halbe Wirkungsstärke der Carbolsäure besitzt.

Für die Herstellung medikamentöser Seifen spielt unter den aromatischen Carbonsäuren eine gewisse Rolle die o-Oxybenzoesäure (Salicylsäure), die an sich im Gegensatz zu den isomeren Meta- und Paraverbindungen, die beide vollkommen wirkungslos sind, Desinfektionskraft besitzt, dem Phenol gegenüber allerdings in vermindertem Maße[1]. Ihre Bedeutung für die Dermatologie verdankt sie neben ihren antiseptischen, sekretionsbeschränkenden und resorptiven Eigenschaften aber vornehmlich ihrer keratolytischen (epithelauflösenden) Wirkung. Die dickste Hornschicht wird unter dem Einfluß von Salicylsäure ohne Reizung weich und leicht entfernbar (Hühneraugenpflaster), und es erhellt, daß die Eigenschaften der Seife die Wirkung der Salicylsäure in wünschenswerter Weise ergänzen müßten.

Analog den Phenolen sind aber auch die Carbonsäuren als solche nur im wasserfreien Seifenkörper haltbar, bei Gegenwart von Feuchtigkeit erleiden sie alle unabhängig von der Konsistenz der Grundseife schon in kürzester Zeit durch das Seifenalkali eine Umsetzung zu den

---

[1] Löffler, Deutsch. Med. Wochenschr. 1891, Nr. 10.

entsprechenden Alkalisalzen, so daß, wie Buzzi gezeigt hat[1]), un zersetzte Seife nicht zurückbleibt, wenn eine genügende Menge Salicylsäure der Reaktion zugänglich gemacht wird. Als Endprodukt resultiert stets, gegebenenfalls neben unzersetzter Seife, ein Gemenge von salicylsaurem Alkali und freier Fettsäure, das jeglicher Salicylsäurewirkung ermangelt und, von der übermäßigen Weichheit der Stückseifen ganz abgesehen, praktische Brauchbarkeit nicht besitzt.

Auch die Versuche, durch den Ersatz der Salicylsäure durch das an sich zwar unwirksame Salol, den Phenylester der Salicylsäure (C_6H_4·(OH)COOC_6H_5) zu Seifen zu gelangen, welche im Augenblick der Anwendung durch Aufspaltung des Salols mit Hilfe des hydrolysierten Seifenalkalis Salicylsäure neben Phenolnatrium entstehen lassen sollten, dürfen als gescheitert betrachtet werden, da, selbst wenn diese Verseifung des Esters überhaupt eintreten würde, der „Stärke" der sauren Bruchstücke entsprechend stets salicylsaures Alkali neben freier Carbolsäure entstehen müßte, die bei vorhandenem Alkaliüberschuß ihrerseits dann ebenfalls in Phenolalkali übergehen würde.

Der große Erfolg, den die Salicylsäure in der Medizin errungen hat, ist aber nicht so sehr durch ihre eben genannten Eigenschaften, sondern mehr durch die Beobachtung Strickers begründet, daß die Salicylsäure bei akutem Gelenkrheumatismus spezifische Wirkung besitzt, die bei innerlicher und perdermatischer Medikation in gleicher Weise zutage tritt. Da nun die Salicylsäure in vollkommen entwässerten, neutralen oder überfetteten Seifen, wie schon oben erwähnt, haltbar ist, so können dieselben auch hier als indifferente, leicht resorbierbare Salbengrundlagen wohl benutzt werden, wie das beispielsweise in den D. R. P. 154 548, 157 385 und 193 199 vorgesehen ist. Auch der Salicylsäuremethylester (C_6H_4(OH)COOCH_3) und andere flüssige Ester der Salicylsäure ermöglichen mit wasserfreien Seifen gemischt eine perdermatische, reizlose Aufnahme der Salicylsäure, da diese durch Verseifung der applizierten Präparate im Organismus entsteht. Eine antiseptische Wirkung kommt solchen Präparaten aber nicht (Salicylsäureäthylester)[2]) oder doch nur in geringem Maße (Salicylsäuremethylester)[3]) zu.

Daß die der Salicylsäure entsprechenden Derivate der Kresole (Kresotinsäuren) und Naphthole (Oxynaphthoesäuren), die an sich naturgemäß eine kräftigere antiseptische Wirkung besitzen als die Salicylsäure[4]), in dieser Beziehung aber schwächer sind als ihre Grundsubstanzen[5]), für die Fabrikation desinfizierender Seifen irgend ein Interesse nicht besitzen können, ergibt sich aus dem Vorhergehenden von selbst. Ebenso ist es nur natürlich, daß die durch weitere saure Gruppen sub-

---

[1]) Buzzi, l. c.
[2]) S. Fränkel, Die Arzneimittelsynthese. Berlin 1912. 3. Aufl., S. 543.
[3]) Laubenheimer, Phenol und seine Derivate als Desinfektionsmittel S. 77.
[4]) S. Fränkel, l. c. S. 534.
[5]) Lübbert, Fortschr. d. Medizin 1888, Bd. 22/23.

stituierten Carbonsäuren, wie die Dioxybenzoesäuren[1]) oder die Sulfosalicylsäuren[2]) Desinfektionskraft nicht besitzen.

Formaldehydseifenpräparate.

Die große Bedeutung, welche der Formaldehyd $H \cdot C\genfrac{}{}{0pt}{}{O}{H}$ in den letzten 10 Jahren, namentlich infolge der Einbeziehung der Kresolseifenlösungen unter die Vorschriften des Giftgesetzes, einerseits für die Medizin und andrerseits für die Raumdesinfektion gewonnen hat, ist die Veranlasssung geworden für die Herstellung einer großen Anzahl neuer Formaldehydpräparate. Der Formaldehyd selbst stellt ein farbloses, die Augen- und Nasenschleimhaut stark reizendes, aber auch nach der Resorption relativ ungiftiges Gas dar, das in wäßriger Lösung vornehmlich auf Milzbrandsporen sehr stark entwicklungshemmend, aber auch genügend bactericid wirkt. Seiner chemischen Konstitution entsprechend reagiert der Formaldehyd mit zahlreichen organischen Stoffen, er koaguliert Eiweiß und wirkt infolgedessen insbesondere tierischen Geweben gegenüber heftig reizend. Bei Berührung mit ihm wird die Haut ,,gegerbt" und die Schweißsekretion infolgedessen durch Waschungen mit Formaldehydlösungen vermindert.

Eine 40proz. wäßrige Formaldehydlösung, als Formalin oder Formol bezeichnet, findet seit langem nach weiterer Verdünnung auf $^1/_2$—1% Formaldehydgehalt Verwendung für die Desinfektion der Haut und Schleimhaut, vor allem aber zur Wohnungsdesinfektion, trotzdem der Formaldehyd namentlich in neutraler Lösung sehr geringe Eindringungskraft und dementsprechend nur geringe Tiefenwirkung besitzt. Als Nachteile bei seiner Verwendung wurden jedoch die Reiz- und Ätzwirkung einerseits und sein stechender Geruch andrerseits empfunden, zwei Eigenschaften, die Veranlassung gaben, das Präparat nach dieser Richtung hin zu verbessern.

Man fand hier nun wieder in der Vereinigung des Formaldehyds mit Seifen ein Mittel, die genannten Übelstände zu beschränken, ohne die Desinfektionskraft des Ursprungspräparates wesentlich herabzusetzen. Es entstanden so die verschiedenartigen Formaldehydseifen und -seifenlösungen, wie sie heute z. B. unter den Namen Antiseptoform, Decilan, Formlution, Formysol, Lysoform, Morbicid, Sapoform, Spiritus saponatus formalinus usw. im Handel anzutreffen sind.

Der älteste Repräsentant unter ihnen ist wohl das Lysoform, das eine innige Mischung von Formaldehyd und Kaliseife darstellt und gewonnen wird, indem man in ein Gemisch von etwa 60 Teilen Kaliseife und 24 Teilen Wasser (verdünntem Alkohol), das seinerseits eine ziemlich konsistente Masse darstellt, Formaldehyd bis zur Verflüssigung einleitet, wozu der Patentschrift zufolge etwa 10—15 Teile des Gases not-

---

[1]) S. Fränkel, l. c. S. 110.
[2]) S. Fränkel, l. c. S. 533.

wendig sind. Andererseits kann man dieses auch in der der Seife zuzusetzenden Wassermenge lösen und mit dieser wäßrigen Formaldehydlösung die Kaliseife verflüssigen[1]). Auch kann das Desinfektionsmittel erhalten werden, indem man ohne Anwendung von Lösungsmitteln lediglich durch höhere Temperatur oder Druck die Kaliseife verflüssigt.[2])

Das Lysoform ist eine gelblich klare, alkalisch reagierende Flüssigkeit von ölartiger Konsistenz, die wenig giftig in jedem Verhältnis mit Wasser und Alkohol mischbar ist, einen schwach aromatischen, nicht unangenehmen Geruch besitzt und in der Tat absolut reizlos wirkt. Seine keimtötende Kraft ist jedoch der des Lysol und ähnlich zusammengesetzter Phenolpräparate keineswegs äquivalent, indem beispielsweise Staphylokokken von einer 2 proz. Lösung erst in 5 Stunden abgetötet werden[3]). Allerdings ist auch hier zu beachten, daß sich mit der Erhöhung der Temperatur die bactericide Wirkung von Formaldehydseifenpräparaten ganz allgemein fast sprunghaft um das Mehrfache steigert, und daß eine 47—50° C warme Lysoformlösung die genannten Bakterien schon in weniger als 5 Minuten vernichtet, so daß 1—2 proz. Lösungen von 37—40° C für praktische Zwecke genügen dürften[4]). Es ist wahrscheinlich, daß bei diesen Temperaturen die chemische Bindung, die offenbar zwischen Seife und Formaldehyd entstanden ist, gelockert wird, so daß der letztere die ihm eigenen antiseptischen Wirkungen nun auch wohl entfalten kann.

Die meisten im Handel befindlichen Formaldehydseifenpräparate zeigen eine dem Lysoform ähnliche Zusammensetzung und Wirkung. Allerdings besitzen viele von ihnen einen schwankenden Aldehydgehalt und Reinheitsgrad, so daß bei fehlender Konzentrationsangabe einerseits eine exakte Dosierung erschwert und andrerseits der Desinfektionsprozeß selbst unsicher gestaltet wird. Eine genaue Verzeichnung beider Faktoren auf den diesbezüglichen Handelsprodukten bleibt daher, soweit es bisher noch nicht geschieht, dringend zu wünschen.

Eine dem Lysoform vollkommen ähnliche Formaldehydseifenlösung erhält man nach folgender Vorschrift: 30 Teile Cocosöl werden mit einer Lösung von 8 Teilen reinem Ätzkali in 20 Teilen Wasser und etwa 10 Teilen Spiritus unter lebhaftem Schlagen verseift, bis eine gleichmäßige, kleisterartige, durchsichtige Masse zurückbleibt. Zu der noch warmen Seife rührt man soviel 40 proz. Formaldehydlösung hinzu, daß das Gesamtgewicht 100 Teile ausmacht. Es erfolgt sofort eine vollkommene Lösung, die man längere Zeit absetzen läßt. Der verwandte Alkoholgehalt ist wesentlich, um eine leicht lösliche Seife zu erzielen, da das alkoholfreie Präparat mit Wasser schnell trübe werdende Lösungen gibt und weniger haltbar ist. Ein wesentlicher Gehalt an freiem Alkali gibt einige Zeit klarbleibende wäßrige Lösungen, jedoch fällt bei längerer

---

[1]) D. R. P. Nr. 141 744.
[2]) D. R. P. Nr. 145 390.
[3]) Symanski. Zeitschr. f. Hygiene u. Infektionskrankh. 37, S. 381. 1902.
[4]) Schneider, Deutsch. Med. Wochenschr. 1906, 6.

Aufbewahrung ein dunkel gefärbter Bodensatz aus[1]). Nach Hagers Handbuch der pharmazeutischen Praxis erhält man ein dem Originallysoform ebenfalls ähnliches Präparat, indem man 100,0 Olein redestillat. 500,0 Spiritus (0,830) und 1300,0 Liquor Kali caust. unter kräftigem Umschütteln verseift und der Seifenlösung 2200,0 Formaldehyd. solut. und 20,0 Ol. Lavandulae zusetzt. Nach 8 Tagen wird filtriert.

Selbstverständlicherweise ist der Fabrikant auch bei der Herstellung der hier besprochenen Formaldehydseifenlösungen nicht lediglich an die gewöhnliche Kaliseife gebunden. Es gibt sogar eine ganze Reihe von Präparaten, die durch Verwendung einer „besonderen" Seife nach Angabe des Fabrikanten ihre Konkurrenzprodukte weit übertreffen sollen. Daß diese Behauptung durchaus im Bereich des Möglichen liegt, ist bei der Besprechung der Kresolseifenlösungen gezeigt worden, leider hat aber die wissenschaftliche Forschung bei den in Frage stehenden Präparaten Untersuchungen in dieser Richtung nur selten angestellt, so daß es dem einzelnen Fabrikanten vorerst noch überlassen bleiben muß, für die Richtigkeit diesbezüglicher Angaben die Verantwortung zu übernehmen.

Viel wichtiger als die Art der verwandten Seifen scheint jedoch das jeweilig obwaltende Verhältnis von Seifen- und Formaldehydgehalt dieser Präparate zu sein. Die Sachlage scheint hier nämlich eine ähnliche wie bei den entsprechenden Kresolpräparaten, indem durch den Formaldehyd eben verflüssigte Seife imstande ist, noch weitere Mengen des Gases aufzunehmen, ohne daß bei entsprechender Verdünnung dessen unangenehme Eigenwirkungen merklich in Erscheinung treten. Daß bei dieser Operation die Desinfektionskraft des verwandten Präparates wachsen muß, ist im Hinblick auf die früheren Ausführungen leicht einzusehen, und es kann daher nicht wundernehmen, wenn bei gleicher Seifenkonzentration eine etwa 12proz. Formaldehydseifenlösung (Morbicid, Schülke & Mayr, Hamburg) mehr als doppelt so stark wirkt als eine solche mit nur etwa 5proz. Aldehydgehalt (Lysoform)[2]), und wenn solche hochprozentigen Aldehydseifenlösungen ganz allgemein wäßrigen Lösungen gleichen Aldehydgehaltes äquivalent oder sogar an Wirkung überlegen sind.

Beim Gebrauch hochprozentiger Formaldehydseifenlösungen macht sich nun aber ein Übelstand bemerkbar, indem bei ungenügendem Verschluß der Flaschen der Gehalt an Aldehyd auf Grund seiner Flüchtigkeit schnell erheblich nachläßt. Diese Tatsache ist auch der Grund dafür, daß sich Formalinstückseifen in der Praxis nicht bewähren konnten, schon nach wenigen Wochen ist in ihnen kaum eine Spur des Antisepticums nachweisbar. Dazu zeigen sie infolge chemischer Zersetzung oder durch Kondensation mit dem Aldehyd gelblichrote Flecken, die sich oft über die ganze Oberfläche der einzelnen Stücke verbreiten.

---

[1]) Siehe Pharmazeutische Zeitung 1902.
[2]) Bei gleicher Formaldehydkonzentration enthält die erstgenannte Lösung der zweiten gegenüber naturgemäß nur die halbe Menge Seife.

Aber die Fabrikation von Formaldehydstückseifen ist trotzdem keine Unmöglichkeit, wenn man das Formalin im Seifenkörper zu fixieren und ihm gleichzeitig die Kondensationsmöglichkeit mit der Seife selbst zu nehmen imstande ist, zwei Forderungen, die leicht erfüllbar erscheinen müssen. Denn der Formaldehyd bildet nicht nur mit fettsauren Alkalien, sondern auch mit vielen anderen meist organischen Verbindungen Kondensationsprodukte, die vielfach selbst desinfizierende Eigenschaften besitzen oder doch wenigstens unter dem Einfluß von Alkali Formaldehyd abspalten und somit sekundär antiseptisch wirken können. Für diese Kondensationen geeignet erwiesen haben sich nun vornehmlich die oben besprochenen Phenole, die sich unter geeigneten Bedingungen mit dem Aldehyd zu in Alkali löslichen Phenolalkoholen und ähnlichen Produkten kondensieren, die dem D. R. P. Nr. 99 570 zufolge leicht Formaldehyd abgeben. (?) Auch bei der Einwirkung von Formaldehyd auf Phenolsulfosäuren in salzsaurer Lösung entstehen harzartige Kondensationsprodukte, die in Gegenwart von Alkalien den Aldehyd abspalten. Neben dem Phenol selbst hat man die Polyphenole (Resorcin, Pyrogallol u. a.), die Naphthole, das Thymol, Guajacol, Eugenol u. a. verwandt. Durch die Einwirkung von Formaldehyd auf Eugenol in alkalischer Lösung erhält man das als **Eugenoform** bekannte Eugenolcarbinolnatrium. Auch mit dem Menthol hat man antiseptisch wirkende Kondensationsprodukte des Formaldehyds dargestellt (D. R. P. Nr. 149 273), indem man es entweder mit Trioxymethylen, einem ebenfalls antiseptisch wirkenden Polymeren des Formaldehyds $(HCOH)_3$ zusammenschmilzt oder in das geschmolzene Menthol Formaldehydgas einleitet.

Bei diesen Kondensationsprozessen kann nun vielfach und meist in recht glücklicher Weise ein warmer Seifenleim oder eine Seifenlösung als Kondensationsmittel verwandt werden[1]), so daß es vielfach nur nötig ist, ein aus wenig Seife, dem gewählten Phenol und Formaldehyd eventuell unter Zusatz von Wasser warm bereitetes Desinfektionsmittel auf der Broyeuse mit einer neutralen Grundseife zu vermischen, um nach dem Pilieren relativ gut desinfizierende Stückseifen zu erhalten. Bei dem obigen Prozeß gehen die sonst unlöslichen oder schwer löslichen Antiseptica in Lösung. Die erhaltenen bräunlich klaren, durchsichtigen Flüssigkeiten, die etwas ölige Konsistenz und geringen Geruch besitzen, sind ihrerseits mit Wasser in jedem Verhältnis mischbar.[2])

Aber mit den hier erwähnten Produkten sind die Kondensationsmöglichkeiten des Formaldehyds keineswegs erschöpft. Auf seine ebenfalls durch Formaldehydabspaltung antiseptisch wirkenden Verbindungen mit Nadelholzteer (**Pittylen**) und Laubholzteer (**Empyroform**) ist schon früher hingewiesen worden. Ähnliche Produkte hat man auch aus Kresol (**Kresoform**) erhalten. Es bleiben sodann zu erwähnen die analogen Produkte aus Gelatine (**Glutol**), Casein, Nuclein-

---

[1]) Siehe D. R. P. Nr. 142 017.
[2]) Siehe D. R. P. Nr. 149 273.

säuren, Stärke, Dextrin, Pflanzenschleim[1]), die vielfach in Wasser oder in Alkalien löslich sind und den Aldehyd sämtlich mehr oder weniger locker gebunden enthalten, so daß er durch verschiedenerlei Einwirkung abspaltbar ist. Auch aus Tannin und anderen Gerbstoffen sind geruchlose, in Alkalien lösliche Kondensationsprodukte erhalten worden, die, wenn auch in minderem Grade, die dem Formaldehyd eigenen antiseptischen und härtenden Eigenschaften aufweisen.[2])

Ferner sind mit stickstoffhaltigen Substanzen antiseptisch wirkende Formaldehydverbindungen erhalten worden, die den Aldehyd namentlich bei etwas erhöhter Temperatur durch Hydrolyse leicht abspalten können. Zu nennen sind hier vornehmlich die Verbindungen mit den Amiden einbasischer Säuren (Formicin = Formaldehydacetamid)[3]) und die Formaldehydharnstoffverbindung[4]). Durch die Einwirkung von Ammoniak auf Formaldehyd erhält man ein Hexamethylentetramin genanntes Präparat der Formel $(CH_2)_6(NH_2)_4$, welches ebenfalls bedeutende antiseptische Eigenschaften besitzt und selbst wieder äußerst reaktionsfähig ist. Beispielsweise läßt es sich leicht mit Phenolen zu Produkten kondensieren (Hexamethylentetramintriphenol), die dann auch ihrerseits bedeutende antiseptische Eigenschaften aufweisen und durch Alkaliwirkung Formaldehyd abspalten.[5])

Selbstverständlicherweise sind nicht all die hier genannten Kondensationsprodukte für die Fabrikation von desinfizierenden Seifen und speziell von Stückseifen verwandt worden, immerhin begegnet man aber einigen von ihnen hier und da am Markte. Die Septoformaseife z. B. enthält 15% eines Septoforma genannten Desinfektionsmittels, das aus den Kondensationsprodukten des Formaldehyds mit Substanzen aus der Terpen-, Naphthalin- und Phenolreihe besteht, gelöst in spirituöser Leinölseife. Mit den Namen Parisol und Lysan wird ein Menthol- und ein ähnlich zusammengesetztes Terpen-Formaldehydseifenpräparat bezeichnet. Das Phenyformsaponat ist eine flüssige Seife, die das Phenyform, ein Kondensationsprodukt aus Carbolsäure und Formaldehyd enthält, stark bactericid wirkt und wenig giftig ist.

Für die Desinfektionspraxis Bedeutung gewonnen haben aber neben diesen Kondensationsprodukten besonders auch die bei gewöhnlicher Temperatur festen, polymeren Verbindungen des Formaldehyds, und zwar neben dem schon oben erwähnten Trioxymethylen $(CH_2O)_3$ vornehmlich der Paraformaldehyd. Da dieser sich ebenfalls in beträchtlichen Mengen in Seife löst, indem er von dieser dem Anschein nach chemisch gebunden wird, beim Waschprozeß aber und besonders bei mäßig erhöhter Temperatur wieder unpolymerisierter Formaldehyd entsteht, so spielt dies polymere Produkt eine gewisse Rolle bei der Fabri-

---

[1]) Siehe D. R. P. Nr. 136 565, 92 259, 93 111, 94 628, 99 378.
[2]) Siehe D. R. P. Nr. 88 082.
[3]) Siehe D. R. P. Nr. 157 355.
[4]) Siehe D. R. P. Nr. 97 164.
[5]) Siehe D. R. P. Nr. 99 570.

kation antiseptischer Formaldehydseifen. Präparate dieser Art sind z. B. das Baktoform und das Saparaform. Das D. R. P. Nr. 189 208 schützt ein Verfahren zur Herstellung von desinfizierenden Seifen unter Verwendung von Paraformaldehyd, dadurch gekennzeichnet, daß der Paraformaldehyd, in Kalkwasser gelöst, der flüssigen Seife kurz vor dem Erstarren zugesetzt wird. Der Aldehyd soll von dem Kalk gebunden sein, jedoch so lose, daß bei Körpertemperatur Formalin in außerordentlich wirksamer Weise abgespalten wird. Leider ist nichts darüber bekannt geworden, inwieweit sich diese kalkhaltigen Seifen vornehmlich nach längerem Lagern bewährt haben.

Ähnlich wie der Formaldehyd wirkt auch der Acetaldehyd $CH_3 . COH$ und sein Polymeres, der Paraldehyd $(CH_3 . COH)_3$ antiseptisch. Auch er ist befähigt, mit einer Reihe der oben genannten Verbindungen Kondensationsprodukte zu bilden[1]), doch finden dieselben heute für Desinfektionszwecke wohl keinerlei Anwendung.

Sauerstoffseifen.

Unter den Stoffen, die namentlich in den allerletzten Jahren für antiseptische Zwecke eine größere Bedeutung gewonnen haben, sind die sogenannten Peroxyde und Persalze besonders beachtenswert, Verbindungen mit leicht abspaltbarem, aktivem Sauerstoff. Da dieser letztere eine kräftig desinfizierende Wirkung besitzt, gleichzeitig aber ungiftig ist, haben sich diese Produkte — von ihrer Verwendbarkeit für Bleichseifen und Seifenpulver abgesehen — auch für die Herstellung desinfizierender Seifen ein Interesse erworben und sollen im folgenden kurz besprochen werden.

Als Hauptvertreter der oben genannten Gruppe ist das Wasserstoffsuperoxyd H_2O_2 anzusehen, das, im Jahre 1818 von Thénard entdeckt, nur langsam in der Technik Boden gewinnen konnte, da seine Herstellung im Fabrikbetriebe anfangs große Schwierigkeiten mit sich brachte, die lediglich die Herstellung einer 3 proz. wäßrigen Lösung gestatteten. Das Wasserstoffsuperoxyd zerfällt außerordentlich leicht in Wasser und Sauerstoff und stellt, da es bei diesem Zerfall einen störenden Rückstand nicht hinterläßt, theoretisch das Ideal eines Präparates mit aktivem Sauerstoff dar. Für die Fabrikation desinfizierender Seifen kommt es jedoch nicht in Betracht, da es in ihnen wenig haltbar ist und da die verdünnten wäßrigen Lösungen bei einem mäßigen Zusatz zur Seife kaum eine Wirkung garantieren könnten.

Als ein willkommenes Ersatzmittel galt hier nun aber lange Zeit das Natriumsuperoxyd Na_2O_2, ein festes, körniges, wasserlösliches Pulver mit 20,5 % aktivem Sauerstoff, das sich dem käuflichen Wasserstoffsuperoxyd gegenüber in vieler Hinsicht überlegen zeigte. Speziell geeignet erwiesen hat es sich für die Fabrikation medikamentöser Seifen, die durch das bei der Zersetzung des Produktes entstehende Natriumhydroxyd einerseits auf die Hornschicht erweichend,

---

[1]) Vgl. D. R. P. Nr. 95 518.

andrerseits durch den abgespaltenen Sauerstoff depigmentierend und gleichzeitig stark desinfizierend wirken sollen. Durch einen Zusatz von Borsäure kann die erstgenannte Wirkung behoben werden, wie das beispielsweise bei den von Unna eingeführten $2^{1}/_{2}$—10 % Pernatrol genannten Natriumsuperoxydsalbenseifen (W. Mielck, Hamburg) vorgesehen ist.

Die Herstellung dieser Produkte geschieht lediglich durch Vermischen der Grundseife mit dem feinzerteilten Superoxyd, bei der Darstellung von Salbenseifen unter Zusatz von etwa 30 % flüssigem Paraffin. Seifen, die durch Zersetzung des Superoxyds in der geschmolzenen Seifenmasse nach dem Erstarren Sauerstoff in Blasenform enthalten[1]), sind natürlich wertlos, da nur dem nascierenden Sauerstoff die genannten Wirkungen zukommen.

Die für medizinische, hygienische und kosmetische Zwecke vielfach als lästig empfundene, durch den hohen Alkaligehalt der Verbindung bedingte Ätzwirkung des Natriumsuperoxydes hat neben diesem auch den in Wasser unlöslichen Superoxyden anderer Metalle eine gewisse Bedeutung verschafft. Vornehmlich das Magnesium-, Calcium- und Zinksuperoxyd, weiße, pulverförmige, reizlos wirkende Substanzen mit 8—15 % aktivem Sauerstoff sind hier in den Vordergrund getreten. Das D. R. P. 157 737 schützt ein Verfahren zur Herstellung einer antiseptischen Zinksuperoxydseife; sie wird gewonnen, indem man 88 kg gewöhnliche Haushaltungsseife im Dampfbade schmilzt und in die Schmelze allmählich unter lebhaftem Umrühren 20 kg eines noch feuchten, etwa 50 proz. Zinksuperoxydpräparates einträgt. Die Seife erhält hierdurch die Konsistenz von Brotteig und läßt sich bequem in Stücke bringen. Sie soll, ohne irgend welche ätzenden Eigenschaften zu besitzen, beim Waschprozeß eine kräftige Desinfektionswirkung ausüben und infolge des Zinkgehaltes bei gewissen Dermatosen direkt heilend wirken. Im Handel befindet sie sich unter dem Namen Ektoganseife (Kirchhoff & Neirath, Berlin).

Die größte Beachtung hat aber bei der Herstellung von Sauerstoffseifen das vor etwa 7 Jahren im Handel erschienene Natriumperborat der Formel $NaBO_3 + 4H_2O$ gefunden, das im Gegensatz zu den bisher besprochenen Peroxyden als Natriumsalz der Überborsäure zu der Klasse der Persalze gehört und 10,30 % aktiven Sauerstoff besitzt[2]). Es kommt als weißes, mehr oder weniger krystallinisches Pulver an den Markt und gibt bei seinem Zerfall in wäßriger Lösung Wasserstoffsuperoxyd bzw. Wasser und Sauerstoff neben Natriummetaborat $NaBO_2$. Das letztere steht nach Art und Wirkung in naher Beziehung zu dem Natriumtetraborat, dem Borax von der Formel $Na_2B_4O_7 + 10H_2O$, der wohl auf Grund seiner alkalischen Reaktion schwache Desinfektionskraft besitzt und insonderheit gegen Schimmel und Sproßpilze wirksam ist. Da er die Eigenschaft besitzt, viele in Wasser unlösliche Stoffe wie Albumin, Kasein u. a. in Lösung zu bringen

---

[1]) Siehe Russ. Patent Nr. 187.
[2]) Produkte mit 11% und darüber sind durch Übertrocknung auf Kosten der Ausbeute gewonnen.

und selbst auch Waschkraft zeigt, so findet er an sich bei der Herstellung von Toiletteseifen vielfache Anwendung.

Es erhellt also, daß das ebenfalls schwach alkalische Natriumperborat ein für die hier besprochenen Zwecke geradezu ideales Sauerstoffpräparat ist, da seine beiden Zerfallsprodukte die erwünschte antiseptische Wirkung besitzen, ohne gleichzeitig Nachteile irgendwelcher Art aufzuweisen[1]). Allerdings ist es bisher noch nicht gelungen, eine wirklich haltbare und wirksame Perboratstückseife zu erzeugen, da sich das Perborat wohl infolge des Wassergehaltes dieser Seifen allmählich zersetzt. Trotzdem eine Reihe diesbezüglicher Patente bekannt geworden ist, sind die Bemühungen auf diesem Gebiet bisher von Erfolg nicht gekrönt gewesen. Soweit jedoch pulverförmige Mischungen mit möglichst wasserfreiem Seifenpulver in Betracht kommen, scheint das Problem durchaus gelöst zu sein, doch ist auch bei ihrer Fabrikation zu beachten, daß nur gut krystallinisches Perborat der oben genannten Zusammensetzung, das heute nach mehreren Verfahren technisch gewonnen wird, haltbare Mischungen ergibt, während sich die hygroskopischen Präparate amorpher Struktur und mit nur annähernd 10 % Sauerstoffgehalt auch in Verbindung mit vollkommen trockenen Seifenpulvern unter gleichzeitiger Oxydation der Seife leicht zersetzen. Auch sind für diese Pulverseifen nach Möglichkeit nur feste Fette zu verarbeiten, da die Seifen flüssiger Fettsäuren der eben erwähnten Oxydation auf Kosten des Perborats am ehesten anheimfallen. Dem Patentschutz des Verfahrens Nr. 149 335 dürften sie kaum unterstehen, da dasselbe von der irrigen Voraussetzung ausgeht, daß das Perborat an sich nicht haltbar sei, durch die Umhüllung mit Seife (Luftabschluß) aber haltbar werde. Von Patentverfahren zur Herstellung von Perboratseifen ist außerdem noch die der Firma Beiersdorf & Co., Hamburg, im Ausland mehrfach geschützte Herstellungsweise hervorzuheben,[2]) derzufolge freie Fettsäuren in molekularen Mengen mit Natriumperborat auf dem Wasserbade kurz ($^1/_2$ Stunde) erwärmt werden, wodurch alkalifreie Seifen mit aktivem Sauerstoff erhalten werden sollen. Eine Nachprüfung des Verfahrens durch Boßhard und Zwicky[3]) hat jedoch ergeben, daß aktiver Sauerstoff auf die genannte Weise nur unter ziemlich beträchtlichen Verlusten in eine Seife hineingebracht werden kann.

Für die Fabrikation von Sauerstoffseifen sind aber neben dem Perborat auch die Salze anderer Persäuren geeignet, so daß allerdings recht teure und leicht zersetzliche Natriumpercarbonat Na_2CO_4 und daneben das preiswerte und auch sehr beständige Natriumpersulfat, das 6 % aktiven Sauerstoff besitzt. Bei dem letzteren ist allerdings mit einem schädlichen Spaltungsprodukt, der frei werdenden Schwefelsäure, zu rechnen, doch gibt es seinen Sauerstoff erheblich schwerer ab als das Natriumperborat, so daß die Fabrikation von erst bei erhöhter

---

[1]) Über die Desinfektionskraft der Perborate vgl. Kischensky. Russky Wratsch 1905, S. 1.
[2]) Deutsche Pat. Anm. vom 20. 8. 1907. V. St. P. 917 828.
[3]) Seifensiederztg. 1912, S. 337.

Temperatur wirkenden Stückseifen durchaus möglich erscheint. Die Einverleibung erfolgt am besten pulverförmig auf der Piliermaschine.

Auch ein Perborax $Na_2B_4O_8 + 10\ H_2O$ ist dargestellt worden[1]). Er besitzt 5 % aktiven Sauerstoff und zersetzt sich noch leichter als das Perborat, ebenso finden die unlöslichen Metallperborate wie das Magnesiumperborat, das seinen Sauerstoff weniger leicht abgibt, vereinzelte Anwendung.

Der aus all diesen Verbindungen abgespaltene Sauerstoff ist in seinen Wirkungen sehr ähnlich dem Ozon, das seinerseits ebenfalls für die Seifenfabrikation Verwendung gefunden hat. Das D. R. P. 126 292[2]) schützt ein Verfahren zur Herstellung desinfizierender Seifenlösungen, die gewonnen werden, indem in Seifenlösungen oder -emulsionen solange Ozon geleitet wird, als eine Aufnahme erfolgt.

Neben diesen wirklichen Ozonseifen kommen aber auch terpentinölhaltige Seifen in den Handel, die fälschlicherweise als Ozonseifen bezeichnet werden[3]). Nach einer alten, noch heute recht verbreiteten Annahme soll nämlich dem Terpentinöl, von seinem hohen Schmutzlösungsvermögen abgesehen, in besonderem Maße die Fähigkeit zukommen, Sauerstoff aus der Luft aufzuspeichern und diesen in ozonisiertem, bleichend wirkendem Zustand wieder abzugeben. Guido O. Ruata kam bei seinen experimentellen Untersuchungen[4]) in dieser Richtung jedoch zu durchaus negativen Ergebnissen, und die Angaben über Terpentinöl-Ozonentwickler und Ozonseifen sind daher als Märchen zu kennzeichnen.

Schwefelseifen.

Der Schwefel ist eins der am längsten bekannten Heilmittel, da der Gebrauch von Schwefelbädern, begünstigt durch das natürliche Vorkommen von Schwefelquellen in vulkanischen Gegenden, schon im Altertum bekannt und weit verbreitet war. Auch als Kosmeticum ist der Schwefel seit langem geschätzt, Paracelsus schon kannte seine äußere Anwendung und in mittelalterlichen Kompendien der Arzneiverordnung wird er bereits als ein gutes Mittel gegen ,,Blätterlein des Angesichts" empfohlen. So ist der Schwefel durch Jahrhunderte hindurch ein unentbehrlicher Bestandteil unseres Arzneischatzes geblieben, indem er zugleich mit seinen Verbindungen unter den dermatotherapeutischen Mitteln auch heute noch einen ersten Platz einnimmt, und es ist nicht zu verwundern, daß gerade Schwefelseifen auch heute noch neben den Teerseifen die meist fabrizierten und beliebtesten sind.

Der Schwefel ist in seiner bei gewöhnlicher Temperatur stabilen Form ein fester Körper von gelber Farbe, er ist unlöslich in Wasser, schwer löslich in Fetten, Alkohol und Äther, dagegen leicht löslich in

---

[1]) Siehe D. R. P. Nr. 193 559.
[2]) Siehe auch das Französische Patent 288 941.
[3]) Siehe D. R. P. Nr. 21 906.
[4]) Bull. delle Scienze Med. Bologna 1910, 8. Reihe, Bd. 10.

Schwefelkohlenstoff und Chlorschwefel (S_2Cl_2). Der durch Sublimation und Behandlung mit Ammoniaklösung erhaltene Schwefel, **Sulfur depuratum**, ist krystallinisch, der aus Schwefelalkalien durch Fällen mit Säuren gewonnene **Sulfur praecipitatum** amorph, doch sehr viel feiner als der erstere.

Die Wirkung des freien Schwefels ist eine schwach reduzierende und antiparasitäre. Er findet daher Anwendung bei den verschiedensten Hautkrankheiten, so bei der Seborrhöe und den ihr nahestehenden Affektionen, bei Acne rosacea, Psoriasis u. a. Auch beeinflußt er, wie empirisch sicher festgestellt ist, die durch diese Krankheiten vielfach gestörte Talgdrüsenfunktion in günstiger Weise, bei seiner Anwendung nimmt die Sebumabscheidung ab, die in den Follikeln und Talgdrüsen obwaltende Stauung verschwindet und Entzündungsprozesse bilden sich zurück.

Früher wurde diese Wirkung ganz allgemein dadurch erklärt, daß der Schwefel in den alkalischen Gewebssäften zu wirksamem Schwefelalkali gelöst wird, und man stützte diese Vermutung durch die Tatsache, daß den Schwefelalkalien wohl auf Grund ihrer Wasserlöslichkeit eine weit intensivere Wirkung zukommt, als dem freien Schwefel. Heute wird aber seine Wirkungsweise von den meisten doch als diejenige eines primär wirkenden Reduktionsmittels angenommen und nach einer von dem französischen Forscher Brisson aufgestellten Theorie[1]), die in den Untersuchungen L. Kaufmanns über die chemischen und physiologischen Eigenschaften des Triphenylstibinsulfids[2]) eine starke Stütze gefunden hat, soll sogar die Wirkung und der Wirkungsgrad eines Schwefelpräparates proportional sein der aus demselben durch Oxydation gebildeten Schwefelsäure, so daß die quantitative Bestimmung der letzteren direkt einen Maßstab für die Beurteilung der Wirkungsfähigkeit eines Schwefelpräparates darstellt.

Bei Beachtung dieser Ausführungen ergibt sich von selbst, daß man auch für die Fabrikation von Schwefelseifen am besten einen Schwefel verarbeiten wird, der Oxydationsprozessen am ehesten zugänglich ist. Der feinere präzipitierte Schwefel ist dem durch Sublimation gewonnenen vorzuziehen und dem ersteren ist der kolloidale Schwefel, ein grauweißes Pulver, das zu 80% aus Schwefel und ca. 20% aus Eiweißsubstanzen besteht, wiederum überlegen. Auch Präparate, die wie das oben erwähnte **Triphenylstibinsulfid** $(C_6H_5)_3SbS$ den Schwefel in nascenter und daher besonders wirksamer Form abscheiden, sollten zur Fabrikation von Schwefelseifen im hohen Maße geeignet erscheinen.

Daß die Anwesenheit von freiem Alkali die Schwefelwirkung kaum unterstützen wird, dürfte ebenfalls einleuchten, besonders da der Schwefel in Alkalilaugen unter Bildung von Thiosulfaten ($Na_2S_2O_3$) und Alkalisulfiden (Na_2S) löslich ist, von denen den letzteren, wie schon oben gesagt, heftige Reizwirkungen zukommen, indem sie auf Grund ihrer Kau-

---
[1]) Annales de Dermatologie et de Syphiligraphie 10. 1909. Vgl. auch Dermatol. Zentralbl. 13, S. 1104. 1910.
[2]) Biochemische Zeitschr. 28, Heft 1, S. 67 ff.

stizität Horngebilde der Epidermis erweichen und lösen, die Gewebe zerstören und dadurch in die Tiefe der Haut eindringen. Schwefelseifen in flüssiger Form sind natürlich wenig zweckmäßig, da sich in ihnen der Schwefel als Bodensatz abscheidet, der sich alsdann nur schwer wieder verteilen läßt. Seifen fester oder weicher Konsistenz sind dagegen als Grundlage wohl ohne Ausnahme verwendbar. Auch der vielbenutzten Kombination einer Teerschwefelseife kann man im wesentlichen zustimmen, da sich die beiden Präparate, Teer und Schwefel, bei einer ganzen Reihe von Hautanomalien ausgezeichnet vertragen und sich in ihrer Wirkung sogar vielfach gegenseitig unterstützen und ergänzen[1]).

Trotz der großen Reizwirkung, die, wie wiederholt gesagt, den Schwefelalkalien zukommt, werden diese aber doch ebenso wie auch der freie Schwefelwasserstoff vielfach für die Seifenfabrikation verwandt, allerdings wohl weniger, um dermatologischen Heilzwecken zu dienen. Diese festen oder flüssigen Seifen, die z. B. unter den Namen Akremnin-, Eusulfin- und Antibleiseife bekannt sind, haben vielmehr den Beruf, an der Haut haftende Metallverbindungen, speziell solche des Bleis, in unlösliche, leicht sichtbare und unschädliche Schwefelverbindungen überzuführen, um auf diese Weise vornehmlich die Bleiarbeiter vor den großen Gefahren einer Bleivergiftung zu schützen.

Nach Veröffentlichungen einerseits von Ragg[2]), andrerseits von Sacher[3]) haben sich diese Seifen jedoch in der Praxis wenig bewährt, da sie auf längere Zeit nicht haltbar sind und verhältnismäßig schnell ihre Wirksamkeit als „Metallindicator" verlieren. Nach Sacher[4]) ist die Ursache dieser Veränderung die Zersetzung des Alkalisulfides unter dem Einfluß von Feuchtigkeit und Luft wie auch besonders durch die in letzterer stets enthaltene Kohlensäure. Hierdurch wird ein Teil des vorhandenen Sulfides als Schwefelwasserstoff entbunden, der andere Teil durch die hydrolytische Wirkung des Wassers und durch den Luftsauerstoff zu Verbindungen (Thiosulfat, Sulfit, Sulfat u. a.) oxydiert, welche mit den etwa vorhandenen metallischen Verunreinigungen nicht oder nicht sichtbar reagieren. Eine sulfidhaltige Seifenlösung, welche in betreff ihrer Haltbarkeit und Wirksamkeit die üblichen Präparate bei weitem übertrifft, wird nach Angaben desselben Autors[5]) jedoch erhalten, wenn man etwa 10 Teile Natronkernseife in 70 Teilen Alkohol von etwa 70% auflöst und mit 5—10 Teilen käuflicher Ammoniumsulfidlösung versetzt. Auf Grund der geringeren Dissoziationsfähigkeit des letzteren dem Natrium- und Kaliumsulfid gegenüber verändern sich diese Lösungen nur außerordentlich langsam, zumal die Dissoziationsfähigkeit des Ammoniumsalzes durch den Alkoholzusatz noch

---
[1]) Bei allen zu Follikulitiden neigenden Prozessen sind Teer und Schwefel aber Antagonisten. Eine Teer-Schwefelseife sollte daher nur auf ärztliche Verordnung hin abgegeben werden.
[2]) Farbenztg. 1910, S. 2216.
[3]) Soziale Medizin u. Hygiene 1911, S. 53 u. 313. — Farbe u. Lack 1911, S. 366.
[4]) Seifensiederztg. 1912, S. 390.
[5]) l. c. sub [2]).

wesentlich weiter verringert wird. Zu beachten ist jedoch bei der Herstellung dieser Seifen die Tatsache, daß nichtparfümierte sulfidhaltige Seifenlösungen ganz allgemein länger wirksam bleiben als parfümierte, weil die für die Parfümierung in Betracht kommenden Riechstoffe (Fenchelöl) auf Grund ihres ungesättigten Charakters meist Schwefel- oder Schwefelwasserstoffadditionsprodukte zu bilden vermögen.

Der allgemein medikamentösen Anwendung auch dieser Seifen, die den Schwefel also in wasserlöslicher und daher intensiv wirkender Form enthalten, steht jedoch der Umstand entgegen, daß die Schwefelalkalien durch die ihnen eigene Reizwirkung und besonders auch durch die oben erwähnte Abspaltung von Schwefelwasserstoff stets unangenehm empfunden werden. Zwei Präparate, die diese Mängel nun nicht oder doch nur in sehr geringem Maße aufweisen und daher auch für die Fabrikation von Schwefelseifen mit wasserlöslichem Schwefel durchaus geeignet sind, sind das Pyonin[1]) und das Thiopinol Matzka[2]). Das Pyonin wird nach dem Verfahren der D. R. P. 164 322 und 223 119 hergestellt, indem Schwefelblumen mit Zucker zusammengeschmolzen, nach vollständigem Erkalten zerkleinert, in Wasser gelöst und schließlich mit calcinierter Soda gekocht werden; die so erhaltene grün gefärbte Schwefellauge wird mit Hilfe der entsprechenden Konstituentien auf Pyoninseife oder Pyoninsalbe weiter verarbeitet. Die Pyoninseife enthält 20% des Präparates, ist von brauner Farbe und ihrem Charakter nach eine überfettete Natronseife mit geringen Zusätzen von Glycerin und Resorcin.

Das Thiopinol stellt eine anscheinend glückliche Kombination einer gewissen Gruppe von ätherischen Ölen der Terpenreihe (ätherische Nadelholzöle) mit Alkalisulfiden und Polysulfiden dar. Es ist eine klare, braune, alkoholische Flüssigkeit und gibt mit Wasser gemischt milchigweiße, emulsionsartige Verdünnungen, die stark nach Fichtennadelöl, aber kaum merklich und jedenfalls in durchaus nicht belästigender Weise nach Schwefelwasserstoff riechen. Es besitzt schwach alkalische Reaktion, gegen 15% sulfidartig gebundenen, leicht und reizlos resorbierbaren Schwefel und schwache antiseptische Wirkung, die wohl als durch die Nadelholzöle bedingt angesehen werden darf. Ob eine chemische Bindung des Schwefels auch an die ätherischen Öle vorhanden ist, dürfte zweifelhaft sein, denn die Haltbarkeit des Präparates auch bei der Berührung mit Wasser wird wahrscheinlich dadurch erreicht, daß die in Wasser unlöslichen Ölbestandteile die Schwefelverbindungen in feinster Verteilung umhüllen und so die Möglichkeit einer gegenseitigen Berührung nahezu ausschließen. Die Thiopinolseifen haben sich bei Acne rosacea, Seborrhöe, vornehmlich aber auch bei Scabies bewährt, indem das Thiopinol mit einer energischen Wirkung auf die Krätzmilbe, wie schon oben gesagt, weitgehende Reizlosigkeit verbindet.

---

[1]) Goedecke & Co., Leipzig-Berlin.
[2]) D. R. P. Nr. 149 826.

Neben den bisher besprochenen Präparaten, welche den Schwefel, wenn überhaupt gebunden, in rein anorganischer Bindung enthalten, finden aber seit langem auch organische Schwefelverbindungen in der Dermatotherapie Verwendung und vornehmlich das Ichthyol, ein aus einem bituminösen Schiefer Tirols gewonnenes Öl, das ca. 10% fest gebundenen Schwefel enthält und in den achtziger Jahren durch Unna in den Arzneischatz eingeführt worden ist, hat sich bei den verschiedensten Hautkrankheiten bestens bewährt. Um die Wasserlöslichkeit des Produktes zu erzielen, wird das zumeist durch trockene Destillation gewonnene Originalöl der Art sulfuriert, daß die nur teilweise entstehende Sulfosäure als Lösungsmittel für die an sich unlöslichen, unsulfurierten Teile dienen kann, ähnlich wie es bei der Lösung der Kresole durch Seifen der Fall ist[1]). Das so präparierte Ichthyol ist eine braunschwarze, unangenehm riechende Flüssigkeit und besitzt vornehmlich resorptionsbefördernde, keratoplastische, reduzierende und auffallenderweise auch schmerzstillende Eigenschaften, die sich teilweise vielleicht mit der kombinierten Teer-Schwefelwirkung decken dürften, keinesfalls aber als eine reine Schwefelwirkung aufzufassen sind. Unter den vielfachen Verwendungsweisen ist auch hier wieder die Seifenform besonders empfehlenswert. Die Ichthyolseifen, die mit einem Medikamentgehalt von 5% oder 10% leicht herstellbar sind, sind braun, mäßig hart, gut schäumend und besitzen den typischen Ichthyolgeruch.

Leider ist der letztere aber der dermatotherapeutischen Verwendung des Präparates vielfach recht hinderlich, und es existiert daher eine ganze Reihe mehrfach auch glücklich verlaufener Versuche, den wenig angenehmen, lästigen Geruch der Substanz zu beseitigen, ohne jedoch den therapeutischen Effekt zu beeinträchtigen[2]). Auch eine große Anzahl von Ersatzmitteln und Konkurrenzpräparaten ist entstanden, die entweder von Verbindungen ausgingen, die schon von Natur aus fest gebundenen Schwefel enthielten oder durch Schwefeln organischer Verbindungen erhalten wurden.

Aus der Reihe der ersterwähnten Verbindungen ist besonders das Petrosulfol genannte Präparat hervorzuheben, das, wie schon oben erwähnt, durch Verarbeitung der schwefelhaltigen Rückstände einiger Rohpetroleumsorten zu den entsprechenden Sulfosäuren als ein dem Ichthyol sehr ähnliches Präparat gewonnen wird.

Zu den bekanntesten Verbindungen der zweiten Gruppe gehören vornehmlich das Thiol und das Thigenol. Das erstere ist ein Präparat, das durch Erhitzen von Braunkohlenteeröl mit Schwefel künstlich dargestellt wird. In die Therapie ist es in zwei Formen aufgenommen worden, als Thiolum liquidum bildet es eine dichte, sirupähnliche, braune, neutral reagierende Flüssigkeit, als Thiolum siccum ein braunschwarzes, angenehm riechendes Pulver, das in seiner Zusammensetzung beständig, in Wasser und Alkalien löslich und ungiftig ist. Auf der Haut wirkt das

---

[1]) D. R. P. Nr. 35 216.
[2]) Z. B. Desichthol Knoll D. R. P. Anm. 17 762.

Thiol keratoplastisch, antiseptisch, austrocknend und bei Juckreiz beruhigend. Der Schwefelgehalt beträgt etwa 12%[1]).

Das Thigenol ist das Natriumsalz der Sulfosäure eines synthetisch dargestellten Sulfoöles, welch letzteres 10% gebundenen Schwefel enthält. Es ist ebenfalls ungiftig, nahezu geruchlos, mit schwach alkalischer Reaktion in Wasser löslich, unbegrenzt haltbar und wirkt antiseptisch, resorptionsbefördernd, sekretionsbeschränkend, Schmerz und Juckreiz stillend.

Beide Präparate eignen sich für die Fabrikation medikamentöser Seifen, die mit einem Medikamentgehalt von 5—15% in Anbetracht der ihnen nachgerühmten Eigenschaften als Ersatz für die namentlich früher viel verwandten Ichthyolseifen gern empfohlen werden.

Außer beiden sind aber noch eine große Anzahl anderer Schwefelpräparate bekannt geworden. So konnten durch Erhitzen von Schwefel mit Lanolin und vornehmlich mit ungesättigten Kohlenwasserstoffreihen angehörigen Fett- oder Harzsäuren oder Fettsäureestern und -glyceriden (natürlichen Fetten und Ölen) die diesen Substanzen entsprechenden Thiopräparate gewonnen werden[2]). Durch alkalische Verseifung der letzteren wurden auch geschwefelte Seifen (Thiosapolcocosseife) erhalten[3]). Auch ein geschwefeltes Lysol wurde durch Erhitzen von Lysol mit Schwefel als eine tiefbraune, beinahe feste, wasserlösliche Masse dargestellt[4]). Eine größere Bedeutung haben aber all diese Präparate nicht erlangt.

Die günstige Wirkung geschwefelter, organischer Substanzen ist nämlich nicht nur durch das Vorhandensein des fest gebundenen Schwefels überhaupt, sondern durch vielerlei Momente bedingt, die bei der Herstellung von Ichthyol-Ersatzpräparaten nicht vernachlässigt werden dürfen, auf die hier näher einzugehen aber nicht der Raum ist. Es sei nur kurz erwähnt, daß für das Zustandekommen dieser Wirkungen der ungesättigte Charakter der therapeutisch wertvollen Verbindungen, wie ihn auch das Ichthyol selbst besitzt, eine Hauptbedingung ist und daß gerade diese unerfüllt bleibt bei der oben geschilderten Behandlung ungesättigter Verbindungen mit elementarem Schwefel. Dieser vernichtet nämlich bei seinem Eintritt in das Molekül die Doppelbindung der Kohlenstoffreihe und hebt somit den ungesättigten Charakter der Verbindung auf.

Andererseits verleiht aber der Schwefel bei seinem Eintritt in organische Verbindungen diesen häufig antiseptische und antiparasitäre Eigenschaften. So erhalten z. B. die schwereren Kohlenwasserstoffe des Erdöls, die an sich Desinfektionskraft nicht besitzen, schon durch die Behandlung mit nur geringen Mengen von Schwefel eine hohe antiseptische Wirkung[5]), eine Tatsache, die vielleicht mit Erfolg auch für

---

[1]) D. R. P. Nr. 38 416 und 54 501.
[2]) D. R. P. Nr. 56 065 und 140 827.
[3]) D. R. P. Nr. 71 190.
[4]) D. R. P. Anm. R. 12 928.
[5]) Seidenschnur. Chem. Ztg. 1909, S. 701—702.

die Großdesinfektion nutzbar gemacht werden könnte, nachdem man es gelernt hat, in Wasser unlösliche Kohlenwasserstoffe durch Fett- oder Harzseifen in haltbare Emulsionen überzuführen, die sich beliebig verdünnen lassen, ohne daß eine Ausscheidung der emulgierten Bestandteile erfolgt.

Quecksilberseifen.

Unter allen Desinfektionsmitteln gilt auch heute noch als das wirksamste das Sublimat (Hydrargyrum bichloratum, Mercurichlorid, $HgCl_2$), dessen antiseptische Wirkung in wäßriger Lösung zuerst von Robert Koch[1]) nachgewiesen wurde und das in der Desinfektionspraxis eine Verbreitung wie kein zweites gefunden hat.

Wenn die Seifenfabrikation daher auch dieses Mittel für die Herstellung antiseptischer Seifen verwandte, so durfte sie hoffen, daß diese „Sublimatseifen" eine ähnlich weite Verbreitung finden würden, eine Erwartung, die leider nicht unerfüllt geblieben ist. Neben der vorbesprochenen Carbolseife ist die sogenannte Sublimatseife als Desinfektionsseife im Volke mit am meisten gefragt und es gibt Firmen in Deutschland, welche im Monat viele tausend Stück von dieser Seife umsetzen, trotzdem sie wissen sollten, daß dieselbe nicht diejenigen Wirkungen besitzt, die der Konsument von ihr erwartet und auf Grund ihres Namens auch erwarten muß.

Es ist ja hier schon eingangs hervorgehoben, daß die ionisierten Quecksilberverbindungen, welche das Metall also salzartig gebunden enthalten, als „Desinfektionsmittel erster Ordnung" im wasserhaltigen Seifenkörper ihre Wirksamkeit einbüßen, indem sich durch doppelte Umsetzung Alkalisalz und fettsaures Quecksilber bildet, das alsdann der Art des Seifenkörpers entsprechend einem mehr oder weniger beschleunigten Reduktionsprozeß anheimfällt. Sublimatseifen zeigen, soweit sie wirklich Sublimat enthalten, nach längerem Lagern meist die graue Farbe des metallischen Quecksilbers und besitzen, mag der erwähnte Reduktionsprozeß nun vollendet oder unvollendet sein, keinesfalls eine praktisch beachtenswerte Desinfektionswirkung.

Von seiten einzelner Fabrikanten werden trotzdem aber immer wieder Versuche gemacht, farblose und daher angeblich „dauernd haltbare" Sublimatseifen herzustellen, indem für die Fabrikation eine möglichst trockene, überfettete Grundseife verwandt wird. Aber auch hier resultiert selbst beim sorgfältigsten Arbeiten meist ein Produkt von grauer Färbung, ein Umstand, der die bereits erfolgte Zersetzung des Sublimats und damit das Verschwinden der Desinfektionskraft von vornherein anzeigt und häufig darauf zurückgeführt werden kann, daß das den Seifen beigegebene Medikament die Eisenteile der verwandten Maschinen unter Amalgambildung angreift. Schützt man letztere durch Paraffinüberzüge, so ist allerdings die Herstellung eines längere Zeit farblosen Produktes möglich.

---

[1]) Mitteil. des Kaiserl. Gesundheitsamtes Bd. 1. 1881.

Es ist ferner der Vorschlag gemacht worden, chemisch einwandfreie, stark getrocknete und staubfein gemahlene Grundseife mit fein zermahlenem Sublimat zu mischen und die so erhaltene pulverförmige Mischung zu festen Stücken zu komprimieren. Es ist selbstverständlich, daß auch diese Seifen längere Zeit ohne Zersetzung haltbar sind, besonders wenn das Sublimat — zum Überfluß — vor seiner Verarbeitung gelatiniert wird, denn zu einer Zersetzung der Sublimatseife gehört unbedingt die Anwesenheit von Feuchtigkeit. Aber auch diese Seifen, in denen das Sublimat den zersetzenden Einwirkungen des Seifenkörpers entzogen ist, sind praktisch durchaus unbrauchbar. Denn alle Bemühungen, eine haltbare Sublimatseife zu komponieren, müssen schon deshalb als vergebens bezeichnet werden, weil die beiden Agentien, Sublimat und Seife, beim Waschprozeß doch aufeinander treffen müssen und in diesem Moment die Desinfektionskraft der betreffenden Seife durch doppelte Umsetzung der nahezu vollständigen Vernichtung anheimfallen muß[1]).

Es ergibt sich also, daß alle Versuche zur Herstellung einer haltbaren Sublimatseife, mögen sie auch dem äußeren Anschein nach als glücklich zu bezeichnen sein, das Problem der antiseptischen Quecksilberseife nicht lösen können, daß man Erfolge vielmehr nur von denjenigen Verbindungen wird erwarten dürfen, welche das Quecksilber in nicht ionisierbarer Form gebunden enthalten, also „Desinfektionsmittel zweiter Ordnung" sind. Diese werden, falls ihnen eine Desinfektionskraft überhaupt zukommt, auch in Verbindung mit fettsauren Alkalien ihre Wirkung entfalten und gegebenen Falles auch eine Erhöhung ihres ursprünglichen Desinfektionswertes durch die Seife erfahren können.

In den „komplexen" Quecksilberverbindungen, die fast ausnahmslos organischer Natur sind, kann nun das Metall entweder durch Vermittlung von Stickstoff oder durch Kohlenstoff direkt an den organischen Rest chemisch gebunden sein. Zu den Verbindungen der ersten Klasse gehören vornehmlich die Quecksilberverbindungen der Amine, zu denen auch das Sublamin zu zählen ist, eine Verbindung aus Quecksilbersulfat und Äthylendiamin.[2]) Weiter sind hier zu nennen die Quecksilberverbindungen der Aminosäuren, in denen ein Amidowasserstoffatom durch Quecksilber ersetzt ist, und die Quecksilbereiweißverbindungen, die namentlich in der Patentliteratur mehrfach beschrieben sind. Rein äußerlich betrachtet und von ihrem im Vergleich zum Sublimat mehr oder weniger geringen Desinfektionswert vorläufig ganz abgesehen, sollten sich all diese Substanzen für die Seifenfabrikation gut eignen, da sie weder mit Alkalien die bekannte Oxydfällung des Quecksilbers ergeben, in denselben vielmehr leicht und unzersetzt löslich sind, noch

---

[1]) Auch Buzzis flüssige Sublimatseife ist frisch bereitet „gleichmäßig undurchsichtig und in Wasser trübe löslich" (Buzzi S. 68), stellt also eine Suspension des ausgeschiedenen fettsauren Quecksilbers in der Seifenlösung selbst dar, ohne unzersetztes Sublimat zu enthalten.

[2]) D. R. P. Nr. 125 095.

durch doppelten Umsatz mit Fettsäuren oder fettsauren Alkalien zur Bildung fettsauren Quecksilbers befähigt sind.

Aber in allen organischen Quecksilberstickstoffverbindungen ist die Festigkeit dieser chemischen Bindung doch nicht so groß, daß das durch die Anwesenheit ungesättigter Fettsäuren bedingte Reduktionsvermögen des Seifenkörpers auf die Quecksilberverbindungen ohne Einfluß bliebe. Nach kurzem Lagern, oft schon nach drei bis vier Tagen, nehmen sie alle eine dunkelgrüne Färbung an, die dann schon nach zwei bis drei Wochen in ein Schiefergrau übergeht. Endlich zeigt die Seife durch und durch die glänzend graue Farbe des metallischen Quecksilbers. Aus der Klasse dieser Präparate zu erwähnen ist die Sublaminseife (Chemisches Laboratorium Lingner, Dresden), sowie die unter dem Namen Sapodermin oder Lavoderma bekannte Seife, die nach dem Verfahren des D. R. P. 116 255 hergestellt wird und etwa 3% einer löslichen nach dem D. R. P. 100 874 gewonnenen Quecksilbercaseinverbindung enthält.

Für die Herstellung antiseptischer Quecksilberseifen bleiben somit lediglich die organischen Quecksilberverbindungen übrig, in denen das Metall direkt an Kohlenstoff gebunden ist.

Aber auch für die Haltbarkeit dieser Präparate im Seifenkörper generell entscheidend ist die Festigkeit, mit der das Quecksilber am Kohlenstoff haftet. Denn wenn auch in sämtlichen Verbindungen dieser Klasse das Metall komplex gebunden ist, so ist die Stabilität dieser Quecksilber-Kohlenstoffbindung doch eine sehr verschiedene, eine Tatsache, die in dem Verhalten der einzelnen Substanzen dem Ammoniumsulfid gegenüber deutlich zum Ausdruck kommt. Allgemein läßt sich daher der Satz aufstellen, daß von diesen komplexen Verbindungen diejenigen, welche in wäßriger Lösung mit Ammoniumsulfid momentan unter Schwarzfärbung (Quecksilbersulfidbildung) reagieren (pseudokomplexe Verbindungen[1]), auch den zersetzenden Einflüssen des Seifenkörpers nicht standhalten können, während die Substanzen, welche durch Schwefelammonium in der Kälte überhaupt nicht oder erst nach längerer Einwirkung zersetzt werden, auch im Seifenkörper haltbar bleiben.

Unter den für Desinfektionszwecke verwandten Quecksilberkohlenstoff-Verbindungen am bekanntesten sind das Quecksilbercyanid und das Quecksilberoxycyanid der Formeln

$$\mathrm{Hg}{<}{\mathrm{CN} \atop \mathrm{CN}} \quad \text{und} \quad \mathrm{O}{<}{\mathrm{HgCN} \atop \mathrm{HgCN}}$$

zwei Substanzen, die sich in wäßriger Lösung Alkalien gegenüber durchaus komplex verhalten, mit Ammoniumsulfid aber schon in der Kälte momentan Schwarzfärbung ergeben. Namentlich das Quecksilberoxycyanid hat trotz seiner schwachen Desinfektionskraft[2]) als Sublimat-

---

[1]) Siehe W. Schoeller und W. Schrauth, Med. Klinik 1912 Nr. 29, S. 1200 ff.
[2]) Nach Paul und Krönig (l. c.) vermag das Quecksilberoxycyanid in etwa 1,5 proz. Lösung Milzbrandsporen noch nicht in 85 Minuten abzutöten.

ersatz in Form blaugefärbter Tabletten eine weite Verbreitung gefunden, weil es auf Grund der komplexen (pseudokomplexen) Bindung des Quecksilbers weniger reizend wirkt als dieses und Metallinstrumente usw. nicht amalgamiert. Unter dem Namen Servatolseife (C. Fr. Hausmann, St. Gallen) wird auch eine 2proz. Quecksilberoxycyanidseife in den Handel gebracht, die jedoch den obigen Darlegungen entsprechend weder haltbar noch wirksam ist.

Von entscheidender Bedeutung für die Brauchbarkeit der sonst in großer Anzahl bekannten organischen Quecksilberverbindungen ist natürlicherweise ihre Wasserlöslichkeit, ein Erfordernis, das die Auswahl ungemein begrenzt, da die meisten Quecksilberkohlenstoffverbindungen in Wasser unlöslich sind. Leicht löslich sind allein die Alkalisalze quecksilbersubstituierter Carbonsäuren und Phenole, sowie die mineralsauren Salze gleichzeitig amidierter Verbindungen, welch letztere jedoch hier im Hinblick auf den Verwendungszweck als Seifenzusatz nicht in Frage kommen. Von diesem praktischen Standpunkt aus bleiben daher für die Herstellung von Quecksilberseifen lediglich verwendbar die Alkalisalze der mercurierten Carbonsäuren der aliphatischen Reihe (Quecksilberfettsäuren), welche das Metall in der Kohlenstoffkette substituiert enthalten und weiter die mercurierten Carbonsäuren und Phenole der aromatischen Reihe bzw. ihre Alkalisalze, in denen das Quecksilber an den Benzolkern gebunden ist.

Mit Ausnahme der in α-Stellung zur Carboxylgruppe mercurierten Quecksilberfettsäuren ist in all den genannten Verbindungen die Festigkeit der Quecksilberkohlenstoffbindung eine große. Nur diese letzteren, die die allgemeine Formel $R \cdot CH(HgOH) \cdot COONa (R = Alkyl)$ besitzen, reagieren momentan unter Schwarzfärbung mit Ammoniumsulfid und unterscheiden sich in dieser Hinsicht nicht von den oben erwähnten Cyanidverbindungen, die man ihrem chemischen Charakter entsprechend auch vielleicht als die Nitrile der analogen Ameisensäureverbindungen ansehen könnte. Die übrigen Substanzen erscheinen jedoch, wie gesagt, vom Standpunkt der Haltbarkeit aus für die Herstellung von Quecksilberseifen in gleicher Weise brauchbar, so daß für eine weitere Auswahl lediglich ihre Desinfektionskraft maßgebend ist.

Gestützt auf die Untersuchung der oben erwähnten Cyanidverbindungen, die also beide nur äußerst geringe, praktisch kaum in Betracht kommende Desinfektionskraft besitzen, haben nun Krönig und Paul in ihrer oben zitierten Arbeit den Satz aufgestellt, daß die Lösungen solcher Verbindungen, in denen das Quecksilber Bestandteil eines komplexen Ions ist, ganz allgemein außerordentlich wenig desinfizieren. Die Aussicht, nun mit Hilfe der zuletzt genannten, für die Seifenfabrikation allein verwendbaren Quecksilberverbindungen zu wirklich desinfizierenden Seifen zu gelangen, sollte daher im Hinblick auf diese Anschauung eine nur geringe sein, und in der Tat halten die wenigen Seifen, die mit Verbindungen dieser Art imprägniert bis vor kurzem im Handel zu finden waren, einer ernsteren Prüfung nicht stand.

Wie festgestellt werden konnte, hat jedoch die von Krönig und Paul aufgestellte These nicht die ihr zugesprochene allgemeine Gültigkeit, denn überraschenderweise besitzen eine ganze Anzahl der erwähnten Alkalisalze eine starke, dem Sublimat vielfach sogar überlegene Desinfektionskraft, für deren Vorhandensein und Stärke aber wiederum sehr feine Unterschiede ihrer Konstitution maßgebend sind[1]).

Von größter Bedeutung für die Wirksamkeit dieser Verbindungen ist es nämlich zunächst, daß das Quecksilber nur mit einer Valenz organisch gebunden ist und daß die zweite Valenz durch anorganische salzbildende Reste oder am besten durch die Hydroxylgruppe (OH) besetzt ist. Scheinbar ist nämlich die Affinität dieser Gruppe zum Quecksilber eine nur geringe und infolgedessen die größte Affinität des Quecksilber haltigen Radikals zur Bakterie gegeben, während eine zweite Kohlenstoffbindung des Metalls, wie sie etwa in den Quecksilberdicarbonsäuren [β-Quecksilberdipropionsäure $Hg(CH_2 \cdot CH_2 \cdot COOH)_2$, Quecksilberdibenzoesäure $Hg(C_6H_4 \cdot COOH)_2$ u. a.[1])] in Erscheinung tritt, die Desinfektionskraft nahezu aufhebt.

Außer den oben erwähnten α-Oxyquecksilberfettsäuren ist aus der Klasse der Oxyquecksilberfettsäuren noch bekannt die β-Oxyquecksilberpropionsäure, $HOHg \cdot CH_2 \cdot CH_2COOH$[2]), die zwar eine ganz beachtenswerte Desinfektionswirkung besitzt, deren Herstellungsverfahren aber derartig große Schwierigkeiten bietet, daß eine technische Verwertung dieses kostbaren Stoffes heute noch als unmöglich erscheint. Leicht zugänglich dagegen ist eine ganze Anzahl mercurierter höherer Fettsäuren, die durch Verseifung der nach den D. R. P. 228 877 und 246 207 dargestellten mercurierten Fettsäureester, Fette und Öle erhalten werden. Sie enthalten an die mittelständige doppelte oder dreifache Bindung ungesättigter Fettsäuren angelagert ein oder zwei Quecksilberhydroxylgruppen und zugleich einen Ätherrest bzw. zwei Hydroxylgruppen[3]), so daß ihre Alkalisalze also wirkliche mercurierte Seifen von Alkoxy- bzw. Dioxyfettsäuren sind. Das Natriumsalz des aus der Ölsäure in methylalkoholisch-ätherischer Lösung gewonnenen Präparates besitzt beispielsweise die Formel

$$CH_3 \cdot (CH_2)_7 \cdot CH(OCH_3) \cdot CH(HgOH) \cdot (CH_2)_7 \cdot COONa ,$$

während das aus der Stearolsäure entsprechend dargestellte Salz die Konstitution

$$CH_3 \cdot (CH_2)_7 \cdot C{<}^{OH}_{HgOH} \cdot C{<}^{OH}_{HgOH} \cdot (CH_2)_7 \cdot COONa$$

aufweist.

An sich kommen diesen Salzen auf Grund ihrer Schwerlöslichkeit in Wasser naturgemäß die Eigenschaften einer Waschseife nicht mehr zu, sie sollten jedoch, von ihrer Verwendung als Desinfektionszusatz für

---

[1]) W. Schrauth und W. Schoeller, Über die Desinfektionskraft komplexer organischer Quecksilberverbindungen. Zeitschr. f. Hygiene u. Infektionskrankh. **66**, S. 497. 1910. — **70**, S. 25. 1911.
[2]) E. Fischer, Ber. d. Deutsch. chem. Ges. **40**, S. 386.
[3]) Nach eigenen, noch nicht publizierten Untersuchungen.

Stückseifen abgesehen, auf Grund ihrer Lipoidlöslichkeit in hohem Maße für die Herstellung eines Quecksilberseifenspiritus geeignet erscheinen, der ein unmercuriertes Vergleichsprodukt an Wirkung sehr erheblich übertreffen müßte.

Für die Herstellung antiseptischer Stückseifen kommen unter den Quecksilberverbindungen praktisch am ehesten jedoch die Alkalisalze der aromatischen Quecksilbercarbonsäuren und -Phenole in Betracht, welche fast ausnahmslos leicht zugänglich sind[1]) und das Metall, wie gesagt, im Benzolkern ebenfalls so fest gebunden enthalten, daß auch die stärksten Quecksilberreagenzien, wie z. B. Ammoniumsulfid, ohne weiteres nicht die bekannten Ionenreaktionen (Sulfidfällung) auslösen. Ihre Verwendung für die Herstellung desinfizierender Seifen ist den Farbenfabriken vorm. Friedr. Bayer & Co., Elberfeld durch die Patente 216 828, 233 437 und 246 880 geschützt.

Es war nun von vornherein zu vermuten, daß im großen und ganzen für die Desinfektionskraft auch dieser Verbindungen die gleichen Gesetzmäßigkeiten Geltung haben würden, welche hier bereits gelegentlich der Besprechung des Phenols und seiner Derivate ausführlich behandelt wurden. In der Tat gelingt es, bei Berücksichtigung derselben durch chemische Synthese zu Verbindungen zu gelangen, welche desinfektorisch ganz außerordentliche Wirkungen entfalten. Wie dort, so wird auch hier durch die Einführung von Halogen, Nitrogruppen, Alkyl- und Arylresten die Desinfektionskraft erheblich und zwar derart gesteigert, daß diese substituierten Oxyquecksilberbenzoesäuren bzw. Oxyquecksilberphenole in ihren wirksamsten Gliedern alle bisher gebräuchlichen Desinfektionsmittel, auch das Sublimat, in ihrer Wirkung um ein Vielfaches übertreffen. Andererseits setzt aber auch hier eine weitere saure Substitution des Benzolkerns durch Phenol-, Sulfo- oder Carboxylgruppen die antiseptische Wirkung herab, so daß beispielsweise das Natriumsalz einer Oxyquecksilbersalicylsäure der Formel

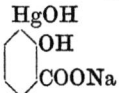

nur relativ schwache Desinfektionskraft besitzt, während die Grundsubstanzen dieser Klasse, die Natriumsalze des o-Oxyquecksilberphenols und der o-Oxyquecksilberbenzoesäure der Formeln

⟨HgOH und ⟨HgOH
 ONa   COONa

schon recht beachtenswerte, ihrem Aciditätsgrade entgegengesetzt starke Wirkungen entfalten.

Unter den antiseptischen Seifen, die als desinfizierendes Prinzip Quecksilberpräparate der eben besprochenen Klasse enthalten und die

---

[1]) Vgl. z. B. Dimroth, Über die Mercurierung aromatischer Verbindungen. Ber. d. Deutsch. Chem. Ges. 35, S. 2870 ff. 1902 und die D.R.P. Nr. 234 054, 234 851, und 234 914.

auch in weiteren Kreisen bekannt geworden sind, müssen nun vornehmlich zwei hervorgehoben werden, die nach dem D. R. P. 137 560 hergestellte **Hermophenylseife** (Société des brevets Lumière, Lyon) und die nach dem Verfahren des D. R. P. 216 828 erhaltene **Afridolseife** (Farbenfabriken vorm. Friedr. Bayer & Co., Leverkusen). Während die erstere einer strengeren Prüfung ihres Desinfektionswertes nicht stand halten konnte und im praktischen Gebrauch versagen mußte, übertrifft die Afridolseife an Wirkung nicht nur alle heute im Handel befindlichen Stückseifen[1]), sondern hat sich auch speziell bei allen parasitären und bakteriellen Haut- und Haarkrankheiten (Furunculose, Acne vulgaris, Seborrhöe usw.) als ein vorzügliches Heilmittel erwiesen[2]).

Dies verschiedenartige Verhalten beider Seifen liegt natürlich in der Konstitution ihrer desinfizierenden Zusätze begründet. Denn das nach dem D. R. P. 132 660 gewonnene Hermophenyl, das Dinatriumsalz einer quecksilbersubstituierten Phenoldisulfosäure der Formel

$$C_6H_2 \diagdown \!\!\!\!{\diagup}^{O-}_{Hg}\Big]_{(SO_3Na)_2}$$

besitzt trotz seines 40% betragenden Quecksilbergehaltes infolge der Anwesenheit von drei sauren Substituenten im Benzolkern eine kaum merkbare, praktisch nicht in Betracht kommende Desinfektionskraft. Das Präparat ist durch diese Substitution derartig „versäuert", daß der an den Kern gebundene Oxyquecksilberrest überhaupt nicht existenzfähig bleibt und sich unter Wasseraustritt und gleichzeitiger Bildung eines inneren Salzes mit der freien Phenolgruppe vereinigt, so daß das Präparat, auch von der schwächenden Wirkung der beiden Sulfogruppen ganz abgesehen, an sich nur sehr geringe Affinität zur Bakterienzelle besitzen kann.

Andererseits wird die hohe Wirksamkeit der Afridolseife verständlich, da das Afridol, das Natriumsalz der Oxyquecksilber-o-toluylsäure der Formel

$$C_6H_3 \diagdown \!\!\!\!{\diagup}^{CH_3}_{COONa}_{HgOH}$$

zunächst auf Grund der hier vorhandenen Quecksilberhydroxylgruppe den Bakterien gegenüber Affinität besitzt, und weil diese Affinität zweitens durch die Alkylsubstitution des Benzolkerns so erheblich unterstützt wird, daß das Präparat in seiner Wirkung dem Sublimat nicht nachsteht.

Für die praktische Anwendung dieser Seife ist es von Bedeutung, daß sie infolge der festen Bindung des Quecksilbers auch von der Haut

---

[1]) W. Schrauth und W. Schoeller, Über die desinfizierenden Bestandteile der Seifen an sich und über Afridolseife, eine neue antiseptische Quecksilberseife. Med. Klinik 1910, Nr. 36.
[2]) Siehe u. a. Görl, Münch. Med. Wochenschr. 1912, Nr. 3. — R. Müller, Deutsch. Med. Wochenschr. 1912, Nr. 12. — F. Schmid, Therapie der Gegenwart 1912, Heft 6.

ohne jede Ätz- oder Reizwirkung vertragen wird und daß sie damit nicht nur zur Desinfektion und Reinigung der Hände vor der Vornahme von Operationen, vor und nach gynäkologischen Untersuchungen (Hebammen) usw. geeignet erscheint, sondern überhaupt zur Desinfektion aller Körperteile oder Gegenstände, die mit ansteckenden Stoffen in Berührung gekommen sind (Sexualdesinfektion, Desinfektion ärztlicher Instrumente). In ihrer Anwendbarkeit und Bedeutung ähnlich ist die erst jüngst im Handel erschienene Providolseife (Providol-Gesellschaft Berlin), welche, nach dem oben genannten D. R. P. 246 880 der Farbenfabriken vorm. Friedr. Bayer & Co. hergestellt, 1% Dioxyquecksilberphenolnatrium enthält. Im Gegensatz zur Afridolseife, die in praxi fast ausschließlich arzneiliche Anwendung findet, soll die Providolseife zur Beseitigung und Verhütung all der Schäden dienen, welche in das Gebiet der Kosmetik fallen, sowie als Prophylakticum bei Ansteckungsgefahr verwendet werden.

Wenn die Giftigkeit von Präparaten, welche für die Herstellung antiseptischer Seifen verwandt werden, auch weniger große Bedeutung als sonst gewöhnlich besitzt, weil schon der Seifenkörper an sich, innerlich genommen, Giftwirkung entfaltet, so soll an dieser Stelle doch einiges über die Toxizität dieser letztbesprochenen Substanzen gesagt werden. Denn es wird überraschen, daß dieselben keineswegs die hohe Giftigkeit besitzen, die das Sublimat und viele andere Quecksilberverbindungen aufweisen, deren Allgemeinanwendung hierdurch vielfach perhorresziert und erschwert ist. Fast ausnahmslos ist die Giftigkeit der Alkalisalze mercurierter Carbonsäuren und Phenole um ein Vielfaches geringer, als die der ionisierten Quecksilbersalze, das Afridol vermag z. B. erst in 20—25facher Menge der toxischen Sublimatdosis die gleichen Schädigungen wie dieses herbeizuführen[1]), und es ist durchaus möglich, durch Berücksichtigung und Kombination gewisser Gesetzmäßigkeiten auf synthetischem Wege schließlich zu Verbindungen zu gelangen, welche trotz nochmals erhöhter Desinfektionswirkung eine weiterhin um ein Mehrfaches verringerte Giftigkeit besitzen. Ob solche Verbindungen allerdings dann auch vom ökonomischen Standpunkt aus das Sublimat ersetzen und zur Herstellung hochwirksamer Quecksilberseifen dienen können, muß die Zukunft ergeben, die auf diesem so schwierigen Gebiete praktische Erfolge überhaupt nur dann erbringen kann, wenn die jeweiligen Ergebnisse systematischer Forschung einer nach jeder Richtung hin bewußten Auswahl unterworfen werden.

Medikamentöse Seifen geringerer Bedeutung.

Im Folgenden sollen nunmehr in loser Aufeinanderfolge die medikamentösen Seifen kurz behandelt werden, die bisher nicht erwähnt worden sind, denen aber doch — vielfach allerdings nur dem äußeren Anschein nach — eine gewisse Bedeutung zukommen dürfte. Die

---

[1]) F. Müller, W. Schoeller, W. Schrauth, Zur Pharmakologie organischer Quecksilberverbindungen. Biochem. Zeitschr. 33, S. 399. 1911.

Industrie hat ja leider oft wahllos jedwedes Medikament dem Seifenkörper zu inkorporieren versucht und ohne Rücksicht auf etwaige Zersetzung der einverleibten Heilstoffe diese Seifen auf den Markt gebracht, wenn sie sich ihrem Aussehen nach als einigermaßen verkaufsfähig erwiesen. Die Zahl solcher weniger wertvollen, vielfach aber auch völlig wertlosen Erzeugnisse ist dementsprechend eine sehr große, und es können daher hier nur diejenigen Produkte besprochen werden, denen man heute noch häufiger im Handel begegnet. Die Kritik muß dabei eine strenge sein, soll Wert und Unwert richtig erkannt werden.

Unter den für antiseptische Zwecke benutzten Metallverbindungen besitzen neben den Quecksilberderivaten vornehmlich die Silbersalze eine gewisse Bedeutung, indem einige von ihnen der Desinfektionskraft des Sublimats ziemlich nahe kommen und diesem sogar von einzelnen Chirurgen vorgezogen werden. So ist es denn auch nicht verwunderlich, daß Versuche zur Darstellung von Silberseifen unternommen worden sind, die beispielsweise ammoniakalisch gelöstes Silberoxyd $(AgNH_3)OH$ oder das komplexe Silberkaliumcyanid $Ag(CN)_2K$ enthielten, zwei Verbindungen, denen nach den Angaben Buzzis[1]) als Desinfektionsmittel für spezielle Zwecke eine große Bedeutung zukommen soll. Selbstverständlicherweise sind aber bei der Herstellung solcher Silberseifen ebenfalls die Gesetze maßgebend, welche bei Besprechung der Quecksilberseifen dargelegt worden sind und welche ganz allgemein für Seifen mit Zusätzen von Schwermetallsalzen Geltung haben, indem nämlich all die Silberverbindungen, welche das Metall als Ion oder nur locker, durch Schwefelammonium nachweisbar, gebunden enthalten, im Seifenkörper zu metallischem Silber reduziert werden und so ihre Desinfektionskraft verlieren müssen. Da nun bis heutigen Tages Silberverbindungen mit gegen Schwefelammonium stabilem Silber nicht bekannt sind, und da sich über die Desinfektionskraft solcher eventuell herstellbaren Präparate nichts voraussagen läßt, erübrigen sich hier weitere Ausführungen.

Von anderen Metallverbindungen werden für die Seifenfabrikation verwandt das Zinkoxyd, das im übrigen schon in ganz geringem Prozentsatz ein vorzügliches Härtematerial für weiche Seifen darstellt, oder die Salze des Aluminiums und zwar vornehmlich das Aluminiumacetat, die essigsaure Tonerde (Lenicet). Aus den obigen Ausführungen ergibt sich jedoch schon von selbst, daß die Fabrikation solcher Seifen für antiseptische oder medikamentöse Anwendung zwecklos ist, da die genannten Verbindungen im Seifenkörper bzw. bei gleichzeitiger Anwesenheit von Seife nicht als solche erhalten bleiben und ihre adstringierenden und antiseptischen Eigenschaften auf diese Weise einbüßen.

Auch den nach den D. R. P. 148 794 und 148 795 unter Verwendung von Phenolen bzw. Teer- oder Petroleumkohlenwasserstoffen als Lösungsmittel dargestellten Metallseifenlösungen dürften den verwandten Metallen entsprechende, spezifische Wirkungen kaum zukom-

---

[1]) l. c.

men, da die Metallseifen auch in diesen Lösungen in nicht ionisiertem Zustand enthalten sind, eine molekulare Desinfektionswirkung aber nicht entfalten können. Von einigem Werte — allerdings nur für die innere Medikation — sind jedoch die Eisenseifen, d. h. die Eisensalze der höheren Fettsäuren und Jodfettsäuren (Eisensajodin), die vornehmlich in Lebertran gelöst therapeutische Verwendung finden[1]).

Nach dem D. R. P. 228 139 werden anorganische Kolloide wie Quecksilber, Quecksilberoxyd, Silber, Präcipitat und Zinkoxyd enthaltende Seifen dadurch hergestellt, daß man geschmolzene Kali- oder Natronseifen oder ihre konzentrierten Lösungen mit löslichen Metallsalzen und den äquivalenten Mengen solcher Verbindungen versetzt, welche geeignet sind, die benutzten Metallsalze in gewünschter Weise umzusetzen. Die so hergestellten Seifen, welche die durch die vollzogene Reaktion entstandenen Stoffe als anorganische Hydrosole in Form einer Adsorptionsverbindung mit Seife enthalten, werden alsdann durch Digerieren mit wenig Wasser oder durch Dialysieren von den bei der Reaktion gebildeten löslichen Salzen und überschüssigen Reagentien befreit und schließlich durch Eindampfen zur gewünschten Konsistenz gebracht. Sie lösen sich in Wasser kolloidal, was daran zu erkennen ist, daß ihre Lösungen im auffallenden Licht milchig getrübt, im durchfallenden Licht jedoch klar erscheinen. Ob ihnen jedoch gegenüber den gebräuchlichen Seifen mit nicht kolloidalen Zusätzen besondere Vorzüge innewohnen und ob sie überhaupt therapeutisch oder desinfektorisch wertvolle Eigenschaften besitzen, dürfte bis heute kaum erwiesen sein.

Der Originalität halber sei hier auch noch eine nach dem Englischen Patent 11 953 hergestellte, angeblich bei Harnsäureerkrankungen (Gicht) wirksame Seife angeführt. Man erhält dieselbe durch Ersatz des sonst gewöhnlich verwendeten Seifenalkalis durch Lithiumverbindungen oder durch Eintragen von Lithiumchlorid oder Lithiumsalicylat in gewöhnliche Seife.

Unter den anorganischen Stoffen kommt weiter neben dem elementaren Chlor, das bei der groben Desinfektion seiner äußerst energischen Wirkung halber in Form des Chlorkalkes vielfache Verwendung findet, unter den Halogenen dem Jod und seinen Verbindungen eine größere Bedeutung zu, obwohl es als Element sowohl wie in seinen Verbindungen bedeutend weniger wirksam ist als die übrigen Elemente dieser Klasse[2]). Für antiseptische Zwecke verwandt werden hauptsächlich einige seiner organischen Verbindungen, unter denen das Jodoform CHJ_3, ein gelbes, in Wasser beinahe unlösliches, in Äther und fetten Ölen aber leicht lösliches Krystallpulver von charakteristischem, durchdringendem Geruch in der Chirurgie als Trockenantisepticum die vorzüglichsten Dienste leistet. Seine die Wundheilung befördernden und die Granu-

---

[1]) Näheres über die Herstellung solcher Eisenseifen s. Arch. d. Pharm. 248, S. 520.
[2]) Vgl. z. B. Geppert, Berl. Klin. Wochenschr. 1890. — Paul und Krönig, Zeitschr. f. Hygiene u. Infektionskrankh. 1897, Bd. 25.

lation anregenden Wirkungen haben ihm für die Medizin eine weitgehende Bedeutung verschafft. Es ist jedoch zu beachten, daß diese Desinfektionswirkung nicht der Substanz als solcher zukommt — im Reagensglas wirkt das Jodoform nur äußerst wenig bactericid —, daß sich diese Wirkung vielmehr erst in der Wunde selbst entfaltet, wenn das Jodoform also mit Geweben oder Gewebssäften in Berührung gelangt. Es findet alsdann eine Abspaltung von Jod und anschließend die Bildung der erst eigentlich wirksamen jodhaltigen Substanz statt, so daß die Jodoformwirkung also keineswegs eine primäre ist, sondern als die Folgeerscheinung einer Reihe unter Mitwirkung des Organismus stattfindender chemischer Reaktionen aufgefaßt werden muß. Das Gleiche gilt natürlich von den vielen meist geruchlosen Jodoformersatzmitteln, jodierten aromatischen Verbindungen, deren Wirksamkeit oder Unwirksamkeit aber in hohem Maße abhängig ist von der Art und Weise, in der das Jod an den organischen Rest gebunden ist. Wie schon mehrfach erwähnt, besitzen nämlich die im Kern durch Halogen substituierten Benzolderivate fast unabhängig von der Art des eingetretenen Halogens lediglich eine erheblich stärkere Desinfektionswirkung als die unsubstituierten Verbindungen. Als Jodoformersatzmittel sind sie aber nicht verwendbar, da sie unter dem Einfluß von Gewebssäften freies Jod nicht abspalten können.

Neben den besprochenen Jodverbindungen findet auch das freie Jod in der Dermatotherapie vielfache Anwendung und zwar wird es meist benutzt in Form einer 10proz. Weingeistlösung (Tinctura jodi) oder zu 1% mit Jodkalium in Wasser gelöst (Lugolsche Lösung). Es leistet so in seiner Eigenschaft als Hautreizmittel vorzügliche Dienste bei der Beseitigung von Drüsenschwellungen, entzündlichen Tumoren und Gelenkentzündungen, indem es die Resorption erkrankter Gewebe und pathogener Stoffe anregt.

Aus diesen Darlegungen ergibt sich nun von vornherein, daß medikamentöse Seifen, denen Jod oder die erwähnten Jodverbindungen inkorporiert sind, für antiseptische Waschungen nicht in Betracht kommen können und daß weiter die Herstellung von Jodoform- und Jodoformersatzmittelseifen völlig zwecklos ist, da der Hauptvorteil dieser Jodderivate in ihrer Eigenschaft als Trockenantiseptica begründet ist. Den Nachteilen einer ungenauen Verteilung des Jodoforms auf Geschwüren und Wunden mag die Anwendung von in weiche Jodoformseife eingetauchten Gazelappen usw. vielleicht abhelfen, aber es ist dabei zu bedenken, daß die Aufhebung dieses Nachteils bezahlt wird mit der Vernichtung des Desinfektionseffektes, da freies Jod, das bei der Jodoformwirkung als Zwischenglied entstehen muß, im Seifenkörper nicht haltbar ist.

Aus diesem Grunde sind auch die noch heute vielfach fabrizierten Jodseifen, die meist mit Hilfe einer der oben erwähnten Jodlösungen dargestellt werden, vom chemischen Standpunkt aus durchaus zu verwerfen, und therapeutische Erfolge, die unter Umständen mit ihnen erzielt werden, sind jedenfalls nicht als eine „Jodwirkung" aufzufassen.

Durch den Einfluß des Jods erfahren diese Seifen nämlich einerseits unter Abscheidung von Fettsäure eine Zersetzung, indem sich aus dem freien Jod und dem hydrolysierten Alkali neben Jodalkalien Salze der unterjodigen Säure bilden, die dann ihrerseits leicht in Jodate übergehen entsprechend den Gleichungen:

$$2\,NaOH + 2\,J = JONa + NaJ + H_2O$$
$$3\,JONa = JO_3Na + 2\,NaJ.$$

Andrerseits kann das Jod aber auch von den an und für sich in jeder Seife, in mit flüssigen oder weichen Fetten (Olivenöl) oder Fettsäuren überfetteten Seifen aber besonders reichlich vorhandenen ungesättigten Fettkörpern gebunden werden, eine Tatsache, die bekanntlich in der Fettanalyse von weitgehender praktischer Bedeutung ist (Hüblsche Jodzahl).

Der entsprechend der Konsistenz des Seifenkörpers mehr oder weniger schnelle Verlauf solcher Zersetzung ist leicht zu verfolgen an der Veränderung des braunen Farbtons der frisch fabrizierten Seife, der spätestens nach wenigen Tagen in ein lichtes Wachsgelb umgeschlagen ist.

Weiche Jodkaliumseifen, die vielfach mit gutem Erfolge als Ersatz für das Unguentum Kalii jodati benutzt werden, sind dagegen wohl haltbar, sie werden empfohlen, weil die Seifenform die Resorption des Jodkaliums begünstigen soll. Es wäre aber durchaus zu wünschen, daß auch diese Seifen fernerhin nicht mehr unter dem irreführenden Namen „Jodseifen" geführt würden.

Auch lösliche Fluoride enthaltende Seifen sind, um auch diese Halogen enthaltenden Seifen zu erwähnen, dem D. R. P. 256 886 zufolge hergestellt worden, indem die Fluoride in Form eines Reaktionsgemisches aus Silicofluorid und Alkali der Seife vor, während oder nach dem Verseifungsprozeß zugesetzt werden. Dieses Reaktionsgemisch enthält das desinfektorisch recht wirksame Alkalifluorid, daneben aber auch die Alkalisalze der Kieselsäure (Wasserglas), die jedoch lediglich als Füllmittel dienen dürften und deren Bildung bei Verwendung reinen Alkalifluorids ohne weiteres vermieden würde. Der bei der Herstellung des Reaktionsgemisches obwaltende Vorgang läßt sich ebenso wie die Mengenverhältnisse der anzuwendenden Reagenzien aus der folgenden Reaktionsgleichung ersehen:

$$3\,SiF_4 + 18\,NaOH = 12\,NaF + 3\,Na_2SiO_3 + 9\,H_2O.$$

Von aromatischen Substanzen sind neben den früher besprochenen Phenolen, Carbonsäuren usw. noch einige hervorzuheben, die größtenteils eine gewisse Desinfektionskraft besitzen, aber meist nicht dieser antiseptischen Wirkung, sondern ihres starken Reduktionsvermögens halber dem Arzneischatz einverleibt sind. Die Tatsache nämlich, daß das Ararobapulver bei der Behandlung der Psoriasis Heilwirkung entfaltet, hat die Anwendung einer großen Reihe reduzierend (sauerstoffentziehend) wirkender Arzneimittel in der Dermatotherapie zur Folge gehabt, deren Wert die Praxis heute in weitestem Umfange anerkannt hat.

Das Ararobapulver besteht größtenteils aus einer Chrysarobin[1]) genannten Substanz, welche besonders leicht bei Gegenwart von Alkalien aus seiner Umgebung Sauerstoff aufnimmt und sich hierbei vornehmlich in Chrysophansäure, ein Dioxymethylanthrachinon, verwandelt.

Chrysarobin   Chrysophansäure

Neben dem Ararobapulver bzw. dem reinen Chrysarobin, das seiner antiparasitären Eigenschaften wegen auch als Teerersatzmittel bei der Behandlung von Pilzkrankheiten verwandt wird, finden bei der Behandlung der Psoriasis ausgebreitete Verwendung insbesondere das Pyrogallol und dann das Resorcin, dessen spezifische Heilwirkung hier allerdings nicht ganz sicher steht und dessen schwach ätzende, entzündungswidrige Eigenschaften für die Dermatotherapie wertvoller sein dürften als seine reduzierenden Wirkungen.

Pyrogallol   Resorcin

Obwohl es nun a priori klar sein sollte, daß reduzierend wirkende Agenzien im Seifenkörper nicht haltbar sein können und durch Oxydation einer Zersetzung anheim fallen müssen, sind Chrysarobin-, Pyrogallol- und Resorcinseifen allenthalben im Handel erhältlich und zwar in jeglicher Zusammensetzung und Konsistenz. Kurze Zeit nach ihrer Herstellung zeigt denn auch eine mehr oder weniger charakteristische Verfärbung dieser Seifen[2]) die stattgehabte Zersetzung an, die zudem auch durch ein Weichwerden des Seifenkörpers in Erscheinung treten kann.

Für die Komposition dieser Seifen war vornehmlich die Tatsache maßgebend gewesen, daß durch die Anwendung von Seife die Entfernung der Hautschuppen, die durch eine Überproduktion und lebhafte Abstoßung nur locker zusammenhängender Zellschichten entstanden sind, befördert und damit die Wirkung der applizierten Heilmittel wesentlich unterstützt wird. Es ist daher nicht wunderbar, daß auch die reizloseren, weniger giftigen (Pyrogallol ist ein heftiges Blutgift) und vielfach weniger zersetzlichen, trotzdem aber noch energisch wirksamen Acetate der genannten Verbindungen (Lenirobin = Tetraacetat des Chrysarobin, Eurobin = Triacetat des Chrysarobin, Lenigallol = Triacetat des Pyrogallol, Eugallol = Monoacetat des Pyrogallol, Euresol

---

[1]) Hesse, Liebigs Annalen 309, S. 73.
[2]) Resorcinseifen werden dunkel braunrot.

= Monoacetat des Resorcin) hier und da für die Seifenfabrikation verwandt worden sind, eine Maßnahme, die aber doch als zwecklos gelten muß, da diese Acetate unter dem Einfluß des Seifenalkalis einer allmählichen Verseifung anheimfallen.

Ausgehend von der Annahme, daß bei der Behandlung der Psoriasis nicht nur der stattfindende Reduktionsprozeß auf der Haut als solcher, sondern auch das während desselben oxydierte Heilmittel von therapeutischer Wirkung sein kann, hat Unna die Verwendung des oxydierten Pyrogallols, des Pyraloxins, empfohlen, das man aus ersterem durch Einwirkung von atmosphärischer Luft und Ammoniak erhält. Bei gleicher Heilwirkung läßt dies Oxydationsprodukt die Nachteile der Muttersubstanz vermissen und ist zudem im Seifenkörper wohl haltbar. Allerdings läßt sich leider das Ergebnis dieser Studien nicht verallgemeinern, da beispielsweise das Oxydationsprodukt des Chrysarobins, die Chrysophansäure, die Grundwirkungen des Chrysarobins nicht mehr besitzt.

Die aus Rhabarber extrahierbare Chrysophansäure findet aber trotzdem bei der Fabrikation medikamentöser Seifen Verwendung, da ihr bei leichten Pilzerkrankungen der Haut ein milder antiparasitärer und entzündungswidriger Effekt zukommen soll. Ob für diese sogenannten Rhabarber- oder Rhabarberextrakt-Seifen aber ein wirkliches Bedürfnis vorliegt, mag dahingestellt bleiben, da eine ganze Anzahl milder, chemisch einheitlicher Desinfizientien für die Seifenfabrikation zur Verfügung steht.

Kurz erwähnt werden sollen hier auch die mehrfach empfohlenen Hydroxylaminseifen, die als wirksames Agens das als Chrysarobinersatz von Binz empfohlene salzsaure Hydroxylamin $NH_2(OH) \cdot HCl$ enthalten.[1]) Auch diese Verbindung erleidet aber im Seifenkörper eine allmähliche Zersetzung, indem sie größtenteils zu gasförmigem Stickoxydul N_2O oxydiert wird entsprechend der Gleichung:

$$2\ NH_2\ OH + 2\ O = N_2O + 3\ H_2O.$$[2])

Bei Besprechung der aromatischen Desinfizientien dürfen die Antiseptica der Chinolinreihe nicht übergangen werden. Zu ihnen gehört vor allem das in geeigneten Lösungsmitteln stark wirksame Chinolin (C_9H_7N) selbst und die in Wasser leicht löslichen Salze des Oxychinolins, unter denen das durch Einwirkung von Kaliumpyrosulfat erhaltene Chinosol (D.R.P. 88520, Fritzsche & Co., Hamburg) das bekannteste ist.[3]) Dies letztere ist auf Grund seiner nicht unbedeutenden Desinfektionskraft, seiner geringen Giftigkeit und seines im Vergleich mit anderen aromatischen Antisepticis nur schwachen, safranähnlichen Geruches halber vielfach für die Fabrikation desinfizierender Seifen

---

[1]) Virchows Arch. Bd. 113.
[2]) Siehe hierzu auch F. Buzzi, Dermatologische Studien 2. Reihe, 6. Heft, S. 488.
[3]) Nach Untersuchungen von Brahm (Hoppe-Seylers Zeitschr. f. physiol. Chemie 28, S. 448) ist Chinosol ein Gemenge von o-Oxychinolinsulfat mit Kaliumsulfat.

benutzt worden, es ist dabei jedoch zu beachten, daß solche Chinosolseifen nicht wirksam sind, indem ganz allgemein alkalisch reagierende Agenzien wie Alkalihydrate, Carbonate, Acetate, fettsaure Alkalisalze usw. aus Chinosollösungen das darin gelöst enthaltene, an sich unlösliche und daher desinfektorisch unwirksame Oxychinolin in weißen Flocken ausfällen.

Als Antiscabiosa haben sich aus der Reihe der aromatischen Substanzen besonders Storax und Perubalsam seit langer Zeit in der Dermatotherapie bewährt, zwei harzigölige, aromatisch riechende Substanzen, von denen die erstere durch Auskochen und Auspressen der Rinde des in Kleinasien und Syrien heimischen Storaxbaumes, die zweite als pathologisches Sekret der verletzten Rinde von Myroxylon Pereirae gewonnen wird. In ihrer chemischen Zusammensetzung zeigen beide eine gewisse Übereinstimmung. Der Perubalsam stellt ein Gemisch aus etwa 60% Perubalsamöl (Cinnamein), 20% Harzen und 20% freien Säuren (Benzoesäure und Zimtsäure) dar, während der Storax neben den genannten Bestandteilen auch ätherische Öle aufweist. Wie E. Erdmann[1]) und H. Thoms[2]) übereinstimmend nachgewiesen haben, besteht das Perubalsamöl selbst aus 60 Teilen Benzoesäurebenzylester und etwa 40 Teilen Zimtsäurebenzylester, die beide milbentötende Eigenschaften besitzen und als die Träger der Balsamwirkung anzusehen sind. Der erstere, der seines billigeren Herstellungspreises wegen für die praktische Anwendung den Vorzug verdient, wird auch synthetisch hergestellt und unter dem Namen Peruscabin in den Handel gebracht (Aktiengesellschaft für Anilinfabrikation, Berlin), seine 25 proz. Lösung in Ricinusöl wird Peruol genannt. Im Gegensatz zum Perubalsam selbst ist das Peruscabin bzw. das Peruol farblos, geruchlos, und von stets konstanter Zusammensetzung.

Es ist selbstverständlich, daß der Perubalsam sowohl wie das Peruscabin (Peruol) als saubere und zugleich milde, relativ ungiftige Antiscabiosa auch für die Fabrikation von Krätzeseifen herangezogen worden sind, zumal beide Präparate in neutralen Grundseifen längere Zeit wohl haltbar sind. Bei der Verwendung dieser Seifen, die auch unter den Namen Keramin- (Töpfer, Leipzig) und Peruolseife (Aktiengesellschaft für Anilinfabrikation) bekannt geworden sind, ist jedoch zu bedenken, daß sie infolge ihres geringen Medikamentgehaltes in ihrer Heilkraft den sonst empfohlenen hochprozentigen Öl- oder Ätherlösungen, Emulsionen usw. nachstehen müssen, und daß einfache Waschungen mit diesen Präparaten antiscabiös kaum wirken können, da reiner Perubalsam immerhin 20—90 Min., Peruol 30—60 Min. benötigt, um den Milbengängen entnommene Krätzemilben abzutöten[3]).

---

[1]) E. Erdmann, Über den therapeutisch wirksamen Bestandteil des Perubalsams und seine synthetische Herstellung. Zeitschr. f. angew. Chemie 1900, Heft 39.
[2]) H. Thoms, Arch. f. Pharmazie 237, S. 271.
[3]) R. Sachs, Beitrag zur Behandlung der Scabies. Deutsch. Med. Wochenschr. 1900, Nr. 39.

Diese Seifen dienen daher lediglich zur Nachbehandlung nach einer Kur und ev. zur Verhütung scabiöser Ansteckung. Seife mit einem Zusatz von verseiftem Perubalsam herzustellen, wie es Buzzi empfiehlt, muß als zwecklos angesehen werden, da nur den oben genannten unverseiften Esterpräparaten die antiscabiöse Wirkung zukommt.

Von weiteren Naturprodukten sind auch vegetabilische Rohdrogen für die Herstellung medikamentöser Seifen verwandt worden, und zwar in fein gepulverter Form, oder indem man aus den Drogen spirituöse oder wäßrige Extrakte herstellte und diese dem fertigen Seifenkörper einverleibte.

Vornehmlich ist hier die zuerst von P. Taenzer[1]) warm empfohlene Nicotianaseife (Wilhaldi Apotheke, C. Mentzel, Bremen), eine mit 5% Tabaksextrakt (= 0,35% Nicotin) imprägnierte, schwach parfümierte, überfettete Stückseife von dunkelbrauner Farbe zu nennen, die sich als sauberes Antiscabiosum vorzüglich bewährt hat. Die Tabakslauge spielt nämlich bei der Bekämpfung der Schafräude in Argentinien eine große und wirksame Rolle und aus Deutschland werden jährlich ungeheure Mengen derselben dorthin exportiert, so daß der Gedanke nahe lag, die Wirkung der Lauge auch bei menschlichen, parasitären Hautaffektionen nutzbar zu machen. Das in Form von Salben und Seifen zur Verwendung gelangende Extrakt wird meist in der Weise gewonnen, daß man die trockenen, zerkleinerten Tabaksblätter, -stengel und -abfälle mit der etwa dreifachen Menge 50proz. Alkohols auszieht und den gewonnenen Auszug auf dem Wasserbade oder besser im Vakuum zur Extraktkonsistenz eindickt.

Einige Seifen allerdings ganz geringer Bedeutung sollen hier nicht übergangen werden, weil sie hier und da doch ihre Anhänger gefunden haben. Auf Grund der antimykotischen Kraft des Chinins, das besonders bei Pityriasis versicolor spezifische Wirkung besitzen soll, hat man auch dies Alkaloid der Seife inkorporiert. Ferner hat man adstringierende Stoffe, wie z. B. Tannin, bzw. Natriumtannat dem Seifenkörper beigemischt, es ist jedoch weder über die Haltbarkeit noch über die Wirkung all dieser Seifen etwas Sicheres bekannt geworden.

Auch die Heilwirkungen des Radiums bzw. der Radiumemanation glaubt man der Medizin in Form radioaktiver Seifen nutzbar machen zu können, die durch Vermischen des Seifenkörpers mit radioaktiven Stoffen wie Uran- und Thoriumsalzen bzw. -mineralien gewonnen werden. Neben den Wirkungen, die die Emanation bei Rheumatismus und besonders auch bei Gicht, ferner bei Lupus und ähnlichen Hautkrankheiten besitzt, soll ihr auch eine geringe bactericide Wirkung zukommen[2]), doch dürfte es bis heute durchaus zweifelhaft sein, ob diesen Seifenpräparaten, die das wirksame Prinzip in Anbetracht seiner

---

[1]) P. Taenzer, Über Nicotianaseife. Monatshefte f. praktische Dermatologie 1895, Bd. 21. Deutsch. Med. Zeitg. 1897, Nr. 24.

[2]) H. Jansen, Untersuchungen über die bakterientötende Wirkung von Radiumemanation. (Overs o. d. Kgl. Danske Vidensk. Selsk. Forhandl. 1910, S. 295. Chem. Zentralbl. 1910, Bd. 2, S. 1076.)

Kostbarkeit jedenfalls nur in verschwindend kleiner Menge und daher in äußerst schwacher Konzentration enthalten können, irgendein Wert innewohnt.

Von einigen Seiten ist analog der internen Hefetherapie bei einer Reihe von Hautleiden (Acne, Follikulitiden und kleinen Furunkelbildungen) auch die äußerliche Anwendung der Hefe empfohlen worden, und dementsprechend sind einige meist überfettete Seifenpräparate im Handel, denen abgetötete und entwässerte, reine Bierhefe inkorporiert ist.

Wie Dreuw[1]) festgestellt hat, besitzt nämlich die Hefe ebenso wie eine Anzahl von Schimmelpilzen die Fähigkeit, andere Mikroorganismen in ihrem Wachstum zu hemmen und teilweise abzutöten. Es lag daher der Gedanke nahe, die bei Dermatosen auf der Haut wuchernden Parasiten dadurch in ihrer Entwicklung zu behindern, daß man sie in innigen Kontakt mit Hefezellen brachte. Die diesbezüglichen Untersuchungen haben der vorhandenen Literatur[2]) zufolge jedoch erst ein greifbares Resultat ergeben, nachdem die Protoplasma- und Kernbestandteile der Hefe in getrockneter und pulverisierter Form zur Anwendung kamen. Die unter Zusatz eines solchen Puders hergestellten Seifen, die als Fermentin- oder Zyminseifen bezeichnet werden, sollen besonders reizlos sein und leicht antiseptische und reduzierende Wirkung besitzen.

Auch juckstillende Mittel wie Anästhesin (Äthylester der p-Amidobenzoesäure), Bromokoll (Dibromtanninleim), Euguform (Acetylmethylendiguajacol) und Mesotan (Methoxymethylester der Salicylsäure) hat man in Form meist weicher Salbenseifen in Anwendung zu bringen versucht, in dieser Form bewährt hat sich jedoch lediglich das Bromokoll, das von den genannten Mitteln allein gegen Seifenalkali beständig und auch in alkalischer Lösung äußerst wirksam ist.

Unter den medikamentösen Seifen bilden eine Klasse für sich diejenigen, welche mit einem Zusatz von Salzen natürlicher Heilquellen hergestellt sind. Es sei hier nur kurz erinnert an die Krankenheiler Jod-Sodaseife, die Aachener Thermalseife und an die Produkte, welche Kreuznacher, Nenndorfer und Wiesbadener Quellsalze enthalten. Allerdings dürften diese Seifen vor solchen mit künstlich hergestellten Salzgemischen Vorteile kaum aufweisen, zumal sie meist noch einen Zusatz der betreffenden Chemikalien selbst erfahren. Es dürfte ihnen aber immerhin eine gewisse suggestive Wirkung des mehr oder weniger berühmten Namens der betreffenden Heilquelle zukommen, die in vielen Fällen durch eine augenfällige Reklame wesentlich unterstützt wird.

In diesem Zusammenhang sollen kurz auch die unter die Rubrik der Geheimmittel fallenden „Medizinalseifen" erwähnt werden, unter denen meist nicht der Fabrikant, in desto höherem Maße aber der

---

[1]) Dreuw, Monatshefte f. prakt. Dermatol. 1904, S. 341. — Derselbe, Deutsch. Med. Wochenschr. 1904, Nr. 27.
[2]) Dreuw, Monatshefte f. prakt. Dermatol. 52, Heft 7. 1910.

Konsument zu leiden hat und die, wie Unna sagt, ,,mit jener ebenso lächerlichen als bedauerlichen Reklame in die Welt gesetzt werden, um gleich beim Erscheinen als ein Novum den Markt zu beherrschen, weil sie alsbald einem anderen, neuesten Hautmittel das Feld zu räumen haben". Es ist ja zu erhoffen, daß früher oder später auf gesetzlichem Wege dem großen Unfug der unwahren Danksagungen und Anerkennungsschreiben, sowie der Angabe und Verbreitung nicht zutreffender Analysen Einhalt geboten werden wird, doch wäre es schon heute wünschenswert, daß der Arzt sowohl wie der Apotheker und der ernst denkende Fabrikant durch mündliche oder öffentliche Aufklärung ein allzu leichtgläubiges Publikum vor einer Schädigung bewahren möchte, die leicht auch die medikamentösen Seifen in ihrer Gesamtheit zu diskreditieren imstande ist.

Zum Schluß seien endlich auch noch die mechanisch wirkenden Seifen kurz erwähnt, obwohl sie an sich als medikamentöse Seifen kaum angesprochen werden dürften. Als wirksames Prinzip enthalten sie pulverförmige, rauhe Substanzen, die die epidermislösende und reinigende Kraft der Seife selbst in recht energischer Weise mechanisch unterstützen. Als solche Zusätze werden, abgesehen von fein gepulvertem Holz, meist verwandt gemahlener Bimsstein, feiner Seesand und insonderheit Marmorstaub von möglichst gleichmäßiger Körnung (0,4 bis 0,6 mm, Siebmasche $\frac{16}{16}$ bis $\frac{25}{25}$ auf 1 ccm). Derselbe besitzt ein hohes Poliervermögen und wirkt dabei milder als alle übrigen Zusätze. Die Seifen werden meist als feste Stückseifen oder mit etwas höherem Wassergehalt in halbweicher Form in Dosenpackung gehandelt. Die ersteren sind wohl fast ausnahmslos Cocosseifen, denen vor, während oder kurz nach der Verseifung das Frottiermittel untermischt worden ist, die letzteren werden hergestellt, indem eine reine Grundseife mit etwa dem doppelten Gewicht an Wasser auf dem Wasserbade in Lösung gebracht und sodann mit der 7—8fachen Menge des bei 100 bis 200° sterilisierten Frottiermittels untermischt wird. Die ganze Masse, die in der Wärme Sirup-, höchstens Honigkonsistenz zeigen soll, erstarrt beim Abkühlen zu einer halbfesten Creme. Daß besonders die letztgenannten Präparate auch antiseptisch wirksame Zusätze erhalten können, und daß ihr Wassergehalt ganz oder teilweise durch Alkohol ersetzt werden kann, wie das beispielsweise in der von der Aktiengesellschaft für Anilinfabrikation herausgebrachten Bolusseife ,,Liermann" geschehen ist, mag als selbstverständlich gelten. Die letztgenannte Seife ist ein Präparat von ,,festweicher" Konsistenz, das an Stelle des Wassergehaltes flüssiger Seifen 60% auf das feinste gemahlene und absolut keimfrei sterilisierte Tonerde — Bolus alba — enthält. Die letztere besitzt ähnlich wie die obengenannten Substanzen die Fähigkeit, durch capillare Attraktion Flüssigkeiten anzusaugen und diese erst bei feinster flächenhafter Verteilung wieder abzugeben. Sie dient daher den übrigen Bestandteilen der Bolusseife, einer Elainkaliseife, Alkohol und Glycerin, als Vehikel. Es mag jedoch dahingestellt sein, ob derartige Seifen wirklich eine vollständige Hautdesinfektion gewährleisten.

Die Parfümierung medikamentöser Seifen. Die Bedeutung ätherischer Öle für die Herstellung desinfizierender Seifenpräparate.

„Eine wirkliche medizinische Seife soll nach der Apotheke und nicht nach dem Friseurladen riechen, so daß Fabrikant und Patient daran erinnert werden, daß sie es mit einem ernsteren Gegenstande als einem Stück Toiletteseife zu tun haben."

Diese von Unna[1]) ausgesprochene, die Parfümierung medikamentöser Seifen verurteilende Ansicht hat vom Standpunkt des Arztes eo ipso mancherlei für sich. Trotzdem findet man aber, und zwar namentlich auf seiten der Fabrikanten, nicht wenige, die gerade im Gegenteil dazu eine Parfümierung auf das Wärmste befürworten, vielfach mit der Begründung, daß die für die Seifenfabrikation verwandten Riechstoffe und insonderheit die ätherischen Öle, abgesehen von ihrer rein ästhetischen Wirkung, Eigenschaften besitzen, die die Parfümierung auch medikamentöser Seifen durchaus rechtfertigen. Es erscheint daher wünschenswert, einmal festzustellen, ob erstens ein Zusatz aromatischer Stoffe zu medikamentösen Seifen vom chemischen Standpunkt aus zu befürworten ist und inwieweit zweitens die Riechstoffe selbst in Verbindung mit Seifen für medikamentöse bzw. antiseptische Anwendung in Betracht kommen können. Von vornherein ist es dabei selbstverständlich, daß nur die im Seifenkörper dauernd haltbaren Riechstoffe, d. h. ätherische Öle und unter den sogenannten „künstlichen" vornehmlich das Terpineol Verwendung finden.

Für die Parfümierung medikamentöser Seifen, die als solche allerdings stets dem Belieben und dem Geschmack des einzelnen überlassen bleiben muß, ist zunächst naturgemäß der chemische Charakter des vorhandenen Medikamentes und des zu verwendenden Riechstoffes nicht ohne Bedeutung. Stark oxydierend oder reduzierend wirkende Arzneimittel werden auch die zugesetzten Aromatica in den wenigsten Fällen unbeeinflußt lassen, wohingegen solche Medikamente, die den zersetzenden Einflüssen des Seifenkörpers selbst standzuhalten vermögen, auch die etwa beigegebenen Riechstoffe nicht, oder doch nur selten tangieren werden. Auf alle Fälle ist es jedoch ratsam, vor der Beigabe eines Parfüms zu einer medikamentösen Seife im Reagensglase festzustellen, ob Medikament und Parfüm als solche nebeneinander beständig sind oder ob durch chemische Umsetzung Veränderungen beider eintreten können. Für die Parfümierung selbst gelten selbstverständlicherweise die für die Parfümierung von Toiletteseifen üblichen Vorschriften, insonderheit sollen feste Riechstoffe in Krystall- oder Pulverform ebenso wie Harze und Balsame vor ihrer Verwendung in wenig Alkohol oder besser in ätherischen Ölen wie Lavendel- oder Bergamottöl gelöst und so verarbeitet werden.

---

[1]). Siehe Unna, l. c.

Mehr als die Frage der Parfümierung selbst interessieren hier nun aber die Eigenschaften der Riechstoffe und ihre eigene Verwertbarkeit für die Herstellung medikamentöser bzw. antiseptischer Seifen; denn es unterliegt heute keinem Zweifel, daß vielen Riechstoffen und insonderheit einer Anzahl ätherischer Öle bis zu einem gewissen Grade antiseptische und keimtötende Wirkungen zukommen. Schon das frühe Altertum wußte sich die fäulniswidrigen Eigenschaften dieser empirisch gefundenen Desinfektionsmittel nutzbar zu machen, und die exakten Untersuchungen Robert Kochs[1]) u. a. haben in der Tat bewiesen, daß eine ganze Anzahl dieser Substanzen schon in hohen Verdünnungen jegliches Bakterienwachstum zu verhindern vermag.

Als ätherische Öle bezeichnet man bekanntlich Mischungen stark riechender Verbindungen meist pflanzlichen Ursprungs, die hauptsächlich aus den Terpenen, Kohlenwasserstoffen der Formel $C_{10}H_{16}$, den in geringeren Mengen vorhandenen Sesquiterpenen, Kohlenwasserstoffen der Formel $C_{15}H_{24}$, und den ihnen beiden nahestehenden Sauerstoffverbindungen (Alkohole, Aldehyde, Ketone, Säuren, Ester, Oxyde, Lactone, Phenoläther usw.) bestehen. Ihrem chemischen Charakter nach sind sie einerseits selbst äußerst beständige Substanzen, andererseits werden sie von Eiweißkörpern nicht gebunden, so daß ihre antiseptische Wirkung durch diese letzteren (Wundsekret, Gewebszellen) weniger beeinträchtigt wird, als diejenige solcher Desinfektionsmittel, deren Affinität durch die Anwesenheit von Eiweißkörpern von den Bakterien mehr oder weniger abgelenkt wird. Für ihre praktische Verwendbarkeit ist der Umstand wichtig, daß sie ebenso wie die meisten künstlichen Riechstoffe in flüssigen Seifen jeglicher Art und Zusammensetzung und besonders leicht in den vorn genannten Ricinusölseifen löslich sind.

Verglichen mit der Desinfektionskraft der vorbesprochenen, stark wirksamen Mittel ist die keimtötende Wirkung der meisten ätherischen Öle allerdings nur eine geringe. Nach Laubenheimer werden Staphylokokken abgetötet durch

1‰ Sublimat	in 30 Min.	1% Terpentinöl	in 5 Stunden
1% Thymol	„ 2 „	1% Eucalyptusöl	in 6 Stunden
1% Kresol (Lysol 2%)	„ 5 „	1% Sandelholzöl	noch nicht
1% Phenol	„ 90 „	1% Campher	in 7 St.

Andererseits ist aber auch eine Reihe ätherischer Öle bekannt, welche ganz ausgezeichnete Wirkung besitzen und einen Vergleich mit den oben genannten Desinfizientien nicht zu ihren Ungunsten gestatten. So gibt Laubenheimer an, daß Staphylokokken durch 1% Senföl ($SC:N \cdot C_3H_5$, hergestellt aus dem Samen des schwarzen Senfes durch Wasserdampfdestillation) in 6 Min. und durch Zimtöl (hauptsächlich aus Zimtaldehyd bestehend) in 20 Min. abgetötet werden. Als besonders stark wirksam (entwicklungshemmend) erwiesen sich nach den

---

[1]) Robert Koch, Antibakterielle Wirkung einfacher ätherischer Öle. Berl. Klin. Wochenschr. 1844, Nr. 31.

mit Milchbakterien (Schwefelbakterien) durchgeführten Versuchen Brünings[1]) und K. Koberts[2]) und zwar, soweit die gleichen Öle untersucht wurden, in erfreulicher Übereinstimmung mit den obengenannten Ergebnissen Laubenheimers das

Senföl	(1 : 2300)	Bittermandelöl	(1 : 190)
Zimtöl	(1 : 410)	Spicköl	(1 : 185)
Cassiaöl	(1 : 320)	Kirschlorbeeröl	(1 : 185)
Isoeugenol	(1 : 200)	Nelkenöl	(1 : 120)

während Terpentinöl, Eucalyptusöl und Sandelholzöl ebenfalls als nur „schwach" (1 : 10 bis 1 : 25) oder „sehr schwach" (unter 1 : 10) wirksam befunden wurden.

Aber nicht immer ist, wie man auf Grund der für das Senf- und Zimtöl gefundenen Daten annehmen könnte, die antiseptische Wirkung der ätherischen Öle mit derjenigen ihrer Hauptbestandteile identisch. So wirkt beispielsweise das Nelkenöl in einer Verdünnung von 1 : 120, das in ihm zu 80% enthaltene Eugenol aber erst bei 1 : 80 antiseptisch. Ein für die Wirkung aber meist wohl nicht in Betracht kommender Bestandteil scheinen jedoch die auch als Riechstoffe weniger wertvollen Terpene zu sein, indem die heute seitens der Parfümeure viel verwandten terpenfreien Öle als Antiseptica den terpenhaltigen mindestens gleichwertig sind. Die Terpene selbst wirken meist auffallend schwach. Eine Ausnahme bildet lediglich das Limonen (und damit die das Limonen enthaltenden Terpene des Lavendel- und Dillöls), das noch bei 1:60 wirksam ist, doch wurden terpenfreie ätherische Öle, die schwächer wirken als die entsprechenden terpenhaltigen nicht gefunden.

Auch von anderer Seite sind ähnlich systematische Versuche unternommen worden. So stellte z. B. Reidenbach[3]) fest, daß die Hefegärung unterbleibt durch

Ajowanöl (Thymen)	bei einer Verdünnung von			0,025%	(1 : 4000)[4])
Thymol	„	„	„	0,033%	(1 : 3000)
Rosenöl	„	„	„	0,06 %	(1 : 1600)
Geraniumöl	„	„	„	0,06 %	(1 : 1600)
Thymianöl	„	„	„	0,09 %	(1 : 1100)
Zimtöl	„	„	„	0,1 %	(1 : 1000)
Citronenöl	„	„	„	0,2 %	(1 : 500)

---

[1]) H. Brüning, Ätherische Öle und Bakterienwirkung in roher Kuhmilch. Zentralbl. f. inn. Medizin 27. Nr. 14. 1906.

[2]) K. Kobert, Systematische Versuche über die antiseptische Wirkung von ätherischen Ölen und Bestandteilen derselben. Berichte von Schimmel & Co. Oktober 1906, S. 155. — Derselbe, Über die antiseptische Wirkung terpenfreier und terpenhaltiger ätherischer Öle. Pharm. Post 40, S. 627. 1907.

[3]) Reidenbach, Die Faulbrut oder Bienenpest. 1905.

[4]) Das Ajowanöl stellt eine hellbraune, angenehm riechende Flüssigkeit von brennendem Geschmack dar und enthält neben einigen Terpenen (α-Pinen, Dipenten und γ-Terpinen) in der Hauptsache p-Cymol. (Berichte v. Schimmel & Co., Oktober 1909, S. 16.) Da es in Ostindien seit langem zu Heilzwecken verwandt wird, wäre

und Calvello empfahl auf Grund seiner Untersuchungen über die bakterientötende Kraft ätherischer Öle[1]) eine Emulsion von 9% Thymian- und 18% Geraniumöl als ausgezeichnetes Händedesinfektionsmittel, das die unangenehmen Nebenwirkungen der sonst gebräuchlichen Antiseptica vermissen lassen sollte.

Auch an anderer Stelle[2]) findet man die obigen Daten bestätigt. Als für Desinfektionszwecke fast gänzlich wertlos haben sich dort erwiesen das Lorbeeröl, Citronellöl, Rosmarinöl, Wacholderbeerenöl, Salbeiöl, Wintergrünöl, Bittermandelöl, Citronenöl, und Bergamottöl, die alle auch in hohen Konzentrationen Schimmelbildung bzw. Fäulnis nicht verhüten können.

Die erwähnte Literatur ist hier absichtlich so ausführlich unter Angabe exakter Daten besprochen worden, weil vielfach ganz willkürlich mit ätherischen Ölen versetzte Seifen für antiseptische Zwecke angeboten werden. Wie zu ersehen ist, besitzen nur einige wenige wirklich bedeutende Desinfektionskraft, so daß bei der Herstellung antiseptischer Seifen dieser Art für die Auswahl der Öle eine ganz besondere Vorsicht geboten erscheint. So ist neuerdings durch das D. R. P. 246123 eine desinfizierende Seife geschützt worden, welche als desinfizierenden Bestandteil mehr als 10% Fenchon — eine dem Campher isomere Verbindung — enthält, aber im Vergleich mit anderen Desinfizientien nur sehr schwach wirksam sein dürfte. Vor den gebräuchlichen Campherseifen soll sie den Vorzug größerer Wasserlöslichkeit und stärkerer bactericider Wirkung besitzen, da sich höchstens 10% Campher in Seife lösen lassen, dagegen über 70% Fenchon. Nach Versuchen des Patentinhabers tötet eine 40% Fenchonseife bei einer Verdünnung von 1 : 150 Bact. coli schneller ab als eine 1% wäßrige Carbolsäurelösung.

Durch das D. R. P. 254129 desselben Autors ist ferner die Herstellung einer desinfizierenden Seife geschützt, welche dadurch erhalten wird, daß die Einwirkungsprodukte von Säuren auf Terpentinöl und ähnliche pinenhaltige Öle (Bornyl- und Fenchylester) mit Seifen oder den Ausgangsmaterialien der Seifenfabrikation behandelt werden. Inwieweit die für das Herstellungsverfahren dieser Seife, deren Wirksamkeit lediglich auf das in ihr enthaltene, dem gewöhnlichen Japancampher sehr ähnliche Borneol (Borneocampher) zurückgeführt werden soll, geltend gemachten, patentbegründenden Merkmale zutreffend sind, soll hier jedoch nicht näher untersucht werden.

Unter den künstlichen Riechstoffen kommen für die Parfümierung von Seifen und somit auch für die Herstellung antiseptisch wirkender Seifen bekanntlich nur wenige in Betracht, da die meisten von ihnen den zersetzenden Kräften des Seifenkörpers auf die Dauer

---

eine ausführlichere Untersuchung über die Desinfektionskraft dieses Öles, die anscheinend bisher nicht vorliegt, und eine Prüfung auf seinen therapeutischen Wert im Anschluß an den obigen Befund vielleicht recht wünschenswert.
[1]) Calvello, Pharmazeut. Ztg. 47, S. 759. 1902.
[2]) Pharmazeutische Zentralhalle 1901.

genügenden Widerstand nicht entgegensetzen können und dementsprechend ihren Geruch in diesem verlieren. Lediglich das Terpineol, ein aus dem Terpentinöl dargestellter tertiärer Alkohol der Formel

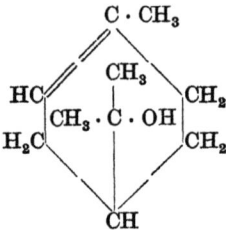

der fast ausschließlich als Basis für Fliederduft benutzt wird, ist diesen Einflüssen gegenüber durchaus unempfindlich. Wie Konradi[1]), Marx[2]) und neuerdings W. Scholtz und A. Gelarie[3]) nachgewiesen haben, kommt nun gerade dem Terpineol im Gegensatz zu den sonst in der Parfümerie verwandten künstlichen Riechstoffen (Vanillin, Heliotropin, Cumarin u. a.) eine nicht unbedeutende Desinfektionskraft zu, und zwar erweist es sich als besonders wirkungsvoll in Verbindung mit einer flüssigen Kaliseife, da anscheinend auch hier durch kombinierte Wirkung eine gegenseitige Steigerung der beiderseitigen Desinfektionswerte veranlaßt wird.

Diese Beobachtungen haben nun die Industrie veranlaßt, Seifenpräparate in den Handel zu bringen, die das Terpineol in reichem Maße gelöst enthalten. Dieselben sind, gleichgültig, ob sie sogenannte „Löslichkeitsvermittler" wie Alkohol, Glycerin u. a. enthalten oder nicht, sämtlich wasserlöslich und vereinigen mit einer reinigenden Wirkung Wohlgeruch und antiseptische Eigenschaften, stellen also gleichzeitig Cosmetica und angenehme Desinfizientien und Desodorantien dar.

So fabriziert z. B. die Chemische Fabrik Flörsheim (Dr. H. Noerdlinger) das sogenannte Flieder-Äthrol, das einerseits wie die Äthrole und Deciäthrole dieser Firma überhaupt als Grundbestandteil Derizinseife enthält, die aus dem durch Erhitzen des Ricinusöles dargestellten Derizinöl gewonnen wird und andererseits das darin lösliche Terpineol. Nach dem Urteil der Medizinischen Abteilung des hygienischen Laboratoriums des Königl. Württemberg. Medizinalkollegiums stellt das Flieder-Äthrol ein wirklich gutes und angenehmes Desinfektionsmittel dar, indem 1 proz. Lösungen Colibakterien bereits in 1 Minute abtöten[4]).

---

[1]) Konradi, Über die bactericide Wirkung der Seifen. Arch. f. Hyg. Bd. 44. 1902. Zentralbl. f. Bacteriol. Bd. 36, Nr. 1, S. 151. 1904.

[2]) Marx, Über bactericide Wirkung einiger Riechstoffe. Zentralbl. f. Bakteriologie u. Parasitenk. 33, Nr. 1, S. 74. 1903.

[3]) W. Scholtz und A. Gelarie, Über den Desinfektionswert der Seifen mit besonderer Berücksichtigung des Alkaligehaltes und der Zusätze von Riechstoffen. Arch. f. Dermatologie u. Syphilis 101, Heft 1. 1910.

[4]) Vgl. Chem. Ztg. 1906, Nr. 27.

Unter dem Namen Sifinon bringt die Firma Franz Fritzsche & Co. in Hamburg ein 30% Terpineol enthaltendes Seifenpräparat in den Handel, eine sirupartige Flüssigkeit, die nach dem Verfahren des D.R.P. 207576 mit Hilfe gewöhnlicher Seife hergestellt wird, mit der man selbst bei einem Gehalt bis zu 50% Terpineol, angeblich überraschenderweise, in Wasser klar lösliche Produkte erhält.

Selbstverständlich lassen sich diese Produkte auch mit allen anderen Desinfizientien vereint anwenden, die sonst in Seifenlösungen haltbar sind. Als Formäthrole bringt z. B. die oben genannte Chemische Fabrik Flörsheim 25% Formaldehyd enthaltende Äthrole in den Handel, in gleicher Weise könnten diese Produkte aber auch mit Kresolpräparaten (Kreolin, Lysol usw.), komplexen Quecksilberverbindungen (Afridol) u. a. gemischt zur Anwendung kommen.

Vielfach sind es aber gar nicht die antiseptischen Eigenschaften allein, welche die ätherischen Öle und künstlichen Riechstoffe auch in Verbindung mit Seifen als wertvoll erscheinen lassen. Denn sie können wie fast alle flüchtigen, lipoidlöslichen Stoffe außerdem als ,,Hautreizmittel" verwendet werden, d. h. als Mittel, welche die Hautzirkulation bestimmter Körperteile beleben und stimulieren. Auch profuse und kritische Schweiße (Nachtschweiß der Phthisiker), wie die Hyperhydrosis überhaupt, werden durch die Anwendung solcher Seifen und vornehmlich durch den Gebrauch von Campherseifen sehr günstig beeinflußt. Als Juckstillmittel wird ferner die Mentholseife empfohlen, welche eine angenehme lokale Abkühlung bewirkt, die mit einer Lähmung der peripheren sensitiven und sensoriellen Nerven einhergeht und somit den Juckreiz beseitigt.

Auch das namentlich als Desodorans viel verwandte Terpentinöl, das Eucalyptusöl, Rosmarinöl u. a. besitzen hautreizende Eigenschaften. Flüssige oder weiche Seifen, die etwa 5% dieser Öle enthalten, werden daher angewandt zu reizenden Einreibungen gegen chronischen Rheumatismus, Neuralgien usw., zur Behandlung atonischer Geschwüre, aber auch wie alle hier genannten Seifenpräparate zu aromatischen Bädern und kühlenden und erfrischenden Waschungen etwa bei fieberhaften Prozessen, Insolation usw. Eine Rosmarinölseife ist seinerzeit auch als Parasiticidum von Auspitz bei leichteren Scabiesfällen empfohlen worden, doch hat sie heute wohl allgemein den vorerwähnten, stärker wirksamen Antiscabiosis Platz gemacht.

IV. Die Methoden zur Untersuchung und Bewertung medikamentöser Seifen.

Die analytische Untersuchung medikamentöser Seifen.

Die qualitativ-analytische Untersuchung medikamentöser Seifen bietet kaum irgendwelche Schwierigkeiten, da die Eigenreaktionen (Ionenreaktionen) der einzelnen Arzneistoffe durch die Anwesenheit des Seifenkörpers in der Regel nicht gestört werden. Eine jeweilige Prüfung läßt sich in den meisten Fällen sowohl nach dem Auflösen der Gesamtseife in Wasser oder Alkohol, als auch durch Betupfen einer Schnittfläche mit entsprechenden Reagenzien ohne weiteres vornehmen. Im Folgenden sind daher überall da, wo sich die jeweilige Arbeitsweise aus der Methodik der quantitativen Bestimmung ergibt, nähere Angaben über den qualitativen Nachweis unterblieben.

Für die quantitativ-analytische Untersuchung medikamentöser Seifen, d. h. für die Ermittelung des zwischen Medikament und Seifenkörper obwaltenden Mengenverhältnisses lassen sich zwei Wege benutzen; entweder kann man aus der Lösung der zur Prüfung vorliegenden Gesamtseife auf gewichts- oder maßanalytischem Wege einen Jonalbestandteil des vorhandenen Arzneistoffes, in seltenen Fällen auch diesen selbst, quantitativ bestimmen und auf Grund dieser Bestimmung seine Menge berechnen, oder man kann nach Entfernung des Seifenkörpers das nunmehr isolierte, auf Identität und Reinheit zu prüfende Arzneimittel selbst zur Wägung bringen. Es erhellt, daß die erstgenannte Methode in der Regel nur darüber Auskunft gibt, in welchem Mengenverhältnis das in Frage stehende Medikament der Grundseife bei der Fabrikation untermischt wurde, daß die zweite Methode bei exakter Durchführung aber darüber hinaus entscheiden kann, ob und inwieweit dasselbe auch in der Seife unzersetzt erhalten blieb.

Eine Untersuchung in letztgenannter Richtung bietet jedoch vielfache Schwierigkeiten, indem auch durch den Gang der Analyse chemische Umsetzungen veranlaßt werden können, so daß das Analysenresultat in solchen Fällen ein von der Wirklichkeit erheblich abweichendes Bild ergeben würde. Der erste, der auf diese Schwierigkeiten aufmerksam gemacht hat, ist H. Gradenwitz[1]) gewesen, der zwecks Ver-

---

[1]) H. Gradenwitz, Über die Herstellung und Zusammensetzung medizinischer Seifen. Dermatolog. Studien 20, S. 594. 1910. — Ubbelohde-Goldschmidt 3, S. 970.

meidung aller störenden Nebeneinflüsse das folgende Schema für die Untersuchung medikamentöser Seifen und die Isolierung der ihnen beigemischten Arzneistoffe angegeben hat.

Seife
nach und nach bei stets steigender Wärme, schließlich bei 110° getrocknet
Gewichtsabnahme = Wasser (+ flüchtige Stoffe)
|
wasserfreie Seife
mit Petroläther oder Äther extrahiert

Lösung enthält freie Fettsäuren, Überfett und lösliche Heilstoffe, die je nach Art getrennt werden.

ungelöste Seife
enthält fettsaures Salz, freies Alkali (Carbonat) und unlösliche Heilstoffe
mit Wasser und $n/_1$-H_2SO_4 im Überschuß zersetzt.

gebundene Fettsäuren abgeschieden (event. mit unlöslichen Heilstoffen zusammen). Mit Alkohol aufgenommen filtriert.
Im Rückstand sind die unlöslichen Heilstoffe.
|
Filtr attitriert, gibt an Fettsäure gebundenes Alkali (event. sind auch andere wasserunlösliche Säuren zu berücksichtigen).
|
Eingedampft = Reinseife (falls, wie meistens, außer den Fettsäuren keine wasserunlöslichen Säuren in Frage kommen).

wäßrige Lösung enthält überschüssige H_2SO_4 und Alkalisalze, wasserlösliche Heilstoffe und Glycerin.
|
Zurücktitriert gibt Gesamtalkali, soweit frei oder an unlösliche oder flüchtige Säuren gebunden
|
zur Trockne mit Äther-Alkohol (1 + 3) ausgezogen gibt
Rohglycerin (enthält ev. noch alkohollösliche Salze).
Ungelöstes enthält Alkalisulfat, etwa vorhandene andere anorganische Salze und alkoholunlösliche organische Salze in Wasser löslicher Säuren, endlich noch etwaige wasserlösliche, alkoholunlösliche Zusatzstoffe.

Das wichtigste Moment bei der analytischen Prüfung medikamentöser Seifen ist also die Vermeidung jeglicher Lösungsmittel, die wie beispielsweise Wasser, Alkohol oder Eisessig unter Umständen geeignet sind, eine homogene Lösung der zur Untersuchung stehenden Probe herbeizuführen. Die gut zerkleinerte, bis zur Gewichtskonstanz getrocknete Seife wird vielmehr mit solchen Lösungs- bzw. Extraktionsmitteln behandelt, welche nur einen der für eine etwaige Umsetzung in Frage kommenden Stoffe aufnehmen, den anderen aber ungelöst zurücklassen. Durch entsprechende Weiterbehandlung können dann schließlich die Einzelbestandteile isoliert und zur Wägung gebracht werden.

Es kann nun nicht die Aufgabe dieses Buches sein, die analytische Untersuchung der für die Herstellung medikamentöser Seifen verwandten Grundseifenkörper, d. h. die Bestimmung des Wasser-, Fettsäure- und Alkaligehaltes, sowie etwa vorhandener Füllstoffe bis in die feinsten Details zu beschreiben. Eine solche Anleitung ist in hervorragender Weise durch die vom Verband der Seifenfabrikanten Deutschlands herausgegebenen „Einheitsmethoden zur Untersuchung von Fetten, Ölen, Seifen und Glycerinen"[1]) bereits geschaffen. Was hier interessiert, ist lediglich die für die Untersuchung des Medikamentgehaltes und die Feststellung etwaiger Umsetzungen zwischen Medikament und Seifenkörper jeweils einfachste Methodik, die im Folgenden zum Teil im Anschluß an die oben zitierte Arbeit Gradenwitz's in möglichster Reihenfolge der vorhergehenden Sonderkapitel gegeben werden soll.

Analytische Untersuchung der Teerseifen.

5—8 g der gut zerkleinerten Seife werden anfangs bei 60—70°, später bei 100—105° bis zur Gewichtskonstanz getrocknet. Der Rückstand wird alsdann mit ausgeglühtem Sand verrieben und mit Benzol, am besten im Soxhlet, extrahiert. Nach dem Verdampfen des Benzols auf dem Dampfbade hinterbleibt als Rückstand des Extraktes der in der Seife enthaltene Teer, ev. gemischt mit freien Fettsäuren oder dem der Seife beigegebenen Überfett. Die letztgenannten Bestandteile werden alsdann in einer besonderen Probe nach einer der bekannten, allgemein üblichen Vorschriften für sich bestimmt und von dem oben erhaltenen Resultat in Abzug gebracht.

Da der gewöhnliche Teer, ebenso wie eine Reihe von chemisch ihm nahestehenden Stoffen wie z. B. Ichthyol und seine Ersatzpräparate bei der Bildung homogener Lösungen mit Seife kaum die Möglichkeit zu chemischen Umsetzungen bietet, so können Teerseifen auch in der Weise untersucht werden, daß etwa 5 g derselben in der zehnfachen Menge Alkohol gelöst und die erhaltenen Lösungen mit einer konzentriertalkoholischen Lösung von Chlorcalcium versetzt werden. Der aus Kalkseife und Alkalichlorid bestehende Niederschlag wird abfiltriert bzw. abgesaugt und mit wenig Alkohol nachgewaschen. Das Filtrat wird sodann der Destillation, ev. der Vakuumdestillation unterworfen und der nach dem Absieden des Alkohols zurückbleibende Teer zur Wägung gebracht.

Es sei jedoch ausdrücklich bemerkt, daß diese zweite Methode nur anwendbar ist auf reine Naturteere bzw. Teerfraktionen, welche als hauptsächlichsten Bestandteil Kohlenwasserstoffe enthalten (Pitral), und daß sie überall da versagt, wo stark saure, durch Chlorcalcium fällbare Teerpräparate wie beispielsweise Pittylen oder Fagacid zur Fabrikation der betreffenden Teerseifen herangezogen wurden.

---

[1]) Julius Springer, Berlin 1910.

Analytische Untersuchung der Phenolseifenpräparate.

Für die analytische Wertbestimmung von Phenol- bzw. Kresolseifen und -seifenpräparaten existiert eine große Anzahl verschiedenartiger Vorschriften, die eine umfangreiche Spezialliteratur darstellen. Der qualitative Nachweis des Phenols und seiner Homologen bzw. Substitutionsprodukte geschieht am besten mit Eisenchlorid in schwachsalzsaurer wäßriger Lösung nach Filtration der abgeschiedenen Fettsäuren. Hierbei tritt eine für fast sämtliche Phenolderivate zutreffende Blau- bis Rotviolettfärbung ein, die jedoch bisweilen schnell vorübergeht.

Handelt es sich um die quantitative Bestimmung lediglich des reinen Phenols, so werden am besten etwa 5—10 g der Gesamtseife in 100—200 ccm Wasser gelöst, der Seifenkörper mit überschüssigem Chlorcalcium oder Magnesiumsulfat ausgefällt und das Filtrat der Kalk- bzw. Magnesiumseife mit Brom versetzt. Das ausgeschiedene Tribromphenol wird durch ein gewogenes Filter oder einen sorgfältig vorbereiteten Goochtiegel abfiltriert, mit etwas Wasser nachgewaschen und nach dem Trocknen bei etwa 100° zur Wägung gebracht. 1 Teil Tribromphenol entspricht 0,284 Teilen Phenol.

Nach Fresenius-Makin[1]) kann man das überschüssige Brom auch mit Jodkalium umsetzen und das ausgeschiedene Jod zurücktitrieren. Die Methode gibt jedoch etwas zu hohe Zahlen, da das Brom auch von den noch teilweise vorhandenen Fettsäuren gebunden wird.

Falls es sich nicht nur um die quantitative Bestimmung des Phenols allein, sondern auch um die seiner Homologen und Substitutionsprodukte handelt, so werden die besten Resultate erzielt, wenn man die mit verdünnter Salz- oder Schwefelsäure zersetzte Seife bei gewöhnlichem Luftdruck einer Wasserdampfdestillation unterwirft.[2]) Hierbei gehen die Phenole in das Destillat über und können nun entweder mit Äther ausgeschüttelt und nach dem Verdampfen des Äthers gewogen oder auf colorimetrischem Wege bestimmt werden.[3])

Nach Lewkowitsch[4]) werden Phenole in Phenol- bzw. Kresolseifen in der Weise bestimmt, daß man eine größere Menge (etwa 100 g) des Untersuchungsmaterials in heißem Wasser löst und durch Zusatz von Natronlauge und Kochsalz einerseits die Phenole als Natriumsalze zur Lösung bringt, andererseits die Seife als Kern abscheidet. Der letztere wird abfiltriert und mit Kochsalzlösung nachgewaschen. Die alkalische Lösung der Phenole wird eingedampft und etwa noch gelöste Seife durch erneuten Kochsalzzusatz entfernt. Schließlich wird die konzentrierte Lösung der Phenole in einem graduierten Zylinder von 50—100 ccm Inhalt mit Schwefelsäure angesäuert, das Volumen der abgeschiedenen

---

[1]) Zeitschr. f. analyt. Chemie 1896, S. 325.
[2]) Siehe H. Thoms, Arbeiten aus dem pharmazeut. Institut d. Universität Berlin 2, S. 378ff.
[3]) A. Schneider, Pharmazeut. Zentralhalle 1893, S. 716.
[4]) Lewkowitsch, Chemische Technologie und Analyse der Öle, Fette und Wachse, Bd. 2, S. 690.

Phenole abgelesen und auf die angewandte Substanz berechnet. Das Verfahren gibt keine ganz genauen Werte, reicht aber in den meisten Fällen aus.

Die bisher beschriebenen Untersuchungsverfahren bieten jedoch kaum die Möglichkeit zu prüfen, in welcher Form die inkorporierten Phenole in den zur Prüfung gelangenden Präparaten enthalten sind. Eine solche Untersuchung bietet nach Gradenwitz[1]) auch sehr erhebliche Schwierigkeiten, da namentlich beim Erhitzen und Trocknen solcher Seifen Veränderungen eintreten, welche die Zusammensetzung beeinflussen. Um diese Einflüsse auszuschalten, wird die Seife ohne vorheriges Trocknen mit wasserfreiem Natriumsulfat verrieben und dann mit Äther ausgezogen. Hierbei gehen mit dem Überfett auch die freien Phenole in Lösung und können nun entweder durch Ausschütteln mit verdünnter Kalilauge von ersterem getrennt oder dadurch erhalten werden, daß man das Überfett durch kaltes Chloroform zur Lösung bringt. Für die letztgenannte Methode ist natürlicherweise die Löslichkeit bzw. Unlöslichkeit der jeweils vorliegenden Phenole in kaltem Chloroform entscheidend.

Analytische Untersuchung der Formaldehydseifenpräparate.

Für den qualitativen Nachweis von Formaldehyd in Formalinseifenpräparaten gibt Braun[2]) im Anschluß an die Anweisung zur Untersuchung auf verbotene Konservierungsmittel nach dem Fleischbeschaugesetz vom 3. Juni 1900 die folgende Vorschrift:

„10 g der zu prüfenden Seife werden in Wasser gelöst und mit einer Bariumchloridlösung in geringem Überschuß versetzt. Das Filtrat bringt man in einen 500-ccm-Kolben und spült mit Wasser nach, so daß der Kolbeninhalt ca. 200 ccm beträgt. Man fügt noch 10 ccm einer wäßrigen, 25 proz. Lösung von Phosphorsäure zu und destilliert nach halbstündigem Stehen etwa 40 ccm ab. 10 ccm des Destillats werden mit 1 ccm einer durch schweflige Säure entfärbten Fuchsinlösung vermischt. Die Anwesenheit von Formaldehyd bewirkt Rotfärbung. Tritt letztere nicht ein, so bedarf es einer weiteren Prüfung nicht. Im anderen Falle wird der Rest des Destillats mit Ammoniakflüssigkeit im Überschuß versetzt und eingedampft. Bei Gegenwart von Formaldehyd hinterbleiben charakteristische Krystalle von Hexamethylentetramin.

Diese werden in einigen Tropfen Wasser gelöst, von der Lösung je ein Tropfen auf einen Objektträger gebracht und mit den beiden folgenden Reagenzien geprüft:

1. mit Quecksilberchlorid im Überschusse. Es entsteht hierbei sofort ein regulärer krystallinischer Niederschlag; bald sieht man drei- und mehrstrahlige Sterne, später Oktaeder. Letztere entstehen in großer Menge bei einer Konzentration von 1 : 10 000, aber auch noch sehr deutlich bei 1 : 100 000.

---

[1]) Ubbelohde-Goldschmidt 3, S. 975.
[2]) Ubbelohde-Goldschmidt 3, S. 1020—1021.

2. mit **Kaliumquecksilberjodid** und ein wenig verdünnter **Salzsäure**. Es bilden sich hexagonale, sechsseitige, hellgelb gefärbte Sterne; bei einer Konzentration von 1 : 10 000 noch sehr deutlich."

Für die quantitative Bestimmung des Formaldehyds in Formalinseifenprodukten empfiehlt sich nach O. Allemann[1]) das folgende Verfahren: 50 ccm Formaldehydseifenlösung werden mit der 4—5-fachen Menge Wasser verdünnt, mit Schwefelsäure oder Bariumchlorid in geringem Überschuß versetzt und mit Wasser auf 500 ccm aufgefüllt. Liegt ein festes Seifenprodukt zur Untersuchung vor, so ist die Seifenkonzentration der endgültig auf 500 ccm aufgefüllten Lösung so zu bemessen, daß der Formaldehydgehalt derselben etwa 1% beträgt. Nach dem Absetzen wird alsdann filtriert und in dem von der Seife befreiten Filtrat der Formaldehyd maßanalytisch, am besten nach der jodometrischen Methode, ermittelt. Hierzu werden 5 ccm der Lösung mit 40 ccm $^1/_{10}$ n-Jodlösung und gleich darauf tropfenweise mit starker Natronlauge versetzt, bis die Farbe in Hellgelb umschlägt. Das Reaktionsgemisch wird dann 10 Minuten lang beiseite gestellt. Danach säuert man mit Salzsäure an und titriert das nicht verbrauchte Jod mit $^1/_{10}$ n-Natriumthiosulfatlösung zurück.

Der Formaldehyd wird durch das Jod in alkalischer Lösung nach kurzem Stehen quantitativ zu Ameisensäure oxydiert, entsprechend der Gleichung:

$$\underset{\text{Formaldehyd}}{COH_2} + H_2O + J_2 = 2\,HJ + \underset{\text{Ameisensäure}}{CO_2H_2}$$

1 ccm $^1/_{10}$ n-Jodlösung entspricht also 0,001501 g Formaldehyd.

In ähnlicher Weise kann man den Formaldehyd auch durch Titration mit Kaliumpermanganat in stark schwefelsaurer Lösung bestimmen. Derselbe wird hierbei zunächst ebenfalls zu Ameisensäure, diese aber schließlich zu Kohlendioxyd und Wasser oxydiert. Das unverbrauchte Permanganat wird nach der Oxydation mit einer empirischen, gegen Kaliumpermanganat eingestellten ca. $^1/_{10}$ n-Wasserstoffsuperoxyd- oder einer $^1/_{10}$ n-Oxalsäurelösung zurücktitriert. 1 ccm einer $^1/_{10}$ n-Kaliumpermanganatlösung entspricht 0,0007505 g Formaldehyd.

Zur Ermittelung von Formalinstärkeverbindungen und ähnlichen, dem Seifenkörper zugesetzten Produkten verfährt man am besten nach den für die Bestimmung der Grundsubstanzen (Stärke, Dextrin, Albumin, Casein usw.) angegebenen Methoden, worüber Näheres wieder aus den oben genannten Einheitsmethoden des Verbandes der Seifenfabrikanten Deutschlands zu ersehen ist.[2])

Analytische Untersuchung der Sauerstoffseifen.

Bei der analytischen Prüfung von Sauerstoffseifen ist es angebracht, vor der quantitativen Bestimmung des Sauerstoffes diesen qualitativ nachzuweisen, da die diesbezüglichen Produkte vielfach bereits völlig

---

[1]) Zeitschr. f. analyt. Chemie 49, S. 265—269. 1910.
[2]) Siehe Einheitsmethoden S. 59 ff.

zersetzt und frei von aktivem Sauerstoff zur Untersuchung gelangen.

Für den **qualitativen Nachweis** am ehesten zu empfehlen sind die sehr empfindliche Überchromsäure- oder die Titansäurereaktion. Hierbei werden etwa 2 g des zu prüfenden Materials fein zerkleinert und mit etwa 20 ccm Wasser kurze Zeit durchgeschüttelt, alsdann mit verdünnter Schwefelsäure und 1 ccm Chloroform versetzt und abermals geschüttelt, wobei die ausgeschiedenen Fettsäuren vom Chloroform aufgenommen werden. 10 ccm der wäßrig-sauren, nunmehr fettsäurefreien Flüssigkeit werden alsdann mit 2—3 ccm Äther überschichtet und vorsichtig mit einigen Tropfen verdünnter Kaliumbichromatlösung versetzt. Nach gründlichem Durchschütteln tritt bei Gegenwart von aktivem Sauerstoff **Blaufärbung** der Ätherschicht (Bildung von Überchromsäure) ein.

Bei Anwendung einer warm bereiteten Lösung von käuflicher Titansäure in konzentrierter Schwefelsäure als Reagens erhält man eine **Orangegelbfärbung** der wie oben vorbereiteten sauren Flüssigkeit.

Zu beachten ist jedoch, daß beide Reaktionen bei Anwesenheit von Persulfaten versagen. Zu ihrem Nachweis werden nach Fuhrmann[1]) etwa 2 g der zu prüfenden Seife vorsichtig mit verdünnter Salzsäure übergossen, tüchtig durchgeschüttelt und leicht erwärmt. Die saure, von den ausgeschiedenen Fettsäuren durch Filtration getrennte Lösung wird alsdann eines Teils mit etwas Jodzinkstärkelösung versetzt, die eine allmählich dunkler werdende Blaufärbung der Flüssigkeit erzeugt, andren Teils mit Chlorbarium auf Schwefelsäure geprüft.

Ein weiterer Nachweis für Persulfate ist durch die sogenannte Berlinerblau-Reaktion möglich, die bei der Vereinigung von Ferrocyankalium mit oxydfreiem Ferroammoniumsulfat (Mohrsches Salz) durch aktiven Sauerstoff ausgelöst wird.

Die **quantitative Bestimmung** des aktiven Sauerstoffes geschieht am einfachsten durch direkte Titration mit $^1/_{10}$ n-Kaliumpermanganatlösung, es ist jedoch erforderlich, daß auch hier der eigentlichen Bestimmung eine Abscheidung und Entfernung der in der Seife enthaltenen Fettsäuren vorausgeht. In den schon oben zitierten „Einheitsmethoden zur Untersuchung von Fetten usw." wird hierfür die folgende Vorschrift[2]) gegeben:

Man wägt genau 2 g des Untersuchungsmaterials ab, spült die Substanz mit etwa 100 ccm Wasser in eine Glasstöpselflasche von ungefähr 250 ccm Inhalt und gibt einen zur Abscheidung der Fett- und Harzsäuren genügenden Überschuß von verdünnter Schwefelsäure (1+3) hinzu. Nach Zusatz von 5 ccm reinen Chloroforms wird geschüttelt, dann kurze Zeit bis zum Absetzen der Chloroformschicht beiseite gestellt und schließlich mit Permanganatlösung bis zur bleibenden Rosafärbung titriert. War die Permanganatlösung genau $^1/_{10}$ n stark, so ergibt sich der Prozentgehalt an aktivem Sauerstoff für 100 g des Untersuchungsmaterials durch einfache Multiplikation des Permanganatverbrauches

---

[1]) Seifensiederztg. 1909, S. 122 ff.
[2]) Einheitsmethoden, S. 68—69.

mit 0,004. Es entspricht 1 g wirksamer Sauerstoff = 4,88 g Natriumsuperoxyd oder 9,63 g Natriumperborat ($NaBO_3 + 4\,H_2O$) oder 5,46 g Zinksuperoxyd.

Für die quantitative Bestimmung von Persulfaten empfiehlt sich wieder ein von Fuhrmann angegebenes Verfahren mit Ferroammonsulfat, das zuvor gegen $^1/_{10}$ n-Kaliumpermanganatlösung eingestellt wird. Nach den wiederholt zitierten „Einheitsmethoden" verfährt man wie folgt:

„Man wägt genau 2 g der zur Untersuchung stehenden Seife ab, verteilt sie in einem Becherglase oder dergl. in 100 ccm Wasser und setzt verdünnte Schwefelsäure und 10 ccm Ferroammonsulfatlösung hinzu. Unter Umrühren erhitzt man nun bis zum Kochen und setzt dieses fort, bis sich die Fettsäuren usw. oben klar abgeschieden haben. Man läßt nun abkühlen, bringt die Flüssigkeit in eine Glasstöpselflasche von 250 ccm und spült das Becherglas erst mit ca. 5—10 ccm Chloroform, dann mit Wasser nach.

Die weitere Titration erfolgt mit Permanganatlösung, d. h. man läßt unter Umschütteln soviel Permanganatlösung zufließen, bis die Flüssigkeit dauernd rosafarben bleibt.

Zur Berechnung zieht man die gefundenen ccm Permanganatlösung von der Anzahl der ccm ab, die von den 10 ccm Ferroammonsulfatlösung bei ihrer Wertbestimmung allein verbraucht wurden, und erhält so die Anzahl ccm, welche dem in 2 g Substanz vorhandenen aktiven Sauerstoff entsprechen. Mit 0,04 multipliziert ergeben sie den Prozentgehalt an aktivem Sauerstoff. Hierbei wird vorausgesetzt, daß eine Permanganatlösung von genau Zehntelnormalstärke vorlag. Es entspricht 1 g wirksamer Sauerstoff O = 14,9 g Natriumpersulfat, $Na_2S_2O_8$ (100%).''

Wie Boßhard und Zwicky[1]) nachgewiesen haben, dürfen die beschriebenen Methoden jedoch keinen Anspruch auf völlige Genauigkeit erheben, da das zum Ausschütteln der Fettsäuren verwandte Chloroform, wenn es nicht von Zersetzungsprodukten absolut frei ist, stets selbst Permanganatlösung verbraucht. Auch durch die Anwesenheit von Riechstoffen und anderen reduzierend wirkenden Substanzen werden unzuverlässige Analysenresultate bedingt. Die besten Werte ergibt stets die gasvolumetrische Bestimmung des Sauerstoffes, welcher beispielsweise von Perboraten bei der Behandlung mit Permanganat oder Braunstein in saurer Lösung entbunden wird. Der Prozentgehalt p an aktivem Sauerstoff wird nach folgender Formel berechnet:

$$p = \frac{16 \cdot b}{224 \cdot a}$$

worin b das bei der Analyse entwickelte Sauerstoffvolumen in ccm bei 0° und 760 mm Druck und a die Anzahl Gramm der angewandten Substanz bedeutet.

---

[1]) Zeitschr. f. angew. Chemie 23, S. 1153. 1910.

Analytische Untersuchung der Schwefelseifen.

Zur **quantitativen Bestimmung** des Schwefels wird nach einer von Gradenwitz angegebenen Methode[1]) der bis zur Gewichtskonstanz getrockneten, fein zerteilten Seife im Soxhlet mit Petroläther das Überfett und der größte Teil des inkorporierten Schwefels entzogen, während der Rest desselben durch Schwefelkohlenstoff oder Tetrachlorkohlenstoff extrahiert wird. Die beiden Extrakte werden sodann vereinigt, auf dem Dampfbade zur Trockne gebracht, und schließlich wird aus dem Gemisch von Überfett und Schwefel das erstere durch Waschen mit kaltem Petroläther entfernt. Der getrocknete Rückstand ergibt den Schwefelgehalt.

Im Gegensatz zu dieser Methode, bei der also die Seife ungelöst zurückbleibt und der Schwefel zur Lösung gebracht wird, kann man auch einfacher so verfahren, daß man die Gesamtseife mit etwa der 10fachen Menge heißen Wassers behandelt, nach erfolgter Auflösung des Seifenkörpers mit etwa der gleichen Menge Alkohol versetzt und heiß filtriert. Der auf dem Filter hinterbleibende Schwefel wird mit Alkohol nachgewaschen, getrocknet, gewogen und schließlich mikroskopisch auf seine Beschaffenheit geprüft.

Eine weitere Methode, die vornehmlich da als geeignet erscheint, wo der Schwefel in Form wasserlöslicher Verbindungen in der Seife enthalten ist, besteht darin, daß man den Schwefel zu Schwefelsäure oxydiert und letztere als Bariumsulfat bestimmt.[2]) Zu diesem Zweck werden 0,5 g getrocknete Seife mit einem Salpeter-Soda-Gemisch innig vermengt und über dem Gebläse stark erhitzt. Nach dem Erkalten wird die Schmelze in Wasser gelöst, die Lösung ev. filtriert, mit verdünnter Salzsäure angesäuert und siedendheiß mit Bariumchlorid versetzt. Das ausgefällte Bariumsulfat wird nach 24stündigem Stehen durch einen sorgfältig vorbereiteten Goochtiegel bzw. auf einem aschefreien Barytfilter abfiltriert und in bekannter Weise zur Wägung gebracht.

Recht elegant verläuft die Bestimmung des Gesamtschwefels nach Gradenwitz[3]) in folgender Weise:

„Man löst 0,5 g Seife in 20 ccm Eisessig, fügt zu der Lösung unter allmählichem Erwärmen 5 g Kaliumpermanganat hinzu und erhält die Masse etwa vier Stunden lang am Rückflußkühler im Sieden. Dann gibt man 15 ccm Salzsäure vom spez. Gewicht 1,19 hinzu und erhitzt bis zur Entfärbung. Man läßt erkalten, filtriert von den ausgeschiedenen, nicht oxydierten Fettsäuren usw. ab, wäscht aus und fällt im Filtrat den Schwefel als $BaSO_4$."

Die Methode besitzt den Vorzug, daß der Schwefel auf feuchtem Wege, also sicher ganz verlustlos oxydiert wird, gibt jedoch ebenso-

---
[1]) Ubbelohde-Goldschmidt 3, S. 972.
[2]) Vgl. Stephan, Apothekerztg. 1898, S. 895 und Beyer, Pharmazeut. Zentralhalle 1899, S. 671.
[3]) l. c.

wenig wie das vordem genannte Verfahren Aufschluß über die Form, in der der Schwefel in der Seife enthalten ist. An Stelle des oben genannten Kaliumpermanganats lassen sich natürlich auch andere Oxydationsmittel, insonderheit konzentrierte Salpetersäure benutzen.[1])

Für Schwefelwasserstoff und seine Salze lassen sich neben den genannten Verfahren auch kolorimetrische Bestimmungsmethoden in Anwendung bringen. Nach Deite[2]) werden zu diesem Zwecke 5 g der zu prüfenden Seife unter Zusatz von Ätzkali (um vorhandenes Alkalipolysulfid in Monosulfid überzuführen) in 50 ccm Wasser und 50 ccm Alkohol gelöst und mit Wasser auf 400 ccm verdünnt. Durch überschüssiges Calciumchlorid oder Magnesiumsulfat wird alsdann die Seife ausgefällt und auf 500 ccm verdünnt. In einem aliquoten Teile des Filtrats ermittelt man nunmehr den Alkalisulfidgehalt entweder durch Nitroprussidnatrium oder mittels Bleiacetat in essigsaurer Lösung colorimetrisch.

Zur gleichzeitigen Bestimmung von Teer und Schwefel in Teerschwefelseifen wird die getrocknete und mit Sand verriebene Seife zunächst mit Benzol und dann mit Tetrachlorkohlenstoff extrahiert. Das Extrakt wird zur Trockne gebracht und der Teer vom Schwefel durch Ausziehen mit kaltem Benzin getrennt. Zur Kontrolle wird der Schwefelgehalt außerdem nach einer der oben genannten Oxydationsmethoden als Bariumsulfat bestimmt.

Präparate mit organisch gebundenem Schwefel wie Ichthyol und seine Ersatzpräparate, die in bezug auf ihre Löslichkeitsverhältnisse dem Teer ähnlich sind, werden in ähnlicher Weise wie dieser isoliert. Zur Kontrolle kann jedoch auch hier der Schwefel nach völligem Aufschluß als Sulfat gewogen werden.

Analytische Untersuchung der Quecksilberseifen.

Soweit bei der Analyse von Quecksilberseifen lediglich der Medikamentgehalt einer Kontrolle unterzogen werden soll, genügt es, nach völligem Aufschluß das Quecksilber als Sulfid zur Wägung zu bringen und auf Grund dieser Bestimmung die Menge des vorhandenen Präparates zu berechnen. Zu diesem Zweck werden 5—10 g Quecksilberseife mit etwa 30 ccm konzentrierter Salpetersäure erhitzt, bis sich rote Dämpfe nicht mehr bilden. Der erkaltete Rückstand wird alsdann mit etwa 50 ccm destillierten Wassers verdünnt, vorsichtig mit Ammoniak alkalisiert und schließlich in 150—200 ccm 95 proz. Alkohol aufgenommen. In die nunmehr klare, rotgelbe, etwa 60° warme Lösung wird Schwefelwasserstoff in mäßig schnellem Strome eingeleitet und das ausgefällte Quecksilbersulfid durch einen sorgfältig vorbereiteten Goochtiegel filtriert. Der Niederschlag wird zunächst mehrere Male mit warmem 95 proz. Alkohol, dann mit heißem Wasser gewaschen und nach dem Trocknen bei 120° schließlich zur Wägung gebracht.

---

[1]) Siehe unten: Analytische Untersuchung der Quecksilberseifen.
[2]) C. Deite, Handbuch der Seifenfabrikation 3. Aufl., Bd. 2, S. 445.

Selbstverständlich kann man das ausgefällte Sulfid auch mit $^1/_{10}$n-Jodlösung behandeln und das überschüssige Jod mit $^1/_{10}$n-Natriumthiosulfat zurücktitrieren. In beiden Fällen werden die gefundenen Mengen Quecksilber auf das nach der Deklaration vorhandene Quecksilberpräparat umgerechnet.

Unzersetztes Sublimat könnte man einer bis zur Gewichtskonstanz getrockneten Sublimatseife durch Essigäther entziehen, in dem das Quecksilberpräparat ziemlich leicht, der Seifenkörper aber nur unter bestimmten Voraussetzungen löslich ist. Diesbezügliche Versuche des Verfassers haben jedoch stets ein negatives Ergebnis gehabt. Beim Auflösen solcher Seifen in Wasser bzw. Alkohol hinterbleiben stets entweder fettsaures Quecksilber, das sich, wie oben gesagt, im sauren oder neutralen Seifenkörper durch doppelten Umsatz bildet, oder die im alkalischen Seifenkörper besonders leicht entstehenden Reduktionsprodukte des Sublimats, das Quecksilberchlorür (Kalomel) bzw. metallisches Quecksilber.

Für die Bestimmung **komplexer organischer Quecksilberverbindungen** lassen sich, soweit sie Säurecharakter besitzen (Afridol, Hermophenyl, Providol usw.) selbstverständlich weitere Spezialmethoden ausarbeiten. Bei einer Arbeitsweise nach obigem Schema werden diese Verbindungen bei der Behandlung der „ungelösten Seife" mit Wasser und $^1/_1$n-Schwefelsäure als in Wasser und Alkohol unlösliche, weißflockige Substanzen zugleich mit den „gebundenen Fettsäuren" ausgeschieden. Die letzteren werden mit Alkohol aufgenommen und durch Filtration von den Quecksilberverbindungen getrennt, die nunmehr durch die ihnen eigenen Reaktionen weiter indentifiziert werden können. Waren sie nach der Deklaration in der betr. Seife als Alkalisalze vorhanden, so müssen die für die freien Säuren bzw. Phenole gefundenen Werte entsprechend umgerechnet werden.

Quecksilberverbindungen, die wie z. B. Sublamin oder Quecksilberoxycyanid durch Mineralsäuren nicht gefällt werden, müssen aus dem Filtrat der durch $^1/_1$n-Schwefelsäure abgeschiedenen Fettsäuren an Hand des obigen Schemas durch die ihnen eigenen Lösungsreaktionen isoliert werden, auf die hier näher einzugehen sich jedoch erübrigen dürfte.

Analytische Untersuchung von medikamentösen Seifen geringerer Bedeutung.

Die einem Seifenkörper inkorporierten **Metallsalze und -verbindungen** werden sowohl qualitativ wie quantitativ am besten nach völliger Zerstörung des Seifenkörpers mit kochender konzentrierter Salpetersäure durch die ihnen eigenen Fällungsreaktionen in üblicher Weise bestimmt; das Silber wird als Chlorid, Zink als Sulfid oder Oxyd, Eisen, Aluminium usw. ebenfalls als Oxyd gewogen.

Gewisse Schwierigkeiten bietet die Untersuchung von **Jodseifen**, da lediglich das als Jodalkali vorhandene Jod als Jodsilber gravimetrisch oder titrimetrisch bestimmt werden kann. Etwa vorhandenes freies Jod, das nach den obigen Ausführungen im Seifenkörper nicht ohne weiteres haltbar ist, kann natürlich nur auf trockenem Wege bestimmt werden, da bei Berührung der betreffenden Seife mit Lösungsmitteln auch die letzten Anteile des etwa noch frei vorhandenen Jodes durch die ungesättigten Fettsäuren gebunden werden. Die zur Untersuchung stehende Seife wird daher nach Gradenwitz[1]) in einem geschlossenen Rohr im Luftstrom langsam auf 100° erhitzt, die übergehenden Gase, Wasserdampf und Jod werden in vorgelegter Jodkaliumlösung aufgefangen, bis nach mehreren Tagen der Jodgehalt der Vorlage nicht mehr zunimmt. Das übergegangene Jod wird alsdann in der Vorlage wie bekannt mit $^1/_{10}$ n - Natriumthiosulfatlösung titriert. — Das an Fettsäuren oder ähnlich gebundene Jod wird nach völliger Zerstörung der Seife mit konzentrierter Salpetersäure wie oben als Jodsilber bestimmt. Dabei geschieht die Trennung des Jodsilbers von dem aus dem Kochsalzgehalt der Seife herrührenden Chlorsilber in üblicher Weise durch Verdrängung des Jods aus dem Gemisch der Silbersalze durch übergeleitetes Chlor und Bestimmung der Gewichtsabnahme. Versuche, dem mit Natriumsulfat verriebenen Seifenkörper durch Ätherextraktion Jod oder Jodverbindungen zu entziehen, haben nach Gradenwitz brauchbare Resultate nicht ergeben.

Organisch aromatische Substanzen wie Chrysarobin, Chrysophansäure, Pyrogallol, Resorcin, Tannin usw. und ihre Derivate werden, vielfach am besten colorimetrisch, bestimmt, nachdem der Seifenkörper aus wäßriger oder alkoholisch-wäßriger Lösung durch Chlorcalcium ausgefällt ist. Da sich die genannten Verbindungen beim Zersetzen der Seife mit verdünnten Mineralsäuren zugleich mit den Fettsäuren abscheiden, so können sie auch diesen, meist schon durch heißes Wasser, entzogen werden.

In den gewöhnlichen Lösungsmitteln unlösliche Stoffe wie Marmor, Bimsstein, Sand, Sägespäne usw. werden nach Lösung des Seifenkörpers in 50 proz. Alkohol abfiltriert und nach sorgfältiger Reinigung gewogen.

Eiweiß, das wie oben erwähnt vielfach in medikamentösen Seifen angetroffen wird, wird entweder zusammen mit den Fettsäuren ausgefällt und von ihnen durch seine Unlöslichkeit in Alkohol getrennt, wobei etwa vorhandene, in Alkohol unlösliche Salze zu berücksichtigen sind, oder durch Titration des nach der Kjeldahlschen Methode in Ammoniak übergeführten Stickstoffes mit $^1/_{10}$ n-Salzsäure bestimmt. Um die erhaltene Stickstoffmenge in Casein, das am häufigsten als Eiweißzusatz verwandt wird, umzurechnen, multipliziert man mit 6,25, da Casein rund 16 % Stickstoff enthält.

Für die Bestimmung von Naphthensäuren ist nach Charitschkow eine für diese Säuren charakteristische und nur ihnen eigene Reaktion von Bedeutung, die durch die tiefgrüne Farbe ihrer Kupferoxyd-

---

[1]) Ubbelohde - Goldschmidt 3, S. 980.

salze gekennzeichnet ist. Zur Ausführung der Reaktion wird nach K. Braun[1]) die Seifenlösung mit einem geringen Überschuß von Kupfervitriol versetzt, dem Gemisch 10 ccm Benzin zugesetzt und heftig geschüttelt. Bei Gegenwart von Naphthensäure färbt sich die obere Schicht intensiv grün. Durch diese Reaktion ist noch der Zusatz von 1 Teil alkalischer Petroleumraffinationsrückstände zu 50 Teilen gewöhnlicher Seife nachweisbar, zu ihrer exakten Ausführung muß jedoch etwa vorhandenes freies Alkali durch Salzsäure neutralisiert werden. Auch die Anwesenheit von Alkohol und Aceton beeinträchtigt die Empfindlichkeit der Reaktion, die am besten in einem Meßzylinder auszuführen ist. — Zwecks annähernder quantitativer Bestimmung der Naphthensäuren versetzt man die wäßrige Seifenlösung mit einer Bleiacetatlösung, filtriert die ausgeschiedenen Bleisalze ab und extrahiert dieselben nach dem Trocknen mit Äther. Hierbei werden die Salze der Ölsäure und der Naphthensäuren vom Äther aufgenommen. Der Äther wird verdampft, der Rückstand mit Salzsäure zersetzt und das abfiltrierte Fettsäuregemisch gewogen. In einem aliquoten Teil wird alsdann die Jodzahl bestimmt, die auf Ölsäure umgerechnet eine Ermittelung des Naphthensäuregehaltes zuläßt. Hierbei ist jedoch zu beachten, daß eine Reihe von Naphthensäuren, und speziell diejenigen aus galizischem Erdöl, ebenfalls Jod aufnimmt, so daß die nach der beschriebenen Methode erhaltenen Werte nicht immer einwandfrei sind.[2])

Schließlich dürfte hier noch die Bestimmung des Alkohols und der ätherischen Öle interessieren, denen wir, wie oben erwähnt, häufiger in medikamentösen Seifen begegnen. Qualitativ wird Alkohol durch die sogenannte Jofoformreaktion nachgewiesen, die man am besten nach Abscheidung der Fettsäuren durch Schwefelsäure im Destillat des Sauerwassers vornimmt. Einige Kubikzentimeter desselben werden mit 10 proz. Kalilauge alkalisiert, mit Jodjodkaliumlösung versetzt und schwach erwärmt. Bei Anwesenheit geringer Mengen Alkohol tritt der charakteristische Jodoformgeruch, bei Anwesenheit größerer Mengen außerdem eine gelbe Ausscheidung des Jodoforms selbst auf. Quantitativ wird der Alkoholgehalt durch Dichtebestimmung des Sauerwasserdestillates pyknometrisch ermittelt, doch dürfen andere mit Wasserdampf flüchtige, in Wasser lösliche Stoffe bei der Destillation des Sauerwassers nicht übergegangen sein.

Für die Bestimmung der ätherischen Öle, wie überhaupt solcher Substanzen, die mit Wasserdämpfen flüchtig, in Wasser aber unlöslich sind (Kohlenwasserstoffe), empfiehlt der Verband der Seifenfabrikanten in seinen schon wiederholt zitierten „Einheitsmethoden" das folgende Verfahren: 30—40 g Seife werden in 150 ccm Wasser gelöst und mit einem Überschuß von verdünnter Schwefelsäure (1 + 3) versetzt. Alsdann wird unter Zusatz einiger Bimssteinstückchen langsam destilliert und das Destillat in engen, auf 0,1 ccm genau kalibrierten Büretten mit Ablaßhahn aufgefangen, wobei von Zeit zu Zeit die wäßrigen Anteile

---
[1]) Ubbelohde - Goldschmidt 3, S. 1010.
[2]) Vgl. Schwarz und Marcusson, Chem. Rev. 15, S. 165. 1908.

abzulassen sind. Die abgelesenen wasserunlöslichen Anteile des Destillates werden auf „Raumteile flüchtiger Stoffe in 100 Gewichtsteilen Substanz" umgerechnet, jedoch sind die erhaltenen Werte nur annähernd zuverlässig.

Eine zweite Methode gibt K. Braun[1]) an und zwar im Anschluß an eine Arbeit von C. Mann „Über eine quantitative Bestimmung ätherischer Öle in Gewürzen"[2]). Hiernach werden „20 g feingeschabter Seife in einem Erlenmeyerkolben in 150 ccm Wasser und 20 g 90 proz. Alkohol gelöst. Nach dem Erkalten neutralisiert man möglichst genau mit verdünnter Schwefelsäure und setzt noch einen Tropfen Schwefelsäure zu, so daß eine schwache, opalescierende Trübung die beginnende Abscheidung von Fettsäuren anzeigt. Man übersättigt mit Kochsalz, gibt etwa 1,5 g Tannin und einige Bimssteinstückchen zu und destilliert unter gleichzeitigem Durchleiten eines kräftigen Dampfstromes, bis das ätherische Öl völlig abgetrieben ist. Das Destillat salzt man aus, versetzt es mit 50 ccm Rhigolen (etwa bei 20°—25° C siedende Kohlenwasserstoffe) schüttelt durch und ergänzt das Rhigolen genau wieder auf das ursprüngliche Volumen. Darauf pipettiert man 25 ccm, entsprechend 10 g Seife, ab und verdunstet im Wägegläschen. Der Rückstand mit 10 multipliziert ist der Prozentgehalt der Seife an ätherischem Öl."

Die in diesem Kapitel geschilderten analytischen Methoden lassen selbstverständlich gewisse Variationen zu, die dem Belieben des Einzelnen überlassen sind. Im großen und ganzen werden sie jedoch genügen, dem vorliegenden Bedürfnis zu entsprechen; für hier unberücksichtigte Spezialfälle sei jedoch des weiteren auf die in der diesbezüglichen chemischen Literatur gegebenen Allgemeinvorschriften verwiesen.

Die bactericide Wertbestimmung desinfizierender Seifen.

Die bactericide Wertbestimmung desinfizierender Seifen und Seifenpräparate bietet, wie die exakte Auswertung von Desinfektionsmitteln überhaupt, gewisse, zum Teil nicht ohne weiteres überwindliche Schwierigkeiten, und es ist daher fast selbstverständlich, daß die für solche Wertbestimmung angegebenen Methoden außerordentlich zahlreich sind. Anfangs schien zwar alles äußerst einfach zu sein, da man annahm, bereits aus der Bestimmung des „entwicklungshemmenden Wertes" Schlüsse auf die Desinfektionskraft eines Mittels und speziell auch einer Seife ziehen zu dürfen. Dieser Wert ist verhältnismäßig leicht zu ermitteln, und man erhält fast stets übereinstimmende Resultate, da es lediglich nötig ist, eine gewisse Anzahl von nach Art und Menge gleichen Nährböden mit fallenden Mengen des zu prüfenden Desinfektionsmittels zu versetzen und dieselben alsdann mit einer möglichst gleichen Anzahl der als Testobjekt dienenden Bakterien zu vermischen. Diejenige Konzentration des Desinfiziens, welche eben noch genügt, bei

---
[1]) Ubbelohde - Goldschmidt 3, S. 1020.
[2]) Arch. f. Pharm. 240, S. 149 und 161. 1902.

einer konstanten Temperatur die Vermehrung der eingesäten Mikroorganismen anzuhalten (ohne sie jedoch gänzlich abzutöten), wird als der „entwicklungshemmende Wert" der betreffenden Substanz bezeichnet.

Für die Beurteilung des praktischen Wertes eines Desinfektionsmittels ist aber naturgemäß die Entwicklungshemmung von geringerer Bedeutung als die wirklich keimtötende Kraft, zu deren Bestimmung die erste wissenschaftlich begründete Methode, die sogenannte „Seidenfadenmethode" von Robert Koch[1]) angegeben ist. Nach dieser Methode werden die Reinkulturen solcher Bakterien, die wie die von Koch selbst bevorzugten Milzbrandsporen oder die heute besonders gern benutzten Staphylokokken selten in der Luft vorkommen und außerdem leicht in die Augen fallende, charakteristische Eigenschaften besitzen, in Wasser suspendiert und an kurze Stückchen Seidenfaden angetrocknet. Die so zubereiteten Testobjekte werden alsdann in das zu prüfende Desinfiziens bzw. eine Lösung desselben eingelegt, nach verschiedenen Zeiten wird je ein Faden herausgenommen und auf einen für die Entwicklung der verwandten Bakterienart günstigen Nährboden gebracht. Bleibt eine solche aus, so wird die Abtötung als gelungen angesehen.

Diese Methode, die späterhin vielfache Verbesserungen erfahren hat und besonders von Paul und Krönig[2]) u. a. auch dadurch vervollkommnet wurde, daß sie an Stelle der Seidenfäden böhmische Tariergranaten als Bakterienträger benutzten, ist natürlich auch am meisten und zwar, wie vorn ausgeführt wurde, mit wechselnden Erfolgen für die bactericide Wertbestimmung von Seifen benutzt worden. Die gesamten Ergebnisse sind jedoch nur da von besonderem Werte, wo eine vergleichende Untersuchung bestimmter Produkte oder Präparate beabsichtigt wurde. Im allgemeinen eignen sich diese Methoden nicht für den hier gedachten Zweck, da sie stets nur relative Werte ergeben und eine Schlußfolgerung auf praktische Verhältnisse nicht zulassen. Außerdem bedingt auch die chemische Natur der Seife in vielen Fällen Modifikationen in der Arbeitsweise, die zu den schon vorhandenen Fehlerquellen neue hinzubringen müssen; beispielsweise gilt dies für die vornehmlich aus gesättigten Fettsäuren bestehenden Seifen, deren wäßrige Lösungen schon bei gewöhnlicher Temperatur gallertartig erstarren, so daß für die Bestimmung ihres Desinfektionswertes lediglich warme Lösungen Verwendung finden können, die naturgemäß solche von gewöhnlicher Temperatur an Desinfektionskraft übertreffen müssen.

In den meisten Fällen werden nun desinfizierende Seifen, sei es bei chirurgischen Operationen, sei es am Krankenbett o. dgl., zur Haut- und Händedesinfektion benutzt, d. h. für die Vernichtung der den Händen bzw. dem menschlichen oder tierischen Körper anhaftenden Keime, und es ist somit naheliegend, für die Bestimmung ihrer Desinfektions-

---

[1]) Robert Koch, Über Desinfektion. Mitteilungen aus dem Kaiserl. Gesundheitsamte 1, S. 234. 1881.
[2]) Krönig und Paul, Die chemischen Grundlagen der Lehre von der Giftwirkung und Desinfektion. Zeitschr. f. Hygiene u. Infektionskrankh. 25, S. 1. 1897.

kraft die für die Prüfung von Händedesinfektionsmitteln empfohlenen Methoden zu benutzen, die gerade in letzter Zeit wesentlich vervollkommnet sind. Während man nämlich früher annahm, auf Grund des Sterilbleibens eines Fingerabdruckes in einen festen Nährboden eine vollkommene Desinfektion annehmen zu dürfen[1]), legt man heute bei solchen Untersuchungen einen Hauptwert mit auf die Vernichtung der in den Nagelfalzen und Unternagelräumen befindlichen Bakterien, sowie auf eine Abtötung auch der in der Tiefe sitzenden Keime, d. h. man prüft ein Händedesinfektionsmittel an der gesamten Hand und man prüft zugleich auch auf Tiefenwirkung. Diese Methode, welche also in erster Linie den praktischen Verhältnissen Rechnung trägt und mit den geringsten Fehlerquellen behaftet ist, ist von Paul und Sarwey[2]) ausgearbeitet und in einer großen Anzahl von Untersuchungen als zuverlässig befunden worden. Die Arbeitsweise, die Paul und Sarwey anwandten, indem sie sich bemühten, die bei einer länger dauernden chirurgischen Operation obwaltenden Verhältnisse nach Möglichkeit nachzuahmen, ist kurz die folgende:

Nachdem sämtliche für den jeweiligen Versuch erforderlichen Gegenstände sterilisiert und zur Kontrolle ihrer Sterilität Proben zurückgestellt sind, wird zunächst eine Keimabnahme von der gewöhnlichen, mit sterilem, warmem Wasser angefeuchteten Tageshand vorgenommen, indem mit sterilen Hölzchen erstens die Oberfläche beider Hände und zwar sowohl auf der Volar- wie auf der Dorsalseite abgeschabt und zweitens mit der Spitze neuer Hölzchen einerseits aus den Nagelfalzen und andererseits den Unternagelräumen sämtlicher Finger Keime entnommen werden. Die Hölzchen gelangen getrennt in Röhrchen mit je 3 ccm sterilen Wassers zur Aufbewahrung.

Es folgt nunmehr eine genau 5 Minuten während Waschung der Hände und Unterarme bis zu den Ellenbogen mit sterilem Wasser, Seife und Bürste. Abermals werden von der Handfläche, aus den Nagelfalzen und Unternagelräumen die jeweiligen Keime steril entnommen und in Röhrchen aufbewahrt.

An diese Seifenwaschung schließt sich nun die eigentliche Desinfektion mit dem zu prüfenden Mittel. Bei der Untersuchung einer desinfizierenden Seife folgt also abermals eine 5 Minuten lange Waschung mit dieser, es ist jedoch freigestellt, auch schon für die erste Seifenwaschung die zu prüfende Seife zu verwenden. Nach beendeter Desinfektion wird der gebildete Seifenschaum durch eine zweite Person mit warmem, sterilem Wasser von den desinfizierten Händen abgespült, und diese selbst werden durch ein Paar weitauseinander gehaltene Manschetten in einen Kasten gebracht, in dem die endgültige Keimabnahme und alle weiteren Operationen erfolgen.

---

[1]) Kümmell, Zentralbl. f. Chirurgie 1885, S. 26; 1886, S. 289; Deutsch. med. Wochenschr. 1885, S. 370; 1887, S. 555.
[2]) Paul und Sarwey, Experimentaluntersuchungen über Händedesinfektion. Münch. Med. Wochenschr. 1899, S. 1633, 1725; 1900, S. 934, 968, 1006, 1038, 1075; 1901, S. 449, 1107.

Zunächst werden nämlich in diesem Kasten, der durch längeres Auskochen ebenfalls sterilisiert ist und dessen genauere Einrichtung aus den oben zitierten Abhandlungen von Paul und Sarwey zu ersehen ist, die desinfizierten Hände in einem heißen Wasserbad 10 Minuten lang untereinander energisch bearbeitet, um alsdann erst der oben beschriebenen Keimentnahme zu dienen. Auf das Wasserbad folgt ein analoges Sandbad, indem die Hände während der Dauer von 5 Minuten mit sterilem, feuchtem Seesand abgerieben werden. Wasser- und Sandbad werden nach der jeweiligen Benutzung ebenfalls auf ihren etwaigen Keimgehalt geprüft. Endlich werden von den nunmehr völlig erweichten Händen mit einem scharfen Löffel allseitig kleine Epidermisstückchen abgeschabt und ebenso wie die vordem benutzten Hölzchen in Röhrchen mit etwa 3 ccm sterilen Wassers gebracht. Diese Röhrchen werden nunmehr, nachdem die Keimabnahme beendet ist, 3 Minuten lang heftig geschüttelt, um die Keime von ihren Trägern zu entfernen und im Wasser zu verteilen. Alsdann wird jedes Röhrchen mit 10 ccm verflüssigtem Agar-Agar versetzt und das Ganze nach gründlichem Vermischen zu Platten gegossen, die acht Tage lang bei 37° aufbewahrt und auf eventuell aufgegangene Kolonien hin geprüft werden.

Die wichtigsten Merkmale dieser anfangs vielleicht etwas umständlich erscheinenden Methode, die aber gerade weil sie Versuchsfehler nach Möglichkeit vermeidet, allen anderen vorzuziehen ist, sind also durch die Tatsache gegeben, daß erstens jede nachträgliche Verunreinigung der desinfizierten Hände ausgeschlossen ist, und daß die Hände zweitens nach vollzogener Desinfektion auf mechanischem Wege gründlich aufgeweicht werden, bevor die eigentliche Keimabnahme beginnt.

Auf diese Weise ist es also möglich, ein der Wirklichkeit entsprechendes Bild von der Desinfektionskraft eines Mittels zu erhalten, so daß die geschilderte Methode gerade da nicht warm genug empfohlen werden kann, wo es sich um die Prüfung desinfizierender Seifen handelt, für deren Brauchbarkeit stets nur die praktischen Verhältnisse maßgebend sein können.

V. Gesetzliche Bestimmungen, betreffend den Vertrieb medikamentöser Seifen.

Der Vertrieb medikamentöser Seifen unterliegt kaum irgendwelchen beschränkenden gesetzlichen Bestimmungen. Im wesentlichen ist er geregelt durch den § 1 der Kaiserlichen Verordnung, betreffend den Verkehr mit Arzneimitteln, vom 22. Oktober 1901. Nach dieser Verordnung findet nämlich auf „Seifen zum äußerlichen Gebrauche" die Bestimmung im Absatz 1 derselben keine Anwendung, derzufolge in einem besonderen Verzeichnisse (Verzeichnis A der Verordnung) aufgeführte Zubereitungen wie Abkochungen, Aufgüsse, Ätzstifte, Auszüge in fester oder flüssiger Form, trockne Gemenge von Salzen usw., flüssige Gemische und Lösungen, Kapseln, Latwergen, Linimente, Pastillen, Pflaster, Salben (Nr. 10 des Verzeichnisses), Suppositorien usw., von den namentlich angeführten Ausnahmen abgesehen, ohne Unterschied, ob sie heilkräftige Stoffe enthalten oder nicht, als Heilmittel (Mittel zur Beseitigung oder Linderung von Krankheiten bei Menschen oder Tieren) außerhalb der Apotheken nicht verkauft werden dürfen. Die medikamentösen Seifen sind also als arzneiliche Zubereitungen anzusehen, welche dem freien Verkehr überlassen sind, gleichgültig ob sie Stoffe enthalten, die nach § 2 der obigen Verordnung außerhalb der Apotheken nicht feilgehalten oder verkauft werden dürfen (Verzeichnis B der Verordnung) oder solche Stoffe, die in das Verzeichnis derjenigen Drogen, Präparate und Zubereitungen aufgenommen sind, welche laut Bekanntmachung vom 22. Juni 1896, betreffend die Abgabe starkwirkender Arzneimittel (Abgabeverordnung), auch in den Apotheken nur auf schriftliche Anweisung eines Arztes, Zahnarztes oder Tierarztes als Heilmittel abzugeben sind. Gewisse Beschränkungen im freien Verkehr erfahren lediglich die in der für alle Deutschen Bundesstaaten geltenden Polizei-Verordnung über den Handel mit Giften vom 24. August 1895 bzw. 22. Februar 1906 (Giftgesetz) als Gifte namhaft gemachten Kresolseifenlösungen, Lysol, Lysosolveol usw., welche nur an solche Personen abgegeben werden dürfen, die als zuverlässig bekannt sind und die benannten Präparate zu einem erlaubten gewerblichen, wirtschaftlichen oder wissenschaftlichen Zweck benutzen wollen.

Trotzdem also im allgemeinen die Tatsache, daß der Vertrieb medikamentöser Seifen dem freien Verkehr überlassen ist, aus dem Wortlaut der Verordnung klar hervorgeht, existiert doch über den in Frage stehenden Gegenstand eine ganze Reihe von teilweise einander widersprechenden Gerichtsentscheidungen, auf die hier näher einzugehen von Interesse ist. Ein Teil dieser Entscheidungen macht nämlich die Annahme, daß für den Begriff der Seife im Sinne der Kaiserlichen Verordnung auch Verwendungsart und Verwendungszweck von Bedeutung seien, und so werden z. B. durch ein Kammergerichtsurteil vom 9. Oktober 1908 — 1, S. 1034/08 — sowie durch ein solches vom 14. Februar 1910 — 1, S. 21/10 (Fleco-Flechtenseife) — bzw. 13. Januar 1910 — 1, S. 1062/10 (Rheumasan) — seifenhaltige Zubereitungen für dem freien Verkehr entzogene Heilsalben erklärt, weil sie nicht „unter Anwendung von Wasser zum Reinigen der Haut gebraucht", sondern ohne Wasser wie eine Salbe angewendet werden. Den gleichen Standpunkt nimmt auch das Oberlandesgericht zu Hamm in einem Urteil vom 13. Juni 1904 ein[1]).

Dieser Standpunkt kann jedoch nicht weiter aufrecht erhalten werden, und es sind namentlich in den verschiedenen Kommentaren zur Kaiserlichen Verordnung[2]) Bedenken gegen diese Auffassung laut geworden. Auch das Oberlandesgericht zu Dresden hat unter dem 30. September 1908 und dasjenige zu Naumburg unter dem 28. April 1911[3]) Art und Form der Seifenanwendung für unwichtig erklärt, und das Landgericht Königsberg spricht in einem Urteil vom 14. Juli 1905[4]) wörtlich aus, es sei „für den Charakter der Seife unerheblich, ob der Stoff von fester oder teigiger Beschaffenheit sei, oder ob er eine Anwendung von Wasser zur Benutzung voraussetzt."

Von Bedeutung bleibt jedoch immer der Gehalt einer medikamentösen Seife an wirklicher Seife, d. h. an fettsaurem Alkali. Dieser muß der Art sein, daß der Charakter einer medikamentösen Seife als „Seife" voll erhalten bleibt und darf nicht etwa nur als unwesentlicher Bestandteil in Frage kommen. Nach Sonnenfeld[5]) ist der Zusatz von Seife auch dann wesentlich, „wenn ihre Wirkung die medizinischen Zwecke fördert".

Es wird also, um das Gesagte an einem Beispiel zu erläutern, eine geringprozentige Sublimatseife, die vom preußischen Kammergericht als eine dem freien Verkehr überlassene Zubereitung erklärt worden ist, zu deren Verkauf nicht einmal eine Giftkonzession gehört, auch dann als dem freien Verkehr überlassen betrachtet werden müssen, wenn sie zum Zwecke äußerlicher Anwendung pulverförmig, als Tablette oder in flüssiger bzw. salbenartiger Form hergestellt ist, trotzdem das Subli-

---

[1]) Siehe Pharmazeut. Ztg. 1905, S. 35.
[2]) Siehe z. B. Sonnenfeld, Die reichsrechtlichen Bestimmungen betreffend den Handel mit Drogen und Giften. Guttentagsche Sammlung Deutscher Reichsgesetze Nr. 64, 2. Aufl., S. 65ff., sowie die Fußnote 4 auf S. 131.
[3]) Siehe S. 133.
[4]) Siehe Sammlung gerichtlicher Entscheidungen auf dem Gebiete der öffentlichen Gesundheitspflege. Beilage zu den Veröffentlichungen des Kais. Gesundheitsamtes 5, S. 574—575.
[5]) l. c. S. 67.

mat (Quecksilberchlorid) zu denjenigen Stoffen gehört, die auch in den Apotheken nur auf schriftliche Anweisung eines Arztes, Zahnarztes oder Tierarztes als Heilmittel verkauft werden dürfen.

Von besonderem Interesse ist hier eine „Salben und Seifen" genannte Abhandlung des auf diesem Gebiet als Autorität geltenden Geh. Justiz- und Kammergerichtsrates Dr. Kronecker[1]), die an das oben erwähnte Rheumasan-Urteil vom 13. Januar 1910 anknüpfend zu beweisen sucht, daß die in diesem Urteil ausgesprochenen Ansichten irrig seien. Bei der Bedeutung des Gegenstandes sei diese Arbeit im Folgenden wiedergegeben:

„Eine Berliner Firma bringt ‚Rheumasan' in den Handel, eine Zubereitung aus überfetteter Seife und Salicylsäure, welche gegen Rheumatismus angepriesen wird. Gegen die Urheber einer solchen Anzeige wurde 1909 ein Strafverfahren wegen Übertretung der Berliner Polizeiverordnung vom 30. Juni 1887[2]) (A. B. L. Potsdam 266) eingeleitet, wonach Arzneimittel, deren Verkauf gesetzlich beschränkt ist, zum Verkauf in Berlin weder öffentlich angekündigt noch angepriesen werden dürfen. Das Landgericht I Berlin verurteilte: Da Rheumasan ohne Anwendung von Wasser zu Hauteinreibungen verwendet werde, sei es als ‚Salbe' (Nr. 10 des Verzeichnisses A. zur Kaiserlichen Verordnung vom 22. Oktober 1901) den Apotheken vorbehalten, nicht aber als ‚Seife' (§ 1, Abs. 3 ebenda) freigegeben. Das Kammergericht trat dieser Begründung bei und wies die Revision des Angeklagten zurück. (Urteil des Landes-Strafsenat von 13. Januar 1910. 1. S. 1062/10. Veröffentl. Saml. gerichtl. Entsch. 6 S. 441, Med.-Arch. 1 S. 377).

Bei nochmaliger Durcharbeitung der Frage haben sich Bedenken gegen diese auch sonst[3]) vertretene Auffassung ergeben.[4])

§ 1 der Kaiserlichen Verordnung von 1901 bestimmt in Abs. 1: ‚Die in dem angeschlossenen Verzeichnisse A aufgeführten Zubereitungen dürfen ohne Unterschied, ob sie heilkräftige Stoffe enthalten oder nicht, als Heilmittel (Mittel zur Beseitigung oder Linderung von Krankheiten bei Menschen oder Tieren) außerhalb der Apotheken nicht feilgehalten oder verkauft werden.'

Abs. 3 lautet: ‚Auf Verbandstoffe (Binden, Gazen, Watten u. dgl.), auf Zubereitungen zur Herstellung von Bädern, sowie auf Seifen zum äußerlichen Gebrauche findet die Bestimmung in Abs. 1 nicht Anwendung.'

---

[1]) Medizinal-Archiv für das Deutsche Reich 1911, S. 504 ff. s. a. „Der Drogenhändler". Berlin 1912, Nr. 40, S. 309—310.
[2]) Vgl. meine Abhandlung „Preußische Polizeiverordnungen über Ankündigung von Arzneimitteln". Med. Arch. 1, S. 161, Anm. 3.
[3]) Urteil des Oberlandesgerichts zu Hamm vom 13. Juni 1904. Pharmazeut. Ztg. 1905, Nr. 35.
[4]) Vgl. zum Folgenden die Kommentare zur früheren Kaiserlichen Verordnung (1890) von Springfeld S. 300—303, Lebbin S. 75, 81, Nesemann S. 23 f., zur jetzigen von Boettger S. 42 f., Meissner S. 110—112, Cracau S. 64—66 und der Aufsatz „Zur Auslegung der Kaiserlichen Verordnung", Pharm. Ztg. 1902, Nr. 94 f.

Die Worte „zum äußerlichen Gebrauche" fehlten in der früheren Verordnung. Der Zusatz sollte einzelne zum inneren Gebrauche bestimmte Seifen, wie Sapo jalapinus, vom freien Verkehr ausschließen.

Die Auslegung des Begriffes „Seife" in Abs. 3 begegnet ganz besonderen Schwierigkeiten infolge der eigentümlichen Fassung der Kaiserlichen Verordnung, welche die Bezeichnung der einzelnen Mittel bald mit Rücksicht auf die Form wählt (so die meisten in den 11 Nummern des Verzeichnisses A als vorbehalten aufgeführten Zubereitungen), bald auf die Zusammensetzung, bald auf die Gebrauchsart („zum äußerlichen Gebrauche", „zum Gebrauche für Tiere"), bald auf die normale Zweckbestimmung („kosmetische", „Desinfektions"-Mittel, anders wieder Abs. 1 „als Heilmittel", wo die Zweckbestimmung im Einzelfalle entscheidet.)

Der Begriff „Seife" wird zwar verschieden definiert[1]), steht aber im wesentlichen in der Wissenschaft, der Technik und im praktischen Leben fest.

Seifen werden zum Waschen des Körpers und zu anderen kosmetischen Zwecken, zu technischem Gebrauch und als Heilmittel verwendet.

Bei Beantwortung der Frage, welche Seifen in § 1 Abs. 3 gemeint sind, ist zu berücksichtigen, daß diese Vorschrift eine Ausnahme von Abs. 1 darstellt; sie kann sich also nur auf Zubereitungen beziehen, die an sich unter eine der Nummern des Verzeichnisses A fallen. Schon aus diesem Grunde können gewöhnliche Wasch- und sonstige kosmetische Seifen hier nicht gemeint sein; denn sie sind unter keine dieser Nummern unterzubringen und überhaupt keine pharmazeutischen (physikalischen) Zubereitungen, sondern chemische Verbindungen[2]), ganz abgesehen davon, daß gewöhnliche Waschseifen überhaupt nicht unter eine Verordnung über den Verkehr mit Arzneimitteln fallen und daß andere kosmetische Seifen, selbst wenn sie ausnahmsweise als Heilmittel feilgehalten oder verkauft werden, nach § 1 Abs. 2a regelmäßig freigegeben sind. Da nun Seifen zu technischen Zwecken hier nicht in Betracht kommen, so können in Abs. 3 nur diejenigen von den zahlreichen medizinischen Seifen[3]) gemeint sein, welche in einer an sich unter eine Nummer des Verzeichnisses A fallenden Form feilgehalten werden.

Abs. 3 gibt diese Seifen, sofern sie zum äußerlichen Gebrauch bestimmt sind, unbeschränkt, also ohne Rücksicht auf Zusammensetzung, Zweckbestimmung, Form und Anwendungsart frei.

1. Zusammensetzung. Ist nur die Grundmasse eine „Seife", so kommt es auf die Art und Menge der medizinischen Bestandteile (Arzneistoffe),

---

[1]) Lebbin S. 75: „Seifen sind die zum äußerlichen Gebrauch bestimmten wasserlöslichen, schäumenden Salze gewisser höherer Fettsäuren, deren Natron-Verbindungen die harten Toiletteseifen und deren Kaliverbindungen die Schmierseifen bilden." — Meyer, Konv.-Lex. 6. Aufl. Bd. 18, S. 267: „Produkt der Einwirkung ätzender Alkalien und Wasser auf Fette."

[2]) Lebbin S. 76.

[3]) Lebbin S. 78 ff. zählt 87 Arten auf. Vgl. im übrigen hierzu Boettger S. 42, Meissner S. 110 ff.

deren Träger diese Grundmasse ist, nicht an. Es sind daher Seifen (ebenso wie Verbandstoffe) auch dann freigegeben, wenn sie Stoffe des Verzeichnisses B oder gar solche enthalten, welche in Apotheken ohne Anweisung eines Arztes, Zahnarztes oder Tierarztes nicht abgegeben werden dürfen (anders zum Teil bei den in Abs. 2a und b aufgeführten Mitteln).

2. Zweckbestimmung. Die Seifen sind auch dann freigegeben, wenn sie nicht nur als Heilmittel feilgehalten oder verkauft werden, sondern auch dann, wenn sie bestimmungsgemäß als solche dienen und wirken, und wenn diese Wirkung die Hauptsache ist. Die entgegenstehende Meinung von Springfeld (S. 301, Nr. 2 B) findet in § 1 keinen Anhalt. Ebenso ist es ohne Bedeutung, ob eine kürzer oder länger dauernde Einwirkung auf die Haut beabsichtigt wird.

3. Form. Es ist unerheblich, welche Form (Konsistenz) die medizinische Seife hat, ob sie z. B. als Seifenpille, Seifenpastille, Seifenlösung[1]) oder als Salbe feilgehalten[2]) wird.

4. Anwendungsart. Seifen zum äußerlichen Gebrauch sind freigegeben, gleichviel ob sie verdünnt (in Wasser gelöst) oder unverdünnt angewendet werden. Regelmäßig werden nur die festen („Kern"-) Seifen in Wasser gelöst, während die halbflüssigen und flüssigen eine weitere Verdünnung nicht erfahren und die salbenartigen (z. B. die Schmierseife) ohne Anwendung von Wasser wie Salben auf die Haut aufgestrichen werden.

Die gleiche Auffassung wird von den Oberlandesgerichten zu Dresden (Urt. vom 30. September 1908, Anm. 30 S. 207, Gew.-Arch. 9, S. 24 und vom 28. Oktober 1908, Veröffentl. Samml. gerichtl. Entsch. 6, S. 482, Med. Arch. 2, S. 70, betr. Hundeseifencreme) und Naumburg (Urt. vom 28. April 1911, Med.-Arch. 2, S. 395, betr. Frostseife) vertreten[3]).

Das „Rheumasan", welches nach den seinerzeit von der Berliner Strafkammer getroffenen Feststellungen aus überfetteter Seife als Grundmasse mit Salicylsäure als arzneilichem Zusatz besteht, ist deshalb, auch wenn es an sich als Salbe anzusehen sein sollte[4]) freigegeben.

Es ist anzunehmen, daß der Senat, falls die Frage noch einmal zu seiner Entscheidung gelangt, seine bisherige Rechtsprechung ändern wird."

---

[1]) Springfeld S. 301.
[2]) Arzneibuch für das Deutsche Reich, 5. Ausg. 1910, S. 450. „Arzneiliche Seifen sind Arzneizubereitungen, deren Grundmasse aus Seife besteht. Sie können von fester, salbenartiger, halbflüssiger Beschaffenheit sein."
[3]) Vergl. auch Urteil des Landgerichts zu Königsberg vom 12. Juli 1905. (Veröffentl. Samml. gerichtl. Entsch. 5. S. 474), betr. „Goltheria Rheumarid-Seife."
[4]) Nach dem Arzneibuch (S. 553) sind Salben (Unguenta) Arzneimittel zum äußeren Gebrauch, deren Grundmasse in der Regel aus Fett, Öl, Lanolin, Vaselin, Ceresin, Glycerin, Wachs, Harz, Pflastern und ähnlichen Stoffen oder deren Mischungen besteht. Danach ist es mindestens zweifelhaft, ob eine aus überfetteter Seife mit Salicylsäure bestehende Zubereitung hierher gehört.

Die in dieser Arbeit eingangs zitierte Polizeiverordnung vom 30. Juni 1887, derzufolge die Ankündigung aller Heilmittel verboten wird, deren Verkauf der Apotheke vorbehalten ist, ist unter dem 1. August 1912 durch eine neue Verordnung ersetzt worden. Nach derselben dürfen Arzneimittel, deren Verkauf beschränkt ist (vgl. Kaiserliche Verordnungen vom 22. Oktober 1901, R. G. Bl. S. 380 und vom 31. März 1911 R. G. Bl. S. 181.) im Landespolizeibezirk Berlin weder direkt noch indirekt öffentlich angekündigt oder angepriesen werden. Ähnliche Regierungs-Polizeiverordnungen sind in den meisten preußischen Provinzen und deutschen Bundesstaaten erlassen worden, die meisten beziehen sich allerdings auf „die öffentliche Ankündigung von Geheimmitteln, die dazu bestimmt sind, zur Verhütung oder Heilung menschlicher oder tierischer Krankheiten zu dienen". Da medikamentöse Seifen jedoch dem freien Verkehr überlassene Zubereitungen darstellen, besteht für ihre öffentliche Ankündigung, soweit eine solche nicht durch § 184 des Strafgesetzbuches[1]) allgemein untersagt ist, besonders dann kein Hindernis, wenn die jeweilige Zusammensetzung auf der Verpackung, in Prospekten, Broschüren usw. genau angegeben wird, was im Interesse des Ansehens der gesamten pharmazeutischen Seifenindustrie dringend zu wünschen bliebe.

---

[1]) Betreffend Mittel, die zu unzüchtigem Gebrauch bestimmt sind. (Präparate zur Verhinderung der Konzeption usw.)

VI. Anhang. Zusammenstellung der die Herstellung antiseptischer und medikamentöser Seifen und Seifenpräparate betreffenden Deutschen Reichspatente aus den Klassen 12, 22, 23 und 30.

Im Folgenden sind die deutschen Reichspatente aus den Klassen 12, 22, 23 und 30 zusammengestellt, soweit sie die Herstellung antiseptischer bzw. medikamentöser Seifen und Seifenpräparate betreffen. Dabei sind naturgemäß auch diejenigen Patente herangezogen, durch welche die Herstellung solcher Präparate geschützt wird, welche bei der Bereitung medikamentöser Seifen als Zusatzstoffe verwandt werden oder verwandt worden sind, ohne daß in jedem Falle der Zusatz dieser Stoffe zum Seifenkörper nochmals speziell geschützt ist. Berücksichtigt sind alle bis Ende Juli 1913 erteilten Patente.

Nach Möglichkeit ist neben Patentnummer, Klasse, Anmeldedatum, Patentinhaber, Titel und Patentanspruch auch der Handelsname der nach dem jeweiligen Verfahren hergestellten Präparate und eine eventuelle Literaturstelle angeführt, so daß in den meisten Fällen eine genauere Information auch über das Gebotene hinaus ermöglicht wird.

21 906. Kl. 23, vom 20. Juni 1882. Erloschen 1882.
Klara Simon in Berlin.
Verfahren und Apparat zur Herstellung von ozonhaltigem Terpentinöl und zur Anwendung desselben als Seifenzusatz.
Patentanspruch: Die Verwendung von auf elektrischem Wege hergestelltem und durch Terpentinöl gebundenem Ozon zur Seife.

29 290. Kl. 23, vom 8. April 1884. Erloschen 1895.
Fabrik chemischer Produkte, A.-G. in Berlin.
Verfahren zur Trennung des Seifenkernes von der Unterlauge durch Zentrifugieren.
Patentanspruch: Das Verfahren zur Herstellung von Kernseifen durch eine sofort nach dem Aussalzen vor dem Abkühlen vorgenommene Zentrifugierung in heißem Zustande und nachheriges Abkühlen des in geeigneten Formen aufgefangenen Kernes, wodurch ein Produkt erhalten wird, welches in praktisch-technischem Sinne vollständig neutral und laugenfrei ist und eine größere Härte und größere spezifische Dichtigkeit, sowie einen geringeren Wassergehalt besitzt als das nach den bekannten Verfahren erzeugte.

35 216. Kl. 12, vom 27. Mai 1885. Erloschen 1900.
Rudolf Schröter in Hamburg.
Verfahren zur Abscheidung von Ichthyolsulfosäure.

Patentanspruch: Die Abscheidung der Ichthyolsulfosäure aus dem bei der Sulfurierung des Seefelder „Stinköles" und von Mineralölen ähnlicher Zusammensetzung (die also etwa 10% Schwefel in natürlicher chemischer Bindung enthalten) erhaltenen Gemisch durch Vermischen desselben mit Wasser, Auflösen der abgeschiedenen Ichthyolsulfosäure in Wasser und Niederschlagen mit Kochsalz aus dieser Lösung.
Literatur: Pharm. Zentralh. **1883**, 113, 478; **1892**, 136. Chem. Ztg. **1903**, 984, 1011. (Zusammensetzung $C_{28}H_{36}S\,(SO_3H)_2$.)

38 416. Kl. 12, vom 9. Januar 1886. Erloschen 1899.
Dr. Emil Jacobsen in Berlin.
Verfahren zur Darstellung geschwefelter Kohlenwasserstoffe aus den in Paraffinen und Mineralölen enthaltenen ungesättigten Kohlenwasserstoffen, sowie Gewinnung der von ersteren derivierenden Sulfonsäuren und sulfonsauren Salze und der Halogenverbindungen der beiden letztgenannten.
Patentansprüche: 1. Darstellung und Isolierung geschwefelter Kohlenwasserstoffe durch Einwirkung von Schwefel auf die in den Paraffinen und Mineralölen enthaltenen ungesättigten Kohlenwasserstoffe in der Hitze.
2. Herstellung von Sulfonsäuren der nach 1. gewonnenen geschwefelten Kohlenwasserstoffe durch Behandlung derselben mit konzentrierter Schwefelsäure oder Chlorsulfonsäure.
3. Darstellung der Halogenverbindungen der genannten Sulfonsäuren und deren Salze durch Einwirkung der Halogene in wäßriger Lösung.
Handelsname: Thiol = sulfoniertes geschwefeltes Gasöl. Chem. Ind. **1892**, 301; **1895**, 434; **1897**, 8.

38 457. Kl. 23, vom 9. April 1886. Erloschen 1890.
W. Kirchmann in Ottensen.
Verfahren zur Herstellung neutraler und überneutraler Seife durch Zusatz von sulfooleinsaurem Ammoniak bzw. Sulfooleinsäure.
Patentanspruch: Herstellung neutraler und überneutraler Seifen durch bestimmten Zusatz von sulfooleinsaurem Ammoniak bzw. Sulfooleinsäure.

49 119. Kl. 23, vom 22. März 1888. Erloschen 1893.
John Thomson in London.
Herstellung von antiseptischen Seifen.
Patentanspruch: Die Herstellung von antiseptischen Seifen durch Zusatz von Quecksilberjodid, in Jodkalium im Überschuß gelöst, oder von Quecksilbercarbolat oder Quecksilbercyanid, in Kalium- oder Natriumhydrat im Überschuß gelöst, zu der noch nicht erstarrten oder im Wasserbad erweichten Seifenmasse.

52 129. Kl. 23, vom 8. Mai 1889. Teilweise nichtig 27. 5. 1896. Erloschen 1897.
Wilhelm Dammann in Halle a. S. Übertragen auf Schülke & Mayr in Hamburg.
Verfahren, um Teeröle vollständig in wäßrige Lösung zu bringen.
Patentansprüche: (mit abgeänderter Fassung nach der teilweisen Nichtigkeitserklärung, siehe Patentblatt 1896, 434, Nr. 22): 1. Verfahren, um Teeröle, mit Ausnahme der in Natronlauge löslichen Phenole (Kresole), vollständig wasserlöslich zu machen, gekennzeichnet durch die Behandlung des Teeröls mit einem Fett (fetten Öl) oder einem Harz, oder einer Fett- oder einer Harzsäure und einer Base (vorzugsweise einem Alkali) in wäßriger Lösung, wobei das Teeröl einer gegenseitigen innigen Einwirkung mit den genannten Substanzen — bzw. mit dem Reaktionsprodukt derselben — eventuell unter Zusatz eines Alkohols ausgesetzt wird.
2. Das im Patentanspruch 1 gekennzeichnete Verfahren, die Teeröle, mit Einschluß der in Natronlauge löslichen Phenole (Kresole), vollständig wasserlöslich zu machen, in Verbindung mit der Einführung eines Halogens oder einer ein solches, oder Schwefel, Phosphor oder Stickstoff enthaltenden Element- oder Atomgruppe in das Teeröl oder in eine der im Anspruch 1 genannten Substanzen oder in das Gemisch derselben.
Handelsname: Lysol (Sapocarbol). Chem. Ind. **1892**, 927; **1897**, 8; Chem. Ctrbl. **1903**, II, 598.

54 501. Kl. 12, vom 18. April 1888. Erloschen 1896.
Dr. Emil Jacobsen in Berlin.
Verfahren zur Darstellung neutraler Thiole.
Patentansprüche: 1. Reinigung der durch Behandlung der künstlich wie der natürlich geschwefelten Mineralöle mit konzentrierter Schwefelsäure erhaltenen Produkte durch Dialyse.

2. Darstellung trockener, nicht hygroskopischer Präparate aus den nach Patentanspruch 1 erhaltenen gereinigten Produkten durch Eindampfen bei einer 70° C nicht überschreitenden Temperatur, am besten im Vakuum.

56 065. Kl. 12, vom 3. Juni 1890. Erloschen 1892.
August Seibels in Berlin.
Verfahren zur Darstellung eines wasserlöslichen Produktes aus geschwefeltem Tran.
Patentanspruch: Verfahren zur Darstellung eines wasserlöslichen Produktes aus geschwefeltem Tran durch Verrühren des letzteren mit Kali- oder Natronlauge.

71 190. Kl. 23, vom 6. Mai 1892. Erloschen 1898.
J. D. Riedel, A.-G. in Berlin.
Verfahren zur Herstellung von Seifen, welche Schwefel chemisch gebunden enthalten.
Patentanspruch: Verfahren zur Herstellung von Seifen, welche Schwefel chemisch gebunden enthalten, darin bestehend, daß man ungesättigten Kohlenwasserstoffreihen angehörige Fett- oder Harzsäuren oder Fettsäureester (natürliche Fette und Öle) mit Schwefel auf 120° bis 160° erhitzt, wobei Addition des letzteren stattfindet, und dann die so erhaltenen Thiosäuren und Thiofette für sich oder unter Zusatz ungeschwefelter Fette bzw. Fett- und Harzsäuren unter Vermeidung höherer Temperatur durch Basen verseift.
Handelsname: Thiosapol = eine Natronseife, welche 10% an Fettsäuren gebundenen Schwefel enthält. Ber. d. deutsch. chem. Ges. 20. Ref. 181.

84 338. Kl. 30, vom 31. März 1894. Erloschen 1900.
Dr. M. M. Richter in Hamburg.
Desinfektions- und Konservierungsmittel.
Patentanspruch: Als Desinfektions- und Konservierungsmittel die Lösung von Formaldehyd in einem Kohlenwasserstoff, eventuell noch mit dem Zusatz einer alkoholischen Seifenlösung.

87 275. Kl. 30, vom 25. Dezember 1892. Erloschen 1896.
Dr. F. Raschig in Ludwigshafen a. Rh.
Verfahren zur Herstellung eines Kresol und freie Fettsäuren enthaltenden Desinfektionsmittels.
Patentanspruch: Verfahren zur Herstellung eines Desinfektionsmittels, welches vollkommen in Wasser löslich ist und zugleich Kresol und Fettsäure in ungebundener Form enthält,
a) durch Behandeln eines Gemisches von Kresol und Fettsäure mit einer zur Neutralisation der letzteren nicht hinreichenden Menge Alkali, oder
b) durch Lösen eines Gemisches von Seife und freier Fettsäure in Kresol, oder
c) durch Mischen einer Lösung von Kresolnatrium in Kresol mit einer größeren Menge von Fettsäure, als zur Neutralisation des im Kresolnatrium vorhandenen Alkali nötig wäre, oder
d) durch Erwärmen eines Gemisches von Kresol und Fettsäure mit einer zur Neutralisation der letzteren unzureichenden Menge von kohlensaurem Alkali.

88 082. Kl. 12, vom 13. Juni 1895. Erloschen 1910.
E. Merck in Darmstadt.
Verfahren zur Darstellung eines Kondensationsproduktes aus Tannin und Formaldehyd.

Patentanspruch: Darstellung eines Kondensationsproduktes aus Tannin und Formaldehyd, darin bestehend, daß ein Kondensationsmittel zu einer Lösung der beiden Stoffe hinzugefügt wird.

Handelsname: Tannoform = Methylenditannin. Chem. Ztg. **1897**, 223; **1899**, 369; Chem. Ctrbl. **1898**, II, 376.

88 520. Kl. 12, vom 18. Mai 1895. Erloschen 1910.
Franz Fritzsche & Co. in Hamburg.
Verfahren zur Herstellung eines festen wasserlöslichen Antisepticums und Desinfektionsmittels.

Patentansprüche: 1. Verfahren zur Herstellung eines wasserlöslichen Desinfektionsmittels, gekennzeichnet durch die Behandlung von Oxychinolin in alkoholischer Lösung mit Kaliumpyrosulfat.

2. Eine spezielle Ausführungsform des Verfahrens nach Anspruch 1, darin bestehend, daß man 2 Molekulargewichtsteile o-Oxychinolin in alkoholischer Lösung so lange mit 1 Molekulargewichtsteil Kaliumpyrosulfat ($K_2S_2O_7$) oder der entsprechenden Natriumverbindung in der Wärme aufeinander einwirken läßt, bis die chemische Umsetzung vollendet, d. h. die Masse frei von Oxychinolin oder Kaliumpyrosulfat ist, und das so gewonnene, vom Alkohol in der Kälte befreite und getrocknete Produkt schließlich pulvert und preßt.

Handelsname: Chinosol. Chem. Ztg. **1896**, 287; **1897**, 222; **1898**, 683; Chem. Ctrbl. **1897**, I, 610, 874; **1900**, I, 50.

92 017. Kl. 23, vom 24. Juli 1894. Erloschen 1909.
Dr. R. Gartenmeister in Elberfeld, übertragen auf Gronewald & Stommel in Elberfeld.
Verfahren zur Herstellung fester benzinlöslicher Seifen.

Patentanspruch: Verfahren zur Herstellung eines in Kohlenwasserstoffen, im speziellen Benzin, ohne andre Zusätze löslichen festen sauren Natron- oder Kalisalzes der Ölsäure, dadurch gekennzeichnet, daß dasselbe als Hydrat entsprechend der Formel

$$C_{18}H_{33}O_2Na, \; C_{18}H_{34}O_2 + 4\,H_2O$$

dargestellt wird entweder aus der neutralen Seife mit Ölsäure oder durch halbe Sättigung der Ölsäure oder durch halbe Zersetzung der neutralen Seife in Gegenwart von Wasser.

92 259. Kl. 12, vom 27. März 1896. Erloschen 1904.
Dr. Alexander Classen in Aachen.
Verfahren zur Darstellung von Verbindungen von Stärke- und Gummiarten mit Formaldehyd.

Patentanspruch: 1. Verfahren zur Darstellung von Verbindungen der Stärke und stärkeähnlichen Substanzen (Dextrin, Gummiarten, Pektinstoffe u. a.) mit Formaldehyd, darin bestehend, daß man diese Substanzen, bzw. die sie enthaltenden Algen und Flechten mit Formaldehyd bei gewöhnlicher oder höherer Temperatur, eventuell unter Druck, in Reaktion bringt und die entstehenden Formaldehydverbindungen nach dem Trocknen bei gewöhnlicher oder höherer Temperatur von dem überschüssigen Formaldehyd durch Auskochen mit Wasser oder Behandeln im Dampfstrom oder Behandeln mit verdünntem Natriumbisulfit befreit.

2. Die Abänderung des im Anspruch 1 gekennzeichneten Verfahrens dahin, daß an Stelle von Formaldehyd Formaldehyd abgebende oder in Formaldehyd spaltbare Substanzen oder dem Formaldehyd oder Methylenglykol verwandte Verbindungen angewendet werden.

Handelsname: Amyloform = Verbindung aus Stärke und Formaldehyd, Dextroform = Verbindung aus Dextrin und Formaldehyd. Chem. Ztg. **1897**, 223; **1898**, 683; Chem. Ctrbl. **1897**, II, 430.

93 111. Kl. 12, vom 31. Juli 1896. Erloschen 1898.
Dr. Alexander Classen in Aachen.
Verfahren zur Herstellung von Estern der im Patent Nr. 92 259 beschriebenen Formaldehydverbindungen der Stärke und stärkeähnlichen Substanzen.

Patentanspruch: Verfahren zur Herstellung von Estern der in dem Patente Nr. 92 259 beschriebenen Formaldehydverbindungen der Stärke und stärkeähnlichen Substanzen (Dextrin, Gummiarten, Pektinstoffe u. a.), indem man entweder die Formaldehydverbindungen selbst verestert oder auf die Ester der Stärke und stärkeähnlichen Substanzen gemäß dem durch genanntes Patent geschützten Verfahren Formaldehyd einwirken läßt.

94 628. Kl. 12, vom 18. Dezember 1896. Zusatz zu 92 259. Erloschen 1894.
Dr. Alexander Classen in Aachen.
Verfahren zur Darstellung von Verbindungen von Stärke und Gummiarten mit Formaldehyd.
Patentanspruch: Eine Ausführungsform des durch das Patent Nr. 92 259 geschützten Verfahrens zur Darstellung von Verbindungen von Stärke und stärkeähnlichen Substanzen mit Formaldehyd, darin bestehend, daß man behufs Gewinnung von an Formaldehyd reicheren Verbindungen die dort genannte Behandlung der Stärke usw. mit dem Formaldehyd wiederholt vornimmt.

95 518. Kl. 12, vom 7. Januar 1897. Erloschen 1900.
Dr. Alexander Classen in Aachen.
Verfahren zur Darstellung von Verbindungen der Stärke und stärkeähnlichen Substanzen mit Acetaldehyd oder Paraldehyd.
Patentanspruch: Verfahren zur Darstellung von Verbindungen der Stärke oder stärkeähnlichen Substanzen (Dextrin, Gummiarten, Pektinstoffe) mit Acetaldehyd oder Paraldehyd, darin bestehend, daß man diese Substanzen oder die sie enthaltenden Algen und Flechten unter Benutzung des Verfahrens des Patentes Nr. 92 259 mit den genannten Aldehyden bei höherer Temperatur unter Druck in Reaktion bringt und die erhaltenen Verbindungen durch Alkohol oder ein anderes Lösungsmittel vom überschüssigen Aldehyd befreit.

97 164. Kl. 12, vom 21. Februar 1897. Erloschen 1899.
Dr. Carl Goldschmidt in Frankfurt a. M.
Darstellung eines geruchlosen Desinfektionsmittels aus Harnstoff und Formaldehyd.
Patentanspruch: Das Verfahren der Darstellung eines geruchlosen Desinfektionsmittels durch Einwirkenlassen von überschüssiger Formaldehydlösung auf Harnstoff in alkalischer Lösung.

99 378. Kl. 12, vom 18. Dezember 1896. 2. Zusatz zu 92 259. Erloschen 1904.
Dr. Alexander Classen in Aachen.
Verfahren zur Darstellung von löslichen Verbindungen von Stärke und Gummiarten mit Formaldehyd.
Patentansprüche: 1. Eine Ausführungsform des durch das Patent Nr. 92 259 geschützten Verfahrens zur Darstellung von Verbindungen der Stärke und Gummiarten mit Formaldehyd, darin bestehend, daß man behufs Gewinnung von löslichen Verbindungen den Formaldehyd auf die Stärke und die Gummiarten bei einer Temperatur von 100° bis 115° unter Druck einwirken läßt, das Reaktionsprodukt mit Alkohol reinigt, dann bei 50° bis 60° trocknet und das fein verteilte Produkt zur Entfernung des noch vorhandenen freien Formaldehyds wiederholt mit Alkohol auskocht.

2. Die Abänderung des im Anspruch 1 gekennzeichneten Verfahrens dahin, daß an Stelle von Formaldehyd Formaldehyd abgebende oder in Formaldehyd spaltbare Substanzen oder dem Formaldehyd verwandte Verbindungen angewendet werden.

Handelsname: Formalindextrin, Chem. Ind. **1900**, 48.

99 570. Kl. 12, vom 2. November 1897. Erloschen 1899.
Dr. Arthur Speier in Berlin.
Verfahren zur Darstellung unlöslicher Formaldehydverbindungen aus Phenolen, bzw. Naphtholen, Formaldehyd und Ammoniak.

Patentanspruch: Die Darstellung unlöslicher Formaldehydverbindungen aus Phenolen bzw. Naphtholen, Formaldehyd und Ammoniak in der Weise, daß man mehrwertige Phenole oder Naphthole, Formaldehyd und Ammoniak, ohne zu kühlen, aufeinander einwirken läßt.
Handelsname: Eugenoform = Kondensationsprodukt von Eugenol und Formaldehyd. Chem. Ind. **1900**, 298, Chem. Ctrbl. **1899**, II, 626.

100 874. Kl. 12, vom 30. November 1897. Erloschen 1905.
Chemische Fabrik Pfersee-Augsburg, Dr. von Rad in Augsburg.
Verfahren zur Darstellung von Verbindungen des Caseins mit Schwermetallen, wie z. B. Quecksilber, Silber und Eisen.
Patentanspruch: Verfahren zur Darstellung von Verbindungen des Caseins mit Schwermetallen, wie z. B. Quecksilber, Silber und Eisen, darin bestehend, daß man freies Casein in Alkohol suspendiert und mit konzentrierten wäßrigen oder alkoholischen Lösungen der betreffenden Metallsalze auf dem Wasserbade kocht.

112 456. Kl. 23, vom 27. Mai 1897. Erloschen 1912.
Wilh. Schuh i. Fa. Carl Kreller in Nürnberg. Übertragen auf Compagnie Ray m. b. H. in Nürnberg.
Verfahren zur Herstellung eiweißhaltiger Seife.
Patentanspruch: Verfahren zur Herstellung einer eiweißhaltigen Seife, dadurch gekennzeichnet, daß natürliches Albumin bzw. der Gesamtinhalt des Hühnereies mit Formaldehyd versetzt und dem Fett und der Lauge vor der Verseifung auf kaltem Wege zugefügt wird.
Handelsname: Rayseife.

116 255. Kl. 30, vom 30. November 1897. Erloschen 1905.
Chemische Fabrik Pfersee-Augsburg, Dr. von Rad in Augsburg.
Verfahren zur Darstellung einer antiseptischen Quecksilberseife.
Patentanspruch: Verfahren zur Darstellung antiseptischer Quecksilberseifen, darin bestehend, daß man Quecksilberkasein oder eine andere Quecksilbereiweißverbindung der zum Verseifen zu verwendenden Natronlauge bzw. Kalilauge vor dem Verseifen mit Ölen beimischt.
Handelsname: Sapodermin, Lavoderma, Chem. Ctrbl. **1900**, I, 1208.

116 359. Kl. 30, vom 23. September 1899. Erloschen 1901.
Berliner Holz-Comptoir in Berlin-Charlottenburg.
Pyridinhaltiges Desinfektionsmittel.
Patentanspruch: Als desinfizierende und insekticide Flüssigkeit eine Lösung von Pyridin in Seifenlösung.

116 360. Kl. 30, vom 23. September 1899. Erloschen 1902.
Berliner Holz-Comptoir in Berlin-Charlottenburg.
Pyridinhaltiges Desinfektions- und Konservierungsmittel.
Patentanspruch: Desinfektions- und Konservierungsmittel, hergestellt durch Vermischen einer Seifenlösung mit einer Lösung von Pyridin in Ölen.

122 354. Kl. 23, vom 13. Juli 1900. Zusatz zu 112 456. Erloschen 1912.
Compagnie Ray m. b. H. in Nürnberg.
Verfahren zur Herstellung eiweißhaltiger Seife.
Patentanspruch: Eine Ausführungsform des durch das Patent 112 456 geschützten Verfahrens zur Herstellung einer eiweißhaltigen Seife, dadurch gekennzeichnet, daß das mit Formaldehyd behandelte Albumin fertiger, fein verteilter (gehobelter oder pulverisierter) Seifenmasse hinzugesetzt und die Masse zweckmäßig in der bei der Herstellung pilierter Seifen üblichen Weise verarbeitet wird.
Handelsname: Rayseife.

125 095. Kl. 12, vom 25. März 1900. Zusatz zu 74 634. Erloschen 1908.
Chemische Fabrik auf Aktien (vorm. E. Schering) in Berlin.

Verfahren zur Darstellung alkalischer, Eiweiß nicht koagulierender antiseptischer Quecksilberverbindungen.
Patentansprüche: 1. In weiterer Ausbildung der durch Patent 74 634 geschützten Erfindung das Verfahren zur Herstellung antiseptischer alkalischer Quecksilberverbindungen vermittelst solcher organischer Basen, die nicht toxisch sind und nicht Eiweiß koagulieren, wie Äthylendiamin und dessen Alkylderivate.
2. In dem durch vorstehenden Anspruch geschützten Verfahren der Ersatz der gekennzeichneten organischen Basen durch deren Carbonate.
Handelsname: Sublamin = Quecksilbersulfat-Äthylendiamin, Chem. Ctrbl. **1902**, I, 494; Chem. Ztg. **1902**, 378.

126 292. Kl. 30, vom 26. Oktober 1898. Erloschen 1904.
Dr. Th. Weyl in Charlottenburg.
Herstellung eines Desinfektionsmittels mit Hilfe von Ozon.
Patentanspruch: Herstellung eines Desinfektionsmittels mit Hilfe von Ozon, dadurch gekennzeichnet, daß Ozon oder ozonhaltige Gase längere Zeit in Seifenlösung eingeleitet werden und die Lösung eventuell im luftverdünnten Raum eingedampft wird.

129 075. Kl. 30, vom 25. Mai 1901. Erloschen 1906.
Firma C. D. Wunderlich in Nürnberg.
Haarpflegemittel.
Patentanspruch: Haarpflegemittel, bestehend aus einer Emulsion einer Mischung fettsaurer alkalischer Erden oder eigentlicher Erden mit neutralen fettsauren Alkalien und Fettsäuren und eventuell noch sehr wenig Harzsäuren.

132 660. Kl. 12, vom 30. Dezember 1900. Erloschen 1912.
Auguste Lumière und Louis Lumière in Lyon-Montplaisir.
Verfahren zur Herstellung metallorganischer Verbindungen des Quecksilbers mit den Sulfosäuren der Phenole und Naphthole.
Patentanspruch: Verfahren zur Darstellung metallorganischer Verbindungen des Quecksilbers, dadurch gekennzeichnet, daß Natriumsalze der Mono-, Di-, Tri-, oder Polysulfosäuren der Phenole und Naphthole mit Quecksilberoxyd gekocht werden und die vom überschüssigen Quecksilberoxyd eventuell abfiltrierte Lösung zwecks Isolierung der entstandenen Verbindungen eingedampft oder mit Alkohol gefällt wird.
Handelsname: Hermophenyl = Quecksilberphenoldisulfosaures Natrium, Chem. Ztg. **1903**, 468.

134 406. Kl. 23, vom 7. September 1898. Erloschen 1900.
Richard Adam in Friedenau b. Berlin.
Verfahren zur Herstellung einer salbenartigen Spiritusseife.
Patentanspruch: Verfahren zur Herstellung von salbenartiger Spiritusseife, dadurch gekennzeichnet, daß man eine Lösung von 25—30% Seife in dementsprechend 75—65% erwärmtem Alkohol erkalten läßt und die erstarrte Masse mittels geeigneter Vorrichtungen verreibt.

134 933. Kl. 23, vom 15. Dezember 1900.
Oscar Heller in Berlin.
Verfahren zur Herstellung eiweißhaltiger Seife.
Patentanspruch: Verfahren, Eiweiß in eine zur Einführung in Seife geeignete Form überzuführen, dadurch gekennzeichnet, daß Eiweiß und Eidotter entweder zusammen oder jedes für sich so lange mit Methyl- oder Äthylalkohol versetzt werden, bis ein dicker, krümliger Brei entsteht, welcher nach mechanischer Entfernung des Alkohols mit wasserfreiem Wollfett oder Vaselin zu einer gleichmäßigen Salbe verrührt und der neutralen Grundseife zugesetzt wird.

136 565. Kl. 12, vom 24. Oktober 1900. Erloschen 1907.
Dr. E. L. Doyen in Paris.
Verfahren zur Herstellung einer Formaldehydcaseinverbindung.

Patentanspruch: Verfahren zur Darstellung einer Formaldehydcaseinverbindung, dadurch gekennzeichnet, daß man pulverförmiges Casein nach Digestion mit Formaldehydlösung trocknet, mit verdünnter Alkalilauge behandelt und längere Zeit bei gewöhnlicher Temperatur mit konzentrierter Formaldehydlösung digeriert.

137 560. Kl. 23, vom 30. Dezember 1900. Erloschen 1910.
Auguste Lumière und Louis Lumière in Lyon-Montplaisir.
Verfahren zur Herstellung von antiseptischen Seifen.
Patentanspruch: Verfahren zur Herstellung von antiseptischen Seifen, dadurch gekennzeichnet, daß man den Seifenmaterialien während des Verseifungsprozesses oder der fertigen Seife die nach Patent 132 660 geschützten organischen Verbindungen des Quecksilbers beimischt.
Handelsname: Hermophenylseife = 2,5% quecksilberphenoldisulfosaures Natrium enthaltende Natronseife.

138 988. Kl. 30, vom 16. Mai 1902.
Wilhelm Fischer in Alt-Buchhorst bei Grünheide i. M., Laczar Zucker in Charlottenburg und Nikolaus Hoock in Berlin. Übertragen auf. L. Zucker & Co., Berlin.
Verfahren zur Herstellung eines seifenartigen Arzneimittels aus Süßwasserkalk (Tuffstein).
Patentanspruch: Verfahren zur Überführung der in Süßwasserkalk enthaltenen organischen Bestandteile in eine leicht resorbierbare Form, dadurch gekennzeichnet, daß man auf den Kalk Fette oder Fettsäuren in der Wärme einwirken läßt.
Handelsname: Zuckers Patent-Medizinalseife.

140 827. Kl. 12, vom 24. Dezember 1901. Erloschen 1904.
Dr. W. Majert in Berlin.
Verfahren zur Darstellung geschwefelter Methyl- und Äthylester von Fettsäuren.
Patentanspruch: Verfahren zur Darstellung geschwefelter Methyl- und Äthylester von Fettsäuren, dadurch gekennzeichnet, daß man die Methyl- und Äthylester der aus tierischen und pflanzlichen Fetten gewinnbaren Fettsäuren oder Fettsäuregemische bei niedriger Temperatur mit Chlorschwefel oder bei höherer Temperatur mit Schwefel behandelt.

141 744. Kl. 30. vom 21. Februar 1900.
Lysoform, G. m. b. H. in Berlin.
Verfahren zur Herstellung eines Desinfektionsmittels aus Kaliseife und Formaldehyd.
Patentanspruch: 1. Verfahren zur Herstellung eines Desinfektionsmittels, darin bestehend, daß man Kaliseife mit Hilfe von Wasser und Formaldehyd verflüssigt.
2. Ausführungsform des durch Anspruch 1 gekennzeichneten Verfahrens, darin bestehend, daß man Kaliseife mit Wasser zu einer salbenartigen Masse verrührt und in diese Formaldehyd bis zur Verflüssigung der Masse einleitet.
3. Eine weitere Ausführungsform des durch Anspruch 1 gekennzeichneten Verfahrens, darin bestehend, daß man der nach Patentanspruch 2 verwendeten Wassermenge schon vor ihrer Mischung mit der Seife die zur Verflüssigung nötige Menge Formaldehyd zusetzt.
Handelsname: Lysoform, Chem. Ztg. **1901**, 422; Chem. Ctrbl. **1901**, I, 1384; II, 651, 1124; Chem. Ind. **1904**, 144.

142 017. Kl. 30, vom 20. März 1902.
Paul Bachmann in Köln a. Rh.
Verfahren zur Darstellung eines Dioxydinaphthylmethanpräparates.
Patentanspruch: Verfahren zur Herstellung eines wasserlöslichen Dioxydinaphthylmethanpräparates, dadurch gekennzeichnet, daß eine Lösung von β-Naphthol in Formaldehydlösung unter Zusatz flüssiger Kaliseife bis zur Beendigung der Kondensationsreaktion erwärmt wird.
Handelsname: Septoforma.

145 390. [Kl. 30, vom 20. Februar 1902. Zusatz zu 141 744.
Lysoform G. m. b. H. in Berlin.
Verfahren zur Herstellung geruchloser oder schwachriechender flüssiger Desinfektionsmittel aus Formaldehyd.
Patentanspruch: Das durch Patent 141 744 geschützte Verfahren zur Herstellung eines geruchlosen oder schwachriechenden Desinfektionsmittels dahin abgeändert, daß man Kaliseife mittels monomolekularen oder polymeren Formaldehyds ohne Zusatz irgendwelcher Lösungsmittel bei höherer Temperatur und unter Druck verflüssigt.

148 794. Kl. 22. vom 4. März 1902. Erloschen 1907.
Dr. G. A. Raupenstrauch in Wien.
Verfahren zur Herstellung von als Anstrich-, Imprägnierungsmittel bzw. als Desinfektionsmittel o. dgl. zu verwendenden Metallseifenlösungen.
Patentansprüche: 1. Verfahren zur Herstellung von als Anstrich-, Imprägnierungsmittel bzw. als Desinfektionsmittel oder dgl. zu verwendenden Metallseifenlösungen, dadurch gekennzeichnet, daß man Lösungen von Seifen der Alkalien (Alkali- oder Ammoniumseifen) bzw. von Gemischen zweier oder mehrerer derartiger Seifen in Phenolen, Kresolen, rohen Carbolsäuren u. dgl. mit einer wäßrigen Metallsalzlösung in geeigneten Verhältnissen versetzt, wobei, je nachdem die Seife ganz oder teilweise in die Metallseife übergeführt wird, unlösliche oder wasserlösliche Produkte erhalten werden.
2. Ausführungsform des Verfahrens nach Anspruch 1, dadurch gekennzeichnet, daß man Fett- oder Harzsäuren in Phenol oder dgl. löst und auf die Lösung behufs Bindung der Säure bzw. Bildung der Seifen entweder nur Metalloxydverbindungen oder zum Teil auch Alkalien einwirken läßt.
3. Ausführungsform des Verfahrens nach Anspruch 1 und 2, dadurch gekennzeichnet, daß man in bekannter Weise hergestellte Metallseifen mit Phenolen bzw. Phenolen und Alkaliseifen vermischt.
4. Ausführungsform des Verfahrens nach Anspruch 1 bis 3, dadurch gekennzeichnet, daß man behufs Herstellung wasserlöslicher Produkte die wasserunlöslichen Lösungen von Metallseifen in Phenol oder dgl. mit einer entsprechenden Menge von Alkaliseifen oder der wasserlöslichen Lösungen von Metallseifen in Phenol oder dgl. vermischt.

148 795. Kl. 22, vom 4. März 1902. Zusatz zu 148 794. Erloschen 1907.
Dr. G. A. Raupenstrauch in Wien.
Verfahren zur Herstellung von als Anstrich-, Imprägnierungsmittel bzw. als Desinfektionsmittel o. dgl. zu verwendenden Metallseifenlösungen.
Patentanspruch: Eine Abänderung des im Patent 148 794 beschriebenen Verfahrens zur Herstellung von Metallseifenlösungen, dadurch gekennzeichnet, daß bei der Darstellung der wasserlöslichen Metallseifen die Phenole ganz oder teilweise durch Teer- bzw. Petroleumkohlenwasserstoffe ersetzt werden.

149 273. Kl. 30, vom 24. Februar 1903. Erloschen 1905.
Chemische Werke „Hansa", G. m. b. H. in Hemelingen bei Bremen.
Verfahren zur Herstellung von Lösungen sonst unlöslicher oder schwer löslicher Antiseptica.
Patentansprüche: 1. Verfahren zur Herstellung von Lösungen sonst unlöslicher bzw. schwer löslicher Antiseptica, wie Thymol, Salol, Menthol, welche diese Antiseptica in freiem Zustande neben freiem Formaldehyd enthalten und in jedem Verhältnis mit Wasser mischbar sind, dadurch gekennzeichnet, daß der löslich zu machende Stoff in einer neutralen Seifenlösung unter Zuleitung von Formaldehyd aufgelöst wird.
2. Eine Ausführungsform des Verfahrens nach Anspruch 1, dadurch gekennzeichnet, daß eine überfettete Seifenlösung als Lösungsmittel angewendet wird.
Handelsname: Aldthyform, enthält 25% Thymol und 10% Formaldehyd.
Chem. Ind. **1904**, 421.

149 335. Kl. 23, vom 9. Mai 1903.
H. Giessler und Dr. H. Bauer in Stuttgart. Übertragen auf Fabriken von Dr. Thompsons Seifenpulver Düsseldorf.
Verfahren zur Herstellung von nichtätzenden, aktiven Sauerstoff entwickelnden Seifen.
Patentanspruch: Verfahren zur Herstellung von nichtätzenden, aktiven Sauerstoff entwickelnden Seifen für Reinigungs-, Bleich-, antiseptische und kosmetische Zwecke, dadurch gekennzeichnet, daß man gewöhnlicher Grundseife ein Alkali- oder Ammoniumsalz der Übersäuren des Bors oder Kohlenstoffs, entweder im gepulverten Zustand oder mit glycerinfreien Fettkörpern, wie Lanolin, Walratlösungen, Vaselin oder Paraffin, zu einer Salbe verrieben, einverleibt.
Handelsname: Sapozon. Chem. Ctrbl. **1907**, I, 1450.

149 793. Kl. 23, vom 6. Juli 1900. Erloschen 1911.
Arthur Wolff in Breslau.
Verfahren zur Darstellung einer Spiritusseife von hohem Schmelzpunkt.
Patentanspruch: Verfahren zur Herstellung einer Spiritusseife von hohem Schmelzpunkt, dadurch gekennzeichnet, daß man hochprozentigem Spiritus erhebliche Mengen Natronseife (entsprechend 6 bis 20% wasserfreier Seife) zusetzt.
Handelsname: Sapal = Spiritus-Cocosnatronseife, Sapalcol = dasselbe Präparat zu einem gleichmäßigen Brei verrieben. Chem. Ctrbl. **1907**, II, 352.

149 826. Kl. 30, vom 4. März 1903.
Wincenty Matzka in Bohdanec b. Pardubitz (Böhmen). Übertragen auf Chemische Fabrik Vechelde, Vechelde b. Braunschweig.
Verfahren zur Gewinnung eines für die Herstellung von Schwefelbädern geeigneten Präparates.
Patentansprüche: 1. Verfahren zur Gewinnung eines für die Herstellung von Schwefelbädern geeigneten Präparates durch Auflösen von Schwefelleber, dadurch gekennzeichnet, daß Schwefelleber in Weingeist gelöst und mit ätherischen, am besten aus den Nadeln der Nadelhölzer durch Destillation mit Wasserdampf gewonnenen Ölen versetzt wird, zu dem Zwecke, die Zersetzung der Schwefelleber durch Wasser zu verhindern.
2. Eine Ausführungsform des Verfahrens nach Anspruch 1, dadurch gekennzeichnet, daß in dem bei der Destillation der Nadeln mit Wasserdampf gewonnenen Destillate Schwefelleber aufgelöst und die Lösung mit Alkohol ausgeschüttelt wird, worauf die alkoholische Lösung für sich oder nach Zusatz weiterer Mengen der genannten ätherischen Öle verwendet wird.
Handelsname: Thiopinol „Matzka". Chem. Ctrbl. **1905**, I, 1728.

154 548. Kl. 30. vom 26. Juni 1902.
Dr. Rudolf Reiss in Charlottenburg.
Verfahren zur Herstellung einer leicht resorbierbaren, salbenförmigen Salicylsäureseife.
Patentanspruch: Verfahren zur Darstellung einer leicht resorbierbaren, salbenförmigen Salicylsäureseife, dadurch gekennzeichnet, daß von jeglichem Wassergehalte befreite, neutrale oder überfettete Kali- oder Natronseife bzw. deren Gemenge mit Vaselin innig verrieben und der so erhaltenen Salbe nach etwaigem nochmaligem Erhitzen freie Salicylsäure in geeigneter Weise einverleibt wird.
Handelsname: Rheumasan = Überfettete Seifencreme mit 10% Salicylsäure. Ester-Dermasan = Überfettete Seifencreme mit 10% Salicylsäure und 10% Salicylsäureestern. Chem. Ind. **1904**, 188.

157 355. Kl. 12, vom 20. Juni 1902. Erloschen 1909.
Dr. Alfred Einhorn in München.
Verfahren zur Darstellung von Verbindungen der Amide einbasischer Säuren mit Formaldehyd.
Patentanspruch: Verfahren zur Darstellung von Verbindungen der Amide einbasischer Säuren mit Formaldehyd, dadurch gekennzeichnet, daß man Formal-

dehyd auf die Amide einbasischer Säuren in Gegenwart basisch reagierender Kondensationsmittel einwirken läßt.
Handelsname: Formicin = Formaldehyd-acetamid. Chem. Ctrbl. **1905**, II, 1280, 1751.

157 385. Kl. 30, vom 10. April 1903. Zusatz zu 154 548.
Dr. Rudolf Reiss in Charlottenburg.
Verfahren zur Herstellung leicht resorbierbarer, medikamentöser Salbenseifen.
Patentanspruch: Verfahren zur Herstellung leicht resorbierbarer, medikamentöser Salbenseifen nach Patent 154 548, dahin abgeändert, daß statt Salicylsäure andere medikamentöse Stoffe, welche bei Anwesenheit von Wasser auf Alkaliseifen zersetzend einwirken, verwendet werden.

157 737. Kl. 23, vom 27. November 1903. Erloschen 1909.
Deutsche Gold- und Silberscheideanstalt vorm. Rössler in Frankfurt a. M.
Verfahren zur Darstellung antiseptischer Seifen.
Patentanspruch: Verfahren zur Herstellung antiseptischer Seifen, darin bestehend, daß man Seifen beliebiger Zusammensetzung mit Zinksuperoxyd versetzt.
Handelsname: Ektoganseife. Chem. Ctrbl. **1903**, I, 784.

161 939. Kl. 12, vom 29. Januar 1901. Erloschen 1913.
Dr. L. Sarason in Berlin, übertragen auf Karl August Lingner in Dresden, übertragen auf Lingner Werke A.-G. Dresden.
Verfahren zur Darstellung eines Kondensationsproduktes aus Holzteer und Formaldehyd.
Patentanspruch: Verfahren zur Darstellung eines fast geruchlosen, nicht färbenden, ungiftigen, alkalilöslichen und reizlosen Produktes aus Holzteer, dadurch gekennzeichnet, daß man auf Holzteer Formaldehyd bei Gegenwart von Kondensationsmitteln einwirken läßt.
Handelsname: Pittylen. Chem. Ind. **1906**, 248. Chem. Ctrbl. **1906**, I, 953.

163 323. Kl. 30, vom 17. Januar 1901.
Dr. Robert Groppler in Berlin. Übertragen auf Chemische Werke Reiherstieg in Hamburg.
Verfahren zur Darstellung fester Formaldehydlösungen.
Patentansprüche: 1. Verfahren zur Darstellung fester Formaldehydlösungen, dadurch gekennzeichnet, daß man gewöhnliche oder ausgetrocknete, neutrale oder saure Natronseife aus beliebiger Fettsäure in wäßriger Formaldehydlösung in der Wärme so lange auflöst, bis eben in der Kälte Erstarrung eintritt.
2. Eine Ausführungsform des durch Anspruch 1 gekennzeichneten Verfahrens, darin bestehend, daß man eine Fettsäure, insbesondere Stearinsäure mit Natriumcarbonat oder Natronlauge behufs Bildung von Seife behandelt und nach erfolgter Seifenbildung die Masse in der Formaldehydlösung auflöst.
3. Eine Ausführungsform des durch Anspruch 1 bzw. 2 gekennzeichneten Verfahrens, darin bestehend, daß man je einer berechneten Menge Natronseifenlösung Formaldehydgas zufügt.
4. Eine Ausführungsform des durch Anspruch 1 gekennzeichneten Verfahrens, darin bestehend, daß äquivalente Mengen Natriumhydrat oder -carbonat und Fettsäure in der Formaldehydlösung selbst vereinigt werden.
5. Das Verfahren gemäß den Ansprüchen 1 bis 4 dahin abgeändert, daß ein Teil der Natronseife bzw. des Natriumcarbonats, Natriumhydrats und der Natronlauge durch Kaliseife bzw. die entsprechenden Kaliverbindungen ersetzt wird.
Handelsname: Festoform. Chem. Ctrbl. **1906**, I, 1371.

163 446. Kl. 12, vom 18. Juni 1903. Erloschen 1913.
Chemische Fabrik Flörsheim Dr. H. Noerdlinger in Flörsheim a. M.
Verfahren zur Herstellung eines bei gewöhnlicher Temperatur festen, schwach riechenden, in Alkali löslichen Produktes aus Buchenholzteer.

Patentanspruch: Verfahren zur Herstellung eines bei gewöhnlicher Temperatur festen, schwach riechenden, in Alkali löslichen Produktes aus Buchenholzteer, dadurch gekennzeichnet, daß man rohen Buchenholzteer unter Erwärmen auf etwa 120°—150° so lange mit Luft, Sauerstoff oder ozonisierter Luft behandelt, bis das zurückbleibende Produkt sich in verdünnten Alkalilösungen löst.
Handelsname: Fagacid. Chem. Ctrbl. 1905, II, 1280.

163 663. Kl. 30, vom 13. Oktober 1903. Erloschen 1906.
L. Schwabe in Hamburg.
Verfahren zur Herstellung eines Desinfektionsmittels aus Chlornaphthalin und Seife.
Patentanspruch: Verfahren zur Herstellung eines Desinfektionsmittels aus Chlornaphthalin und Seife, dadurch gekennzeichnet, daß man chloriertes Naphthalin in der durch Einwirkung von wäßrigem Alkali erhältlichen Lösung von mit Chlor behandelter Ölsäure durch Erwärmen auflöst.

164 322. Kl. 30, vom 12. April 1904. Erloschen 1913.
Paul Mochalle in Schmartsch b. Breslau. Übertragen auf Hygienische Gesellschaft zu Dresden Blau & Co.
Verfahren zur Entwickelung von Schwefelwasserstoff unter Abscheidung von fein verteiltem Schwefel.
Patentansprüche: 1. Verfahren zur Entwickelung von Schwefelwasserstoff unter Abscheidung von fein verteiltem Schwefel, dadurch gekennzeichnet, daß man durch Zusammenschmelzen von Zucker und Schwefel hergestellte Massen der Einwirkung von Wasser oder wasserhaltigen Körpern aussetzt.
2. Eine Abart des Verfahrens nach Anspruch 1, dadurch gekennzeichnet, daß man an Stelle des reinen Schwefelzuckers ein durch Auflösen von Schwefelzucker in Sodalösung und Verdampfen der Masse zur Trockne erhaltenes Produkt verwendet.
Handelsname: Mochallé-Seife.

166 975. Kl. 12, vom 31. Mai 1903. Erloschen 1913.
Knoll & Co. in Ludwigshafen a. Rh.
Verfahren zur Herstellung dermatologisch wirksamer, nicht nachdunkelnder hochsiedender Steinkohlenteeröle.
Patentanspruch: Verfahren zur Herstellung dermatologisch wirksamer, nicht nachdunkelnder hochsiedender Steinkohlenteeröle, dadurch gekennzeichnet, daß man mit Alkali und Säure vorgereinigtes Steinkohlenschweröl vom Sdp. 300° und darüber einer ein- oder mehrmaligen Behandlung mit einigen Prozenten starker Schwefelsäure bei erhöhter Temperatur mit oder ohne Zugabe eines Oxydationsmittels und alsdann einer gründlichen Alkaliwäsche unterwirft und zum Schluß in Apparaten, bei denen eine Berührung des Präparates mit unedlen Metallen vermieden wird, am besten unter Vakuum, destilliert.
Handelsname: Anthrasol. Chem. Ctrbl. **1903**, I, 1432. **1904**, II, 1579.

170 563. Kl. 23, vom 3. November 1904. Erloschen 1909.
Dr. Heinrich Winter in Charlottenburg.
Verfahren zur Gewinnung niederer Fettsäuren aus Kernöl und Cocosöl.
Patentanspruch: Verfahren zur Gewinnung niederer Fettsäuren aus Kernöl und Cocosöl, dadurch gekennzeichnet, daß diese Öle nicht zunächst, wie bisher, vollständig verseift, sondern in bekannter Weise unvollständig gespalten und alsdann ohne Nachspaltung des unverseiften Fettes der fraktionierten Destillation unterworfen werden.

171 421. Kl. 30, vom 29. Juni 1904. Erloschen 1905.
Dr. Friedrich Eschbaum in Berlin.
Verfahren zur Herstellung seifenartiger Verbindungen des Phenyldimethylpyrazolons.
Patentanspruch: Verfahren zur Herstellung von durch die Haut resorbierbaren, seifenartigen Verbindungen des Phenyldimethylpyrazolons, dadurch gekennzeichnet, daß die sauren Salze des Phenyldimethylpyrazolons mit den hoch-

molekularen Fettsäuren wie Ölsäure, Margarinsäure, Palmitinsäure, Stearinsäure oder deren Gemischen in Neutralfetten gelöst werden oder daß Lösungen der oben genannten Säuren mit den Neutralfetten mit Phenyldimethylpyrazolon im Verhältnis von zwei zu einem Moleküle behandelt werden.

179 564. Kl. 12, vom 18. Januar 1905: Erloschen 1908.
Halvor Breda in Charlottenburg. Umgeschrieben auf Halvor Breda in Werder a. H. und Ernst Noggerath in Hannover.
Verfahren zur Herstellung eines Ersatzmittels für Fettsäuren aus rohen Naphthensäuregemischen.
Patentanspruch: Verfahren zur Herstellung eines Ersatzmittels für Fettsäuren aus rohen Naphthensäuregemischen, dadurch gekennzeichnet, daß diese Gemische mit oxydierenden Mitteln unter Vermeidung der Spaltung in niedrigmolekulare Fettsäuren behandelt werden, worauf noch eine Reinigung durch Destillation vorgenommen werden kann.

179 672. Kl. 30, vom 8. September 1905. Erloschen 1910.
Kessler & Co., Berlin.
Verfahren zur Herstellung einer Teerseife.
Patentanspruch: Verfahren zur Herstellung einer Teerseife, gekennzeichnet durch die Anwendung eines aus Torf gewonnenen Teeres.

183 187. Kl. 23, vom 22. Mai 1904.
Paul Horn in Hamburg. Übertragen auf Dr. Paul Runge in Hamburg.
Verfahren zur Herstellung neutraler Seifen.
Patentanspruch: Verfahren zur Herstellung neutraler Seifen, gekennzeichnet durch den Zusatz von Albumosen zur flüssigen oder festen fertigen Seife.
Handelsname: Albumosenseife Kasea. Chem. Ctrbl. **1910.** I, 1858.

183 190. Kl. 30, vom 3. Juli 1904. Erloschen 1905.
Dr. Leopold Sarason in Hirschgarten bei Berlin.
Darstellung klarer, flüssiger oder starrer, homogener Substanzen aus Campheröl.
Patentansprüche: 1. Darstellung klarer, flüssiger oder starrer homogener Substanzen aus Campheröl, welche mit Alkohol und Glycerin in jedem Verhältnis klar mischbar sind, mit Wasser erst bei stärkerer Verdünnung milchige, aber haltbare Emulsionen ergeben, gekennzeichnet durch Auflösung fettsaurer Alkalien in Campheröl auf heißem Wege.
2. Darstellung der nach Anspruch 1 gekennzeichneten Substanzen mittels Verwendung von harzsauren Alkalien an Stelle der fettsauren Alkalien, zum Zwecke, leichter bewegliche Produkte zu erzeugen.

184 269. Kl. 12, vom 1. November 1903. Erloschen 1909.
Chemische Fabrik auf Aktien (vorm. E. Schering) in Berlin.
Verfahren zur Darstellung eines Kondensationsproduktes aus Formaldehyd und Holzteer.
Patentanspruch: Verfahren zur Darstellung eines Kondensationsprodukts aus Formaldehyd und Holzteer, dadurch gekennzeichnet, daß man gewöhnlichen oder polymeren Formaldehyd auf Holzteer unter Ausschluß von Kondensationsmitteln einwirken läßt.
Handelsname: Empyroform = Kondensationsprodukt aus Formaldehyd und Birkenteer (oleum rusci). Chem. Ctrbl. **1903,** II, 457.

186 263. Kl. 12, vom 3. Januar 1906. Zusatz zu 184 269. Erloschen 1909.
Chemische Fabrik auf Aktien (vorm. E. Schering) in Berlin.
Verfahren zur Darstellung eines Kondensationsproduktes aus Formaldehyd und Holzteer.
Patentanspruch: Eine Ausführungsform des durch Patent 184 269 geschützten Verfahrens zur Darstellung eines Kondensationsprodukts aus Formaldehyd und Holzteer, darin bestehend, daß man ein Gemenge von Holzteer und

polymerem bzw. gewöhnlichem Formaldehyd unter vermindertem Druck ohne Anwendung von Kondensationsmitteln erhitzt.

189 208. Kl. 23, vom 23. August 1906. Erloschen 1909.
Simon Berliner in Beuthen O.-S.
Verfahren zur Herstellung von desinfizierenden Seifen unter Verwendung von Paraformaldehyd.
Patentanspruch: Verfahren zur Herstellung von desinfizierenden Seifen unter Verwendung von Paraformaldehyd, dadurch gekennzeichnet, daß der Paraformaldehyd in Kalkwasser gelöst der flüssigen Seife kurz vor dem Erstarren zugesetzt wird.

189 873. Kl. 23, vom 14. Juli 1904. Erloschen 1908.
Chemische Werke G. m. b. H. (vorm. Dr. C. Zerbe) in Freiburg i. B.
Verfahren zur Darstellung einer Seife gegen Bleivergiftung.
Patentanspruch: Verfahren zur Herstellung einer Seife gegen Bleivergiftung u. dgl., dadurch gekennzeichnet, daß eine mit einer genügenden Menge von Schwefelalkalien versehene Seife mit Vaseline versetzt und schließlich mit einem luftundurchlässigen Überzug umhüllt wird.
Handelsname: Akremninseife. Chem. Ctrbl. **1904**, II, 608, 724. **1906**, I, 579.

191 900. Kl. 23, vom 25. August 1906. Erloschen 1908.
Dr. Leopold Sarason in Hirschgarten bei Berlin.
Verfahren zur Herstellung flüssiger, aktiven Schwefel enthaltender Seife.
Patentanspruch: Verfahren zur Herstellung flüssiger, aktiven Schwefel enthaltender Seife, dadurch gekennzeichnet, daß man in flüssige Seife Schwefelwasserstoffgas bis zur Sättigung einleitet.
Handelsname: Eusulfinseife.

193 199. Kl. 30, vom 8. November 1903. Zusatz zu 154 548.
Dr. Rudolf Reiss in Charlottenburg.
Verfahren zur Herstellung leicht resorbierbarer Salbenseifen mit Seifen zersetzenden Arzneimitteln.
Patentanspruch: Abänderung des durch die Patente 154 548 und 157 385 geschützten Verfahrens zur Herstellung leicht resorbierbarer Salbenseifen mit seifenzersetzenden Arzneimitteln, dadurch gekennzeichnet, daß Gemenge aus Vaselin, Paraffin oder ähnlichen hochsiedenden Kohlenwasserstoffen und Fettsäuren mittels zur Absättigung der Säuren nicht ausreichenden Mengen von Alkalilauge verseift werden, das Ganze dann durch Erhitzen völlig entwässert und darauf in geeigneter Weise mit dem medikamentösen Stoff versetzt wird.

193 559. Kl. 12, vom 15. Juni 1904.
George François Jaubert in Paris.
Verfahren zur Darstellung eines aktiven Sauerstoff enthaltenden Produktes.
Patentanspruch: Verfahren zur Darstellung eines aktiven Sauerstoff enthaltenden Produktes, dadurch gekennzeichnet, daß man Borsäure auf ein Alkalisuperoxyd einwirken läßt.
Handelsname: Natriumperborat = Natriumsalz der Überborsäure. Chem. Ctrbl. **1905**, I, 9, 854. **1905**, II, 99.

193 562. Kl. 23, vom 10. März 1904.
Paul Horn in Hamburg. Übertragen auf Dr. Paul Runge in Hamburg.
Verfahren zur Herstellung neutraler Seifen.
Patentanspruch: Verfahren zur Herstellung neutraler Seifen, gekennzeichnet durch die Verwendung einer alkoholischen Lösung des aus Casein durch Behandeln mit Alkali und Fällen mit Säure erhaltenen Spaltungsproduktes als alkalibindendes Mittel.

197 226. Kl. 23, vom 3. Juli 1907. Erloschen 1909.
Otto Schmatolla in Berlin.

Verfahren zur Darstellung medikamentöser Seifen.
Patentansprüche: 1. Verfahren zur Darstellung medikamentöser Seifen, denen die wirksamen Bestandteile medizinisch gebrauchter Drogen einverleibt sind, dadurch gekennzeichnet, daß die Drogen mit Fettsäure, Harzsäuren oder deren Gemischen behandelt und die von den Drogen getrennten sauren Auszüge verseift werden.
2. Verfahren zur Darstellung von Seifen nach Anspruch 1, dadurch gekennzeichnet, daß die Drogen mit sauren fettsauren oder sauren harzsauren Alkalien behandelt und die gewonnenen Auszüge hierauf vollständig verseift werden.

207 576. Kl. 23, vom 24. Januar 1906.
Franz Fritzsche & Co. in Hamburg-Uhlenhorst.
Verfahren zur Darstellung von wasserlöslichem Terpineol.
Patentanspruch: Verfahren zur Darstellung von wasserlöslichen Terpineolpräparaten, dadurch gekennzeichnet, daß zu gewöhnlichen Grundseifen, mit Ausnahme der sog. „Derizinseifen", über die parfümistischen Bedürfnisse hinausgehende große Mengen Terpineol zugesetzt werden.
Handelsname: Sifinon.

216 828. Kl. 23, vom 20. Mai 1908.
Dr. Walther Schrauth und Dr. Walter Schoeller in Charlottenburg. Übertragen auf Farbenfabriken vorm. Friedr. Bayer & Co. in Elberfeld.
Verfahren zur Herstellung desinfizierender Seifen.
Patentanspruch: Verfahren zur Herstellung desinfizierender Seifen, dadurch gekennzeichnet, daß man dem Seifenkörper alkalisch reagierende Alkalisalze komplexer Quecksilbercarbonsäuren der aliphatischen und aromatischen Reihe beimischt.
Handelsname: Afridolseife = 4% oxyquecksilber-o-toluylsaures Natrium enthaltende Natronseife. Chem. Ctrbl. **1911**, I, 35, 695. **1911**, II, 1877.

221 623. Kl. 23, vom 25. September 1908. Zusatz zu 183 187.
Dr. Paul Runge in Hamburg.
Verfahren zur Herstellung neutraler Seifen.
Patentanspruch: Abänderung des durch Patent 183 187 geschützten Verfahrens zur Herstellung neutraler Seifen, dadurch gekennzeichnet, daß an Stelle der Albumosen eine alkalische oder schwefelalkalische Albumosenlösung mit einer dem vorhandenen Alkali entsprechenden Menge von Fettsäuren erwärmt wird.

222 891. Kl. 23, vom 18. Mai 1909.
Dr. Rudolf Reiss in Charlottenburg.
Verfahren zur Herstellung von mechanisch wirkenden Seifen.
Patentanspruch: Verfahren zur Herstellung von mechanisch wirkenden Seifen, dadurch gekennzeichnet, daß man Kali- oder Natronseifen bzw. Seifenpulver mit gepulverter Reservecellulose z. B. Elfenbeinnußmehl, vermischt.

223 119. Kl. 30, vom 21. August 1908.
Paul Mochalle in Schmartsch b. Breslau. Übertragen auf Hygienische Gesellschaft zu Dresden Blau & Co.
Verfahren zur Herstellung von medizinischen Schwefelpräparaten.
Patentanspruch: Verfahren zur Herstellung von medizinischen Schwefelpräparaten, dadurch gekennzeichnet, daß Alkalicarbonat, Schwefel und Zucker bei Gegenwart von Wasser erhitzt werden.
Handelsname: Pyoninseife. Chem. Ctrbl. **1911**, I, 419.

228 139. Kl. 23, vom 22. Dezember 1908. Erloschen 1913.
Dr. Karl Roth in Darmstadt.
Verfahren zur Herstellung anorganische Kolloide enthaltender Seifen.
Patentansprüche: 1. Verfahren zur Herstellung anorganische Kolloide enthaltender Seifen, darin bestehend, daß man geschmolzene Kali- oder Natron-

seifen oder ihre konzentrierten Lösungen mit löslichen Metallsalzen und den äquivalenten Mengen ätzender Alkalien versetzt, worauf die die betreffenden Metalle als kolloidale Oxyde bzw. Hydroxyde enthaltenden Seifen durch Digerieren mit wenig Wasser oder durch Dialysieren von den bei der Reaktion gebildeten Salzen und überschüssigem Alkali befreit und durch Eindampfen zur gewünschten Konsistenz gebracht werden.

2. Abänderung des Verfahrens nach Anspruch 1 zwecks Herstellung kolloidale Metalle enthaltender Seifen, dadurch gekennzeichnet, daß man in dem nach Anspruch 1 erhältlichen Reaktionsprodukt vor seiner Reinigung und Einengung die Metalloxyde bzw. -hydroxyde durch Reduktion in die entsprechenden Metalle überführt.

3. Abänderung des Verfahrens nach Anspruch 1 zwecks Herstellung von kolloidales, weißes Präcipitat enthaltenden Seifen, dadurch gekennzeichnet, daß man als Metallsalz Quecksilberchlorid und statt der ätzenden Alkalien Ammoniak verwendet.

228 877. Kl. 12, vom 3. Dezember 1909.
Dr. Walter Schoeller in Charlottenburg und Dr. Walther Schrauth in Berlin-Halensee.
Verfahren zur Herstellung mercurierter Carbonsäureester und ihrer Verseifungsprodukte.
Patentanspruch: Verfahren zur Herstellung mercurierter Carbonsäureester und ihrer Verseifungsprodukte, dadurch gekennzeichnet, daß man
1. die Ester ungesättigter Carbonsäuren von der Formel $ACH:CHA_1COOR$, in der A und A_1 irgendwelche am Kohlenstoff haftende Reste und R Alkyl oder Aryl bedeuten, in alkoholhaltigen Lösungsmitteln mit Quecksilbersalzen behandelt, und
2. die so gewonnenen komplexen Quecksilbercarbonsäureester in der üblichen Weise der Verseifung unterwirft.

232 948. Kl. 30, vom 25. Mai 1909.
Chemische Fabrik Ladenburg G. m. b. H. in Ladenburg (Baden). Übertragen auf Prof. Dr. Heinrich Bechhold, Frankfurt a. M.
Desinfektionsverfahren.
Patentansprüche: 1. Desinfektionsverfahren, dadurch gekennzeichnet, daß halogenierte Naphthole, die nicht mehr als 4 Halogenatome enthalten, in freier oder gebundener Form verwendet werden.
2. Verfahren nach Anspruch 1, dadurch gekennzeichnet, daß die halogenierten Naphthole in alkoholischer Seifenlösung gelöst werden.
Handelsname: Dibrom-β-naphthol und Tribrom-β-naphthol. Chem. Ctrbl. **1909**, II, 1683, 1938. **1911**, I, 1168. **1911**, II, 1363.

233 329. Kl. 12, vom 10. Januar 1909.
Karl August Lingner in Dresden. Übertragen auf Lingner-Werke A.-G. in Dresden.
Verfahren zur Herstellung von Kondensationsprodukten von Holzteer und Formaldehyd.
Patentanspruch: Verfahren zur Herstellung von Kondensationsprodukten von Holzteer und Formaldehyd, dadurch gekennzeichnet, daß man die Einwirkung von Holzteer und Formaldehyd in Gegenwart von Kondensationsmitteln alkalischer Reaktion vornimmt.
Handelsname: Pittylen. Chem. Ctrbl. **1907**, I, 1065.

233 437. Kl. 23, vom 4. September 1909. Zusatz zu 216 828.
Farbenfabriken vorm. Friedr. Bayer & Co. in Elberfeld.
Verfahren zur Herstellung desinfizierender Seifen.
Patentanspruch: Abänderung des durch Patent 216 828 geschützten Verfahrens zur Herstellung desinfizierender Seifen, dadurch gekennzeichnet, daß man die dort verwendeten, alkalisch reagierenden Alkalisalze komplexer Quecksilbercarbonsäuren durch die freien komplexen Quecksilbercarbonsäuren ersetzt.

234 054. Kl. 12, vom 24. Dezember 1909.
Dr. Walther Schrauth in Berlin-Halensee und Dr. Walter Schoeller in Charlottenburg.
Verfahren zur Darstellung der Alkalisalze von substituierten Oxyquecksilberbenzoesäuren.
Patentanspruch: Verfahren zur Darstellung der Alkalisalze von substituierten Oxyquecksilberbenzoesäuren, dadurch gekennzeichnet, daß man solche substituierte Oxyquecksilberbenzoesäuren, die keinen sauren salzbildenden Substituenten enthalten, mit einem Äquivalent Alkalioxyd, -hydroxyd oder -carbonat in wäßrige Lösung bringt und diese Lösungen im Vakuum zur Trockne dampft oder durch Fällung derartiger Lösungen mit organischen Fällungsmitteln, wie z. B. Alkohol, die Reaktionsprodukte zur Ausscheidung bringt.
Handelsname: Afridol = oxyquecksilber-o-toluylsaures Natrium. Chem. Ctrbl. **1911,** I, 35, 695.

234 469. Kl. 23, vom 6. Oktober 1909. Erloschen 1913.
Dr. Julius Morgenroth in Berlin.
Verfahren zur Darstellung seifenhaltiger Eiweißkörper.
Patentansprüche: 1. Seifenhaltiger Eiweißkörper, dadurch gekennzeichnet, daß er die Seife in adsorbierter Form enthält, so daß er seinen Seifengehalt nur an Suspensionen, die Seife zu binden vermögen, abgibt.
2. Verfahren zur Darstellung seifenhaltiger Eiweißkörper der im Anspruch 1 gekennzeichneten Art, dadurch gekennzeichnet, daß lösliche Seifen in wäßriger oder schwach kochsalzhaltiger Lösung mit koaguliertem, tierischem Eiweiß längere Zeit geschüttelt werden, um die Seife von letzterem adsorbieren zu lassen, worauf die seifenhaltigen Koagula vom flüssigen Teil der Mischung getrennt werden.

234 851. Kl. 12, vom 25. März 1910.
Farbenfabriken vorm. Friedr. Bayer & Co. in Elberfeld.
Verfahren zur Darstellung von im Kern durch Quecksilber substituierten Verbindungen der Halogen-, Nitro- und Halogennitrophenole.
Patentanspruch: Verfahren zur Darstellung von im Kern durch Quecksilber substituierten Verbindungen der Halogen-, Nitro- oder Halogennitrophenole, dadurch gekennzeichnet, daß man entweder die erwähnten freien Phenole mit Quecksilberoxyd oder Quecksilbersalzen oder die salzartigen Quecksilberverbindungen der Halogen-, Nitro- oder Halogennitrophenole mit oder ohne Zusatz von Lösungs- oder Verdünnungsmitteln erhitzt.

234 914. Kl. 12, vom 22. März 1910.
Farbenfabriken vorm. Friedr. Bayer & Co. in Elberfeld.
Verfahren zur Darstellung von im Kern durch Quecksilber substituierten Alkyl- und Halogenderivaten der Benzoesäure.
Patentanspruch: Verfahren zur Darstellung von im Kern durch Quecksilber substituierten Alkyl- oder Halogenderivaten der Benzoesäure, dadurch gekennzeichnet, daß man Alkyl- oder Halogenbenzoesäuren oder Alkylhalogenbenzoesäuren mit Quecksilberoxyd oder Quecksilbersalzen erhitzt, oder die Quecksilbersalze der genannten Säuren in An- oder Abwesenheit von Verdünnungs- oder Lösungsmitteln erhitzt.

236 295. Kl. 23, vom 15. April 1909.
Nauton Frères et de Marsac in Saint-Quen, Seine, und Théodore François Tesse in Paris.
Verfahren zur Herstellung einer neutralen Seifenpaste.
Patentansprüche: 1. Verfahren zur Herstellung einer neutralen Seifenpaste, dadurch gekennzeichnet, daß man einer alkalischen Grundseife ein neutrales, im wesentlichen diricinusölschwefelsaures Alkali enthaltendes Alkalisulforizinolat zusetzt, und zwar in solchem Überschuß, daß nicht nur das freie, sondern auch das beim Gebrauch der Seife infolge Hydrolyse freiwerdende Alkali durch das diricinusölschwefelsaure Alkali unter Abspaltung des Glycerinrestes gebunden wird.

2. Ausführungsform des Verfahrens nach Anspruch 1, dadurch gekennzeichnet, daß ein Gemisch von 15 Teilen diricinusölschwefelsauren Natrons mit 10 Teilen geschmolzener weicher Kaliseife auf etwa 90° erhitzt wird.

238 389. Kl. 30, vom 3. Februar 1911.
Chemische Fabrik Flörsheim Dr. H. Noerdlinger in Flörsheim a. M.
Verfahren zur Herstellung von Desinfektionsmitteln.
Patentansprüche: 1. Verfahren zur Herstellung von Desinfektionsmitteln, dadurch gekennzeichnet, daß die Methylviolett-, Auramin- oder Vesuvinbasen mit Borsäure zusammen in Alkohol oder Phenol oder einem Gemisch beider, gegebenenfalls unter Zusatz von Wasser, aufgelöst werden.
2. Ausführungsform des Verfahrens nach Anspruch 1, dadurch gekennzeichnet, daß die Farbstoffbasen und die Borsäure getrennt in Alkohol oder Phenol, gegebenenfalls unter Zusatz von Wasser gelöst und diese Lösungen darauf miteinander gemischt werden.
3. Ausführungsform der Verfahren nach Anspruch 1 und 2, dadurch gekennzeichnet, daß die erhaltenen Lösungen mit Seifen oder Seifenlösungen versetzt werden.

242 776. Kl. 30, vom 30. Oktober 1909. Erloschen 1913.
Dr. Karl Roth in Darmstadt.
Verfahren zur Herstellung von anorganische Kolloide enthaltendem Liquor cresoli saponatus.
Patentanspruch: Verfahren zur Herstellung von anorganische Kolloide enthaltendem Liquor cresoli saponatus, dadurch gekennzeichnet, daß man Kresolseifenlösung mit löslichen Metallsalzen mischt, mit Ätzkali versetzt und erhitzt, worauf man die Lösung der Dialyse unterwirft.

244 827. Kl. 30, vom 23. Februar 1908.
Dr. Arthur Liebrecht in Frankfurt a. M.
Verfahren zur Herstellung von Desinfektionsmitteln.
Patentanspruch: Verfahren zur Herstellung von Desinfektionsmitteln, darin bestehend, daß man Chlor-m-Kresol vom Schmelzpunkt 66° durch Lösungen von Seifen, Salzen sulfurierter Fette oder Fettsäuren in Lösung bringt.
Handelsname: Phobrol = 50 proz. Lösung von Chlor-m-Kresol in ricinolsaurem Kalium. Chem. Ctrbl. **1913**, I, 188, 1448.

246 123. Kl. 30, vom 16. Dezember 1910.
Dr. Kurt Rülke in Berlin.
Desinfizierende Seife.
Patentanspruch: Desinfizierende Seife, gekennzeichnet durch einen über 10 Prozent betragenden Gehalt an Fenchon.

246 207. Kl. 12, vom 8. Februar 1911.
Farbenfabriken vorm. Friedr. Bayer & Co. in Elberfeld.
Verfahren zur Herstellung mercurierter Carbonsäureester und ihrer Verseifungsprodukte.
Patentanspruch: Verfahren zur Darstellung mercurierter Carbonsäureester und ihrer Verseifungsprodukte, dadurch gekennzeichnet, daß man die Ester von Mono- oder Polycarbonsäuren, die eine oder mehrere Acetylenbindungen enthalten mit Quecksilbersalzen behandelt und eventuell die so gewonnenen komplexen Quecksilbercarbonsäureester der Verseifung unterwirft.

246 880. Kl. 23, vom 22. Januar 1910.
Farbenfabriken vorm. Friedr. Bayer & Co. in Elberfeld.
Verfahren zur Darstellung von desinfizierenden Seifen.
Patentanspruch: Verfahren zur Darstellung von desinfizierenden Seifen, dadurch gekennzeichnet, daß man dem Seifenkörper die Anhydride oder Salze von Oxyquecksilberphenolen zusetzt.
Handelsname: Providolseife = 1% Dioxyquecksilberphenolnatrium enthaltende Natronseife.

Deutsche Reichspatente.

248 958. Kl. 23, vom 25. November 1911.
Dr. Friedrich August Volkmar Klopfer in Dresden-Leubnitz.
Verfahren zur Behandlung von Pflanzeneiweiß zwecks Verwendung in der Seifenfabrikation.
Patentanspruch: Verfahren zur Behandlung von Pflanzeneiweiß zwecks Verwendung in der Seifenfabrikation, dadurch gekennzeichnet, daß das Pflanzeneiweiß vor Einverleibung in die Grundseife mit Glycerin allmählich bis zu etwa 120° C erwärmt und hierbei zur Quellung gebracht wird, so daß im Verlauf der Erwärmung eine zähe, kautschukähnliche, elastische, im Dünnschnitt durchscheinende Masse entsteht.

249 757. Kl. 30, vom 15. Dezember 1909. Zusatz zu 149 826.
Chemische Fabrik Vechelde, A.-G. in Vechelde bei Braunschweig.
Verfahren zur Gewinnung für die Herstellung von Schwefelbädern geeigneter Präparate.
Patentanspruch: Ausführungsform des Verfahrens zur Gewinnung unzersetzt haltbarer Schwefelleberpräparate nach Patent 149 826, dadurch gekennzeichnet, daß Schwefelleber in Weingeist gelöst und mit Harzen, Balsamica, Fetten, verseifbaren Ölen oder deren Seifen oder alkoholischen Lösungen oder Emulsionen dieser Stoffe versetzt wird.

250 331. Kl. 23, vom 29. Oktober 1908. Zusatz zu 236 881.
Chemische Werke vorm. Dr. Heinrich Byk in Charlottenburg.
Verfahren zur Darstellung von aktiven Sauerstoff enthaltenden Präparaten.
Patentanspruch: Abänderung der durch Patent 236 881 und dessen Zusatzpatent 238 104 geschützten Verfahrens zur Darstellung von aktiven Sauerstoff enthaltenden Präparaten, darin bestehend, daß man beim Verschmelzen von Natriumsuperoxyd, Borsäure oder Boraten unter Zusatz von Salzen statt der dort genannten Salze oder außer diesen Seifen verwendet.

254 129. Kl. 23, vom 19. Februar 1911.
Dr. Kurt Rülke in Berlin.
Verfahren zur Herstellung von desinfizierenden Seifen mit Hilfe von Terpentinöl und ähnlichen pinenhaltigen Rohölen.
Patentanspruch: Verfahren zur Herstellung von desinfizierenden Seifen mit Hilfe von Terpentinöl und ähnlichen pinenhaltigen Rohölen, dadurch gekennzeichnet, daß die Einwirkungsprodukte von Säuren auf diese Öle, eventuell nach vorangegangener völliger oder teilweiser Entfernung der Terpene, mit Seifen oder den Ausgangsmaterialien der Seifenfabrikation, vorzugsweise unter Anwendung eines Alkaliüberschusses, behandelt werden.

254 469. Kl. 23, vom 11. November 1909.
Ernst Bruno Wolf und Curt Böhme in Chemnitz.
Verfahren zur Herstellung von festen, neutralen Seifen mit hohem Gehalt an Kohlenwasserstoffen oder dergl.
Patentanspruch: Verfahren zur Herstellung von festen, neutralen Seifen mit hohem Gehalt an Kohlenwasserstoffen oder dergl. auf dem Wege der kalten Verseifung, dadurch gekennzeichnet, daß unter Verwendung solcher Mengen Alkali zur Verseifung, als nach der Theorie zur Neutralisation der gesamten vorhandenen Fettsäure erforderlich sind, das gesamte Alkali gleich von vornherein unter Zugabe der Kohlenwasserstoffe mit dem Fett vermischt wird.

256 886. Kl. 23, vom 25. Februar 1912.
Dr. Martin Ullmann in Hamburg.
Verfahren zur Darstellung von lösliche Fluoride enthaltenden Seifen.
Patentansprüche: 1. Verfahren zur Herstellung von lösliche Fluoride enthaltenden Seifen, dadurch gekennzeichnet, daß die Fluoride in Form des Reaktionsgemisches aus Silicofluoriden und Alkali verwendet werden, wobei das Reaktionsgemisch der Seife während oder nach ihrer Fertigstellung zugesetzt werden kann.

2. Ausführungsform des Verfahrens nach Anspruch 1, dadurch gekennzeichnet, daß die Silicofluoride dem zu verseifenden Fett zugesetzt, sodann die notwendige Menge Alkali zugemischt und die Seife in üblicher Weise fertiggestellt wird.

258 393. Kl. 23, vom 2. März 1909.
Chemische Werke vorm. Dr. Heinrich Byk in Lehnitz b. Berlin (Nordbahn).
Verfahren zur Darstellung von haltbaren Mischungen aus aktiven Sauerstoff enthaltenden Boraten und Seifen.
Patentansprüche: 1. Verfahren zur Darstellung von haltbaren Mischungen aus aktiven Sauerstoff enthaltenden Boraten und Seifen, dadurch gekennzeichnet, daß man diesen Mischungen Salze des Magnesiums, der alkalischen Erden und des Zinks in geringer Menge zusetzt.

2. Ausführungsform nach Anspruch 1, darin bestehend, daß man die Darstellung nicht durch Vermischen, sondern durch Verschmelzen vornimmt.

258 655. Kl. 23, vom 11. April 1911. Erloschen 1912.
S. Diesser, Chem. Laboratorium und Versuchsstation für Handel und Industrie in Zürich-Wollishofen und Dipl.-Ing. K. Wohlrab in Zürich.
Verfahren von Herstellung von wasserfreien, chemisch gebundenen Schwefel enthaltenden seifenartigen Produkten.
Patentansprüche: 1. Verfahren zur Herstellung von wasserfreien, chemisch gebundenen Schwefel enthaltenden seifenartigen Produkten, dadurch gekennzeichnet, daß fette Öle oder Fette mit wasserfreiem Natriumthiosulfat auf Temperaturen über 200° bis zur völligen Verseifung erhitzt werden.

2. Verfahren nach Anspruch 1, dadurch gekennzeichnet, daß man den noch flüssigen Seifenleim mit indifferenten Füllmitteln oder mit antiseptisch wirkenden Stoffen versetzt.

265 538. Kl. 23, vom 20. Februar 1912.
Dr. Hugo Grauert in Berlin-Halensee.
Verfahren zur Herstellung serumhaltiger Seife.
Patentanspruch: Verfahren zur Herstellung serumhaltiger Seife, gekennzeichnet durch den Zusatz frischer oder konservierter Tierblutsera bzw. defibrinierten Blutes zu Seifen jeglicher Art und Form.

Wortzeichen

aus den Klassen 2 (Arzneimittel usw.) und 34 (Seifen usw.) der im Deutschen Reich gesetzlich geschützten Warenzeichen.

Nachfolgend sind die Wortzeichen aus den Klassen 2 (Arzneimittel usw.) und 34 (Seifen usw.) der in Deutschland geschützten Warenzeichen zusammengestellt, soweit sie für pharmazeutische Seifenpräparate bzw. die als Zusatzstoffe verwandten Medikamente benutzt sind. Die große Anzahl jener Wortzeichen, die zwar in die Warenzeichenrolle eingetragen, aber für Handelspräparate bisher nicht verwandt wurden, ist hier also unberücksichtigt geblieben. Trotzdem aber macht das folgende Verzeichnis keinen Anspruch auf Vollständigkeit. In der Hauptsache soll es dazu dienen, unter den im Vorhergehenden genannten Bezeichnungen die eingetragenen Wortzeichen von den nicht geschützten zu unterscheiden, sowie über Inhaber und Nummer Auskunft zu geben.

Wortzeichen.

Wortzeichen	Inhaber	Nummer
Aethrin	Chemische Fabrik Flörsheim Dr. H. Noerdlinger, Flörsheim a. M.	101 787
Aethrol	Dieselbe	93 618
Afridol	Farbenfabriken vorm. Friedr. Bayer & Co., Elbf.	60 442
Ahoi	Chemische Werke Hansa, G. m. b. H., Hemelingen b. Bremen	83 750
Akremnin	Chemische Werke vorm. Dr. E. Zerbe, Freibg. i. B.	65 585
Albopixol	Waldheimer Parfümerie und Toiletteseifenfabrik A. H. A. Bergmann, Waldheim	65 837
Aldthyform	Chemische Werke Hansa G. m. b. H., Hemelingen b. Bremen	60 152
Amodog	C. Naumann, Offenbach a. M.	141 504
Amyloform	Chemische Fabrik Rhenania Aachen	18 263
Anästhesin	Farbwerke vorm. Meister, Lucius & Brüning Höchst a. M.	53 071
Androclus	J. Börner & Co., Hanau a. M.	85 862
Anthrasol	Knoll & Co., Ludwigshafen	64 798
Anthrasolin	Dieselbe	73 599
Antinonnin	Farbenfabriken vorm. Friedr. Bayer & Co., Elberfeld	12 627
Antiscabin	Stephan Ketels, Bremen	30 136
Antisepton	Hermann Greiner, Leipzig-Schleußig	97 073
Aok Seife	Wilh. Anhalt, Ostseebad Kolberg	52 054
Aquinol	M. Brockmann, Leipzig-Eutritzsch	46 288
Automors	Gebr. Heyl & Co., Charlottenburg	119 337
Bacillol	Franz Sander, Hamburg	23 808
Bactoform	Dr. Cäsar Axelrad, Wien	148 611
Bavarol	Barbarino & Kilp, München	23 468
Belloform	Teerprodukte Fabrik „Biebrich" Stephan Mattar, Biebrich a. Rh.	84 991
Blockette	W. & F. Walker Ltd. Liverpool	85 536
Bolipixin	Chemische Fabrik Aubing, Dr. M. Bloch, Aubing b. München	159 933
Borsil	Herm. Büttner, Coburg	106 055
Boryl	Hugo Maul, Hirschberg i. Schl.	109 967
Bromocoll	A.-G. f. Anilinfabrikation, Berlin	43 925
Byrolin	Dr. Graf & Co., Berlin	70 201
Cellosa	Saponia Werke Ferdinand Boehm, Offenbach a. M.	136 478
Chelasapon	Dr. Rudolf Reiss, Charlottenburg	165 947
Chinosol	Franz Fritzsche & Co., Hamburg	7 590
Creolin	William Pearson, Hamburg	6 149
Creolin-Seife	Derselbe	66 108
Creosapol	E. de Haën, List vor Hannover	34 849
Cresolimentum	Bernhard Hadra, Berlin	74 834
Cyllin	Carl Derpsch, Cöln und Hamburg	63 388
Dechrom	Max Cohn, Berlin	42 023
Deci-Aethrol	Chemische Fabrik Flörsheim Dr. H. Noerdlinger, Flörsheim a. M.	83 957
Decilan	Dr. Arthur Horowitz, Berlin	92 196
Dericin	Chemische Fabrik Flörsheim Dr. H. Noerdlinger, Flörsheim a. M.	80 314
Dericinat	Dieselbe	80 818
Dericinol	Dieselbe	84 391
Dermalin	Sander & Held, Straßburg i. E.	47 378
Dermasan	Dr. Rudolf Reiss, Charlottenburg	60 042
Dermosapol	Dr. Rohden, Lippspringe	48 857

Wortzeichen	Inhaber	Nummer
Desichthol	Ichthyol Gesellschaft Cordes Hermanni & Co., Hamburg	29 220
Dextroform	Chemische Fabrik Rhenania Aachen	18 267
Diplin	Chemische Fabrik Flörsheim Dr. H. Noerdlinger, Flörsheim a. M.	71 008
Eigon	Chemische Fabrik Helfenberg Dr. Eugen Dieterich, Helfenberg b. Dresden	28 261
Ektogan	Kirchhoff & Neirath, Berlin	71 563
Embrocin . . .	P. Beiersdorf & Co., Hamburg	96 941
Empyroform . . .	Chemische Fabrik auf Aktien (vorm. E. Schering), Berlin	68 975
Epicarin	Farbenfabriken vorm. Friedr. Bayer & Co., Elberfeld	38 664
Essolpin	Chemische Fabrik Vechelde, Vechelde b. Braunschweig.	113 790
Eugallol	Knoll & Co., Ludwigshafen a. Rh.	31 293
Euguform	Chemische Fabrik Güstrow, Güstrow	50 101
Eunatrol	Vereinigte Chininfabriken Zimmer & Co., Frankfurt a. M.	19 622
Euresol	Knoll & Co., Ludwigshafen	31 003
Eurobin	Dieselbe	29 927
Eusapyl	Farbwerke vorm. Meister, Lucius & Brüning, Höchst a. M.	127 413
Eusulfin.	Chemische Werke vorm. Dr. C. Zerbe, Freiburg i. B.	76 175
Externol	Chemische Fabrik Flörsheim Dr. H. Noerdlinger, Flörsheim a. M.	107 658
Fagacid	Dieselbe	71 053
Fagat	Dieselbe	72 750
Fellitin	Karl Fr. Töllner, Bremen	64 181
Fermentin . . .	George Heyer & Co., Hamburg	73 883
Festalkol	Dr. L. C. Marquart, Beuel a. Rh.	136 333
Festoform . . .	Chemische Werke Reiherstieg, Hamburg . . .	98 024
Floricin	Chemische Fabrik Flörsheim Dr. H. Noerdlinger, Flörsheim a. Rh.	30 428
Floricinat . . .	Dieselbe	73 698
Floricinol	Dieselbe	82 651
Formalin	Chemische Fabrik auf Aktien (vorm E. Schering), Berlin	69 070
Formalin-Seife . . .	Th. Hahn & Co., Schwedt a. O.	60 138
Formicin . . .	Kalle & Co., Biebrich a. Rh.	70 082
Formol	Farbwerke vorm. Meister, Lucius & Brüning, Höchst a. M.	11 947
Formlution . . .	Chemische Fabrik Flörsheim Dr. H. Noerdlinger, Flörsheim a. M.	103 872
Formosapol-Seife .	Georg Spang, Kirn a. Nahe	65 710
Form-Saprol . . .	Chemische Fabrik Flörsheim Dr. H. Noerdlinger, Flörsheim a. M.	138 738
Formysol	Th. Hahn & Co., Schwedt a. O.	77 691
Frostin	A.-G. f. Anilinfabrikation, Berlin	59 247
Furuncosan . . .	Dr. A. Schleimer, Berlin	157 516
Gichtosint	A. Haering, Berlin	116 416
Glidin	Dr. F. A. Volkmar Klopfer, Dresden-Leubnitz.	92 947
Glutol	Chemische Fabrik auf Aktien (vorm. E. Schering), Berlin	115 228
Glycasine	P. Beiersdorf & Co., Hamburg	63 390
Hämorol	C. H. Oehmig-Weidlich, Zeitz	30 650

Wortzeichen	Inhaber	Nummer
Hazeline	Henny Salomon Wellcome, London.	60 259
Herba-Seife	Hugo Obermeyer, Bad Nauheim	49 950
Hermophenyl . .	Société anonyme des produits chimiques spéciaux, Lyon-Monplaisir	57 045
Hongh-Ho	Gottlieb Pohl, Weinböhla b. Meißen i. S. . . .	88 143
Hornulin	Heinrich Horn, Hochemmerich a. Rh.	162 711
Husinol	B. Braun, Melsungen	103 579
Hygralon	Chemisches Institut Dr. Ludwig Östreicher, Berlin	165 177
Ichthyol	Ichthyol Gesellschaft Cordes Hermanni & Co., Hamburg	23 411
Ilovit	Chemisch-technisches Laboratorium H. P. M. Frisch & Co., Berlin	177 184
Izal	Newton Chambers & Co. Ltd. Thorncliffe b. Sheffield (Engl.)	1 769
Kaloderma	F. Wolff & Sohn, Karlsruhe	48 261
Keramin	Tilit-Laboratorium Caroline Bernardi Nachfl., Leipzig	99 040
Kerosan	Benz & Benn, Nowawes b. Berlin	172 721
Kleiolin	Dr. Otto Wertheimer, Frankfurt a M.	56 783
Krelution	Chemische Fabrik Flörsheim Dr. H. Noerdlinger, Flörsheim a. M.	78 439
Kremulsion	Dieselbe	72 834
Kresosolvin	F. Ahrens & Co., Altona-Ottensen	39 727
Lactolavol	Dr. Nicolaus Cukor, München	136 022
Lain	S. Rosten, Groß-Lichterfelde	101 794
Lauterbach'sche Seife	Ferdinand Lauterbach, Breslau	82 471
Lavoderma . . .	Dr. J. Lewinsohn, Berlin	39 002
Lazarus	M. Emmel, München	71 409
Lecina	Ferd. Mülhens, Köln a. Rh.	130 473
Lenicet	Dr. Rudolf Reiss, Charlottenburg	79 572
Lenigallol . . .	Knoll & Co., Ludwigshafen a. Rh.	31 004
Lenirobin . . .	Knoll & Co., Ludwigshafen a. Rh.	31 169
Levuretin	E. Feigel, Lutterbach i. E.	146 550
Liantral	Dr. O. Troplowitz, Hamburg	28 080
Lugmalin	Dr. Schäffer & Co., Berlin	130 123
Lusoforme	Lysoform Gesellschaft, Berlin	69 950
Lysan	Dr. Joseph Laboschin, Berlin	94 238
Lysoclor	Schülke & Mayr, Hamburg	153 747
Lysoform	Lysoform Gesellschaft, Berlin	38 482
Lysol	Schülke & Mayr, Hamburg	148 800
Lysolvol	Dieselben	154 823
Lysulfol	Dr. K. F. Ernst Rumpf, Görbersdorf i. Schl.	37 574
Manuform . . .	Simon's Apotheke, Berlin	53 935
Marmoral	Herbert Bradt, Berlin	111 195
Mediglycin	Chemische Fabrik Helfenberg vorm Eugen Dieterich, Helfenberg b. Dresden	50 566
Melioform	Paul Leissner, Friedenau b. Berlin	153 077
Mesotan	Farbenfabriken vorm. Friedr. Bayer & Co., Elberfeld.	51 951
Metakalin	Dieselben	72 659
Mitin	Krewel & Co., G. m. b. H., Cöln a. Rh. . . .	79 437
Morbicid	Dr. Hans Schneider, Charlottenburg	68 569
Myrrhen-Seife . . .	Welner & Wagner, Dresden-N.	25 421
Myrrholin	Flügge & Co., Frankfurt a. M.	12 265
Myrrholin Nr. 63 592	Myrrholin Gesellschaft, Frankfurt a. M. . . .	81 555
Myrrholin-Seife . .	Dieselbe	13 580

Wortzeichen	Inhaber	Nummer
Naftalan	Naftalan Gesellschaft, Magdeburg	58 746
Nepenthan	Wolfgang Schmidt, Cöln a. Rh.	174 808
Nivea	P. Beiersdorf & Co., Hamburg	82 840
Nizolysol	Schülke & Mayr, Hamburg	62 799
Novichtan	Dr. L. C. Marquart, Beuel a. Rh.	117 565
Nussin	Norddeutsche Pflanzenbutter-Fabrik, Hamburg	99 513
Oja	Parfümerie Oja, München	104 221
Oxygon	Joseph Uhles, Schmolz b. Breslau	68 932
Ozonit	Fabriken von Dr. Thompson's Seifenpulver, Düsseldorf	105 890
Pacocreolin	William Pearson, Hamburg	134 140
Pacolol	Derselbe	135 425
Parisol	Paul Opitz, Berlin	97 758
Permiform	Hoeckert & Michalowsky, Neukölln	168 761
Pernatrol	W. Mielck Schwan-Apotheke, Hamburg	78 164
Peruol	A.-G. für Anilinfabrikation, Berlin	38 719
Peruscabin	Dieselbe	38 718
Petrolan	G. Hell & Co., Troppau (Österreich)	43 167
Petrosapol	Dieselben	44 259
Petrosol	Chemische Fabrik Flörsheim Dr. H. Noerdlinger, Flörsheim a. M.	72 055
Petrosulfol	G. Hell & Co., Troppau (Österreich)	29 593
Phenoform	Dr. Adolf Schuftan, Berlin	62 789
Phenolin	Hubert Baese & Co., Braunschweig	59 447
Phenyform	Dr. Alfred Stephan, Berlin	66 511
Phobrol	Hoffmann-La Roche & Co., Grenzach (Baden)	146 552
Phrymalin	Carl Schüler, Spandau	129 993
Pinon	F. Ad. Richter & Co., Rudolstadt i. Th.	49 818
Pinosol	G. Hell & Co., Troppau (Österreich)	135 602
Pisaptan	Wilhelm Konstanti, Groß-Lichterfelde	139 509
Pitral	Karl August Lingner, Dresden	124 344
Pittika	Derselbe	93 687
Pittylen	Derselbe	75 024
Pixavon	Derselbe	93 552
Pixol	F. Schacht, Braunschweig	104 551
Pixosapol	Schlimpert & Co., Leipzig	62 927
Providol	Providol Gesellschaft, Berlin	175 253
Puroform	Siegmund Radlauer, Berlin	51 080
Pyonin	Dr. Arthur Horowitz, Berlin	74 491
Pyraloxin	W. Mielck Schwan-Apotheke, Hamburg	25 484
Radiol	Dr. Karl Aschoff, Bad Kreuznach	83 353
Ray	Compagnie Ray, Berlin	55 576
Resorbin	A.-G. für Anilinfabrikation, Berlin	41 268
Rheumasan	Dr. Rudolf Reiss, Charlottenburg	100 844
Rheumopat	Allgemeine Chemische Werke, Berlin	135 678
Saluderma	L. Zucker & Co., Berlin	147 627
Salunguene	Beugen & Co., Hannover	114 220
Sanatol	H. F. W. Leonhardt, Zwickau i. S.	46 025
Sapal	Arthur Wolff jr., Breslau	69 342
Sapalbin	Nährmittel Werke H. Niemöller, Gütersloh	85 745
Sapalcol	Arthur Wolff jr., Breslau	101 510
Sapen	Krewel & Co., Köln a. Rh.	89 639
Sapofena	J. D. Riedel, A.-G., Berlin	79 535
Sapoformal	Beugen & Co., Hannover	115 634
Sapoformin	Chemische Fabrik Seelze vorm. Mercklin & Lösekann, Hannover	44 049

Wortzeichen.

Wortzeichen	Inhaber	Nummer
Sapolan	Jean Zibell & Co., Triest-Barcola	70 009
Sapolentum	Hermann Görner, Berlin	15 715
Sapolin	J. Louis Guthmann, Dresden	6 306
Sapoment	Chemische Fabrik Steglitz Wöhlbier & Baensch, Steglitz b. Berlin	145 417
Sapophenin	Bremer Chemische Fabrik Hude, Bremen	34 628
Saporal	Gustav Lohse, Berlin	21 969
Saporheuman	Dr. Hugo Remmler, Berlin	93 420
Sapozon	Paul Hartmann, Berlin	87 719
Saprol	Chemische Fabrik Flörsheim Dr. H. Noerdlinger, Flörsheim a. M.	97 483
Saprosol	Dieselbe	47 735
Sarcoptol	Ewald Raatz, Landsberg a. W.	176 359
Scabiol	Dr. Wilhelm Wartenberg, Berlin	173 645
Septoforma	Max Doenhardt, Cöln a. Rh.	47 387
Servatol	C. F. Hausmann, St. Gallen (Schweiz)	8 406
Sesan	Reinhold Elert, Bismarck (Prov. Sachsen)	86 384
Sexol	Providol Gesellschaft, Berlin	180 546
Sublamin	Chemische Fabrik auf Aktien (vorm. E. Schering), Berlin	49 739
Sudian	Krewel & Co., Cöln a. Rh.	144 112
Sudoformal	Gustav Lezehne, Königsberg	70 942
Sulfoidal	Chemische Fabrik von Heyden, Radebeul b. Dresden	108 522
Tetrapol	Crefelder Seifenfabrik Stockhausen & Traiser, Crefeld	114 652
Therapogen	Max Doenhardt, Cöln a. Rh.	63 579
Thigenol	F. Hoffmann, La Roche & Co., Grenzach (Baden)	52 060
Thilaven	Dr. Paul Koch, Berlin	124 332
Thiol	J. D. Riedel, A.-G., Berlin	28 638
Thiopinol-Matzka	Chemische Fabrik Vechelde, Vechelde b. Braunschweig	64 599
Thiopinol-Riedel	J. D. Riedel, A.-G., Berlin	132 755
Thiosapol	Dieselbe	40 006
Tumenol	Farbwerke vorm. Meister, Lucius & Brüning, Höchst a. M.	9 185
Ubrigin	Ubrigin Pflanzenfaser Gesellschaft, Westend b. Berlin	18 106
Urpin	H. Schowalter, Ladenburg	30 057
Vasolimentum	Dr. Karl Bedall, München	52 455
Velopurin	Dr. Ludwig Cohn, Berlin	61 075
Veroform	Dr. Ludwig Scholvien, Berlin	95 024
Viro	Berliner Hygiene Gesellschaft, Berlin	68 166
Vitalin	International Soap Import Company Hoock & Co. Hamburg	41 888
Vulneral	W. Limmer & Co., Heinrichau b. Breslau	20 512
Xylonar	Hedwig Schönfelder, Dresden	94 227
Xyol	Emil Flick, Opladen	67 449
Zucker's Seife	L. Zucker & Co., Berlin	113 486
Zuckooh	Dieselben	89 413
Zyma	Obron Gesellschaft, München	83 981
Zymin	Anton Schroder, München	55 237

Namenregister.[1]

Adam, R. 141.
Ahlfeld 50.
Aktiengesellschaft für Anilinfabrikation 102, 105.
Allemann, O. 117.
Arrhenius 9.
Auspitz 111.

Bachmann, P. 142.
Bauer 144.
Bechhold, H. 67, 69, 71, 72, 150.
Behring 13, 16.
Beiersdorf & Co. 57, 81.
Berliner, S. 148.
Berliner Holz-Comptoir 140.
Berzelius 5.
Beyer 120.
Binz 101.
Blaschko 52.
Boettger 131, 132.
Böhme, C. 153.
Bosshard 81, 119.
Brahm 101.
Braun, K. 116, 124, 125.
Breda, H. 47, 147.
Brisson 83.
Brüning, H. 108.
Bruns 12.
Buzzi, F. 35, 37, 41, 43, 44, 45, 46, 62, 73, 89, 96, 101, 103.

Calvello 109.
Celsus 54.
Charitschkow, K. 47, 123.
Chemische Fabrik auf Actien vorm. E. Schering 60, 140, 147.
Chemische Fabrik Flörsheim Dr. H. Noerdlinger 60, 110, 111, 145, 152.
Chemische Fabrik Helfenberg 50.
Chemische Fabrik Ladenburg 150.
Chemische Fabrik Pfersee, Dr. v. Rad 140.
Chemische Fabrik Vechelde 144, 153.

Chemische Werke Hansa 143.
Chemische Werke Reiherstieg 145.
Chemische Werke vorm. Dr. Heinrich Byk 153, 154.
Chemische Werke vorm. Dr. C. Zerbe 148.
Chevreul 4.
Classen, A. 138, 139.
Cohnheim 39.
Compagnie Ray 140.
Cracau 131.

Dammann, W. 136.
Deite, C. 28. 121.
Delbanco 39.
Deutsche Gold- und Silberscheideanstalt vorm. Rössler 145.
Diesser, S. 154.
Dimroth 93.
Donnan 6.
Doyen, E. L. 141.
Dresdener Chemisches Laboratorium Lingner 57, 58, 90.
Dreuw 104.

Ehrlich, P. 67, 72.
Eichhoff, P. J. 29, 35, 37, 41, 42, 44.
Einhorn, A. 144.
Erdmann, E. 102.
Eschbaum, Fr. 146.

Fabrik chemischer Produkte, A.-G. 135.
Fabriken von Dr. Thompson's Seifenpulver 144.
Farbenfabriken vorm. Friedr. Bayer & Co. 66, 93, 94, 95, 149, 150, 151, 152.
Fawssett, T. 49.
Fehrs 64.
Fischer 64.
Fischer, E. 92.
Fischer, W. 142.
Fränkel, C. 71.
— S. 73, 74.

---

[1]) In diesem Namenregister sind die auf Seite 155—159 benannten Inhaber von Wortzeichen als solche nicht verzeichnet.

Namenregister.

Fresenius-Makin 115.
Freundlich, J. 3.
Fricke, A. 4.
Fritzsche & Co. 101, 111, 138, 149.
Fuhrmann 118, 119.
Fürbringer 50.

Gartenmeister, R. 3, 138.
Geissler 36, 37.
Gelarie, A. 110.
Geppert 97.
Giessler 144.
Goldschmidt, C. 139.
— F. 8, 28, 39, 40, 45, 116, 120, 123, 124, 125.
Görl 94.
Gradenwitz, H. 113, 114, 116, 120, 123.
Grauert, H. 154.
Gronewald & Stommel 138.
Groppler, R. 145.
Gruber 63.

Hager 76.
Hauser, G. 42.
Hausmann, C. Fr. 65, 91.
Hefter, G. 28.
Heller 47, 62.
— O, 141.
Hell & Co. 48.
Hesse 100.
Hillyer 7.
Hirsch, R. 7, 37.
Hoffmann, La Roche & Co. 68.
Hoock, N. 142.
Horn, P. 147, 148.
Hübl 99.
Hygienische Gesellschaft Blau & Co. 146, 149.

Jacobsen, E. 136, 137.
Jansen, H. 103.
Jaubert, G. F. 148.
Jessner 62.
Jolles, M. 14.
Joseph, M. 57, 59.

Kanitz 5.
Kaufmann, L. 83.
Kessler & Co. 60, 147.
Kirchhoff & Neirath 80.
Kirchmann, W. 136.
Kirsten 45.
Kischensky 81.
Kjeldahl 123.
Klopfer, V. 40, 153.
Knoll & Co. 56, 146.
Kobert, K. 108.
Koch, R. 12, 13, 16, 66, 88, 107, 126.
Kolbe 5.

Konradi 14, 110.
Koske 64.
Krafft 4, 6.
Kreller, C. 140.
Kronecker 131.
Krönig 12, 90, 91, 92, 97, 126.
Kuisl 13.
Kümmell 127.
Künkler, A. 7.

Laubenheimer, K. 46, 62, 66, 67, 68, 73, 107, 108.
Lebbin 131, 132.
Lewkowitsch 115.
Liebrecht, A. 152.
Liebreich 32.
Lingner, K. A. 145, 150.
Lingner-Werke, A.-G. 145, 150.
Lister 61.
Löffler 71, 72.
Lübbert 73.
Lumière, A. 141, 142.
— L. 141, 142.
Lysoform-Gesellschaft 142, 143.

Majert, W. 142.
Mann, C. 125.
Marcusson 124.
de Marsac 151.
Marx 110.
Matzka, W. 144.
Meissner 131, 132.
Mentzel, C. 103.
Merck, E. 137.
Meyer 132.
Mielck, W. 80.
Mikulicz 49.
Milde & Rössler 48.
Mochalle, P. 146, 149.
Morgenroth, J. 151.
Müller, F. 95.
— G. J. 45, 46.
— R. 94.

Nafalan-Gesellschaft 48.
Nauton Frères 151.
Nesemann 131.
Niemöller, H. 40.
Nieter 66.
Noggerath, E. 147.

Overton 12.

Paracelsus 82.
Paul 12, 90, 91, 92, 97, 126, 127, 128.
Pearson & Co. 65.
Pharmazeutische Seifen-Industrie-Gesellschaft 20.
Plinius 54.
Providol-Gesellschaft 95.

Schrauth, Medikamentöse Seifen.

Quincke 6.

Ragg, M. 84.
Raschig, F. 137.
Rasp, C. 14, 18.
Raupenstrauch, G. A. 143.
Reichenbach 5, 15, 16.
Reidenbach 108.
Reiss, R. 144, 145, 148, 149.
Reuter, L. H. 33.
Richter, M. M. 137.
Riedel, J. D. 137.
Rodet, A. 14.
Rohleder, H. 48.
Roth, K. 149, 152.
Rotondi 4.
Ruata, G. O. 82.
Rülke, K. 152, 153.
Runge, P. 149.

Sacher 84.
Sachs, R. 102.
Sack 56.
Sarason, L. 145, 147, 148.
Sarwey 127, 128.
Scheurlen 12.
Schimmel & Co. 108.
Schmatolla, O. 148.
Schmid, F. 94.
Schneider, A. 64, 69, 75, 115.
Schoeller, W. 90, 92, 94, 95, 149, 150, 151.
Scholtz, W. 53, 110.
Schrauth, W. 90, 92, 94, 95, 149, 150, 151.
Schröter, R. 135.
Schuh, W. 140.
Schülke & Mayr 63, 66, 76, 136.
Schwabe, L. 146.
Schwarz 124.
Seibels, A. 137.
Seidenschnur 57, 87.
Serafini, A, 14, 16, 18.
Siebert, C. 18.
Simon, K. 135.

Société des brevets Lumière 94.
Sonnenfeld 130.
Speier, A. 139.
Spiro 12.
Spring, W. 8.
Springfeld 131, 133.
Stephan 120.
Stern 4.
Stiepel, C. 3, 5, 6, 34.
Stricker 73.
Symanski 75.

Taenzer, P. 103.
Tesse, T. F. 151.
Thénard 79.
Thoms, H. 102, 115.
Thomson, J. 136.
Töpfer 102.
Triollet 62.

Ubbelohde 8, 28, 39, 40, 45, 116, 120, 123, 124, 125.
Ullmann, M. 153.
Unna, P. G. 20, 24, 29, 30, 34, 35, 41, 45, 58, 62, 80, 86, 101, 105, 106.

Verband der Seifenfabrikanten Deutschlands 114, 117, 124.
Vieht 56.
Vollbrecht 51.

Wesenberg 66.
Weyl, Th. 141.
Winter, H. 34, 146.
Wohlrab, K. 154.
Wolf, B. 153.
Wolff, A. 51, 144.
Wright, C. R. A. 33.
Wunderlich, C. D. 141.
v. Wunschheim, O. 43.

Ziebell & Co. 48.
Zucker, L. 142.
— L. & Co. 142.
Zwicky 81, 119.

Sachregister.[1]

Aachener Thermalseife 104.
Acetaldehyd 79.
— Stärkeverbindung 139.
Adsorptionsverbindungen von Seife mit den wegzuwaschenden Stoffen 8.
Afridol 38, 94, 111, 122, 151.
— Giftwirkung des 95.
—-Sapalcol 53.
Afridolseife 20, 24, 94, 149.
Ätherische Öle, Desinfektionskraft der 107, 108, 109.
— — Nachweis u. Bestimmung von — — in Seifen 124.
Äthrol 110.
Akremninseife 84, 148.
Albopixol 61.
Albumosenseife 39, 147.
Aldthyform 143.
Alkali, Neutralisation des hydrolytisch abgespaltenen 33.
Alkalische Grundseifen 40.
Alkalisulfidseifen 84.
Alkohol, Desinfektionskraft des 49.
— Nachweis von — in Seifen 124.
Alkylbenzoesäuren, mercurierte 151.
Aluminiumsalze als Seifenzusatz 96.
Amyloform 138.
Anästhesin 104.
Analytische Untersuchung medikamentöser Seifen 112.
Angesäuerte Seifen 36.
Anorganische Kolloide enthaltende Seifen 97, 149.
— — enthaltender Liquor cresoli saponatus 152.
Anthrarobin 55.
Anthrasol 56, 57, 146.
Antibleiseife 84.
Antiseptoform 74.
Ararobapulver 99.
Aromatische Substanzen, Nachweis von — in Seifen 123.
Automors 71.

Baktoform 79.
Bazillol 65.
Benzinlösliche Seifen 138.
Benzoesäure 72.
Bienenwachs als Überfettungsmittel 35.
Blutalbumin als Seifenzusatz 40.
Bolusseife Liermann 105.
Borax, Eigenschaften des 80.
Borneol 109.
Bornylesterseifen 109.
Borsäure, Verwendung der — zum Ansäuern der Seife 38.
Bromocoll 104.

Calciumsuperoxyd 80.
Campher, Desinfektionskraft des 107.
Campheröl, Präparate aus 147.
Campherseife 109, 111.
Capronsäureseife, Schaumfähigkeit der 5.
Caprylsäureseife 5, 34.
Carbolsäure, Lösungsvermögen der Seifenlösungen für 62.
— rohe 63.
Carbolseife 88.
— Therapeutischer Wert der 62.
Carbolseifenlösungen, Desinfektionskraft von 62.
Carbonsäureester, mercurierte 150, 152.
Carbonsäuren, Bedeutung aromatischer — für die Seifenfabrikation 72.
Casein 38.
Casein-Formaldehydverbindung 78.
Casein-Metallsalze 140.
Chininseife 103.
Chinolin 101.
Chinosol 101, 138.
Chinosolseife 102.
Chlor 97.
Chlor-m-kresol 68.
Chlorphenol 67.
Chlornaphthalin, Desinfektionsmittel aus — und Seife 146.

---

[1] In diesem Sachregister sind die auf Seite 155—159 benannten Wortzeichen als solche nicht verzeichnet.

Chrysarobin 55, 100.
— Nachweis und Bestimmung von — in Seifen 123.
Chrysarobinseife 100.
Chrysophansäure 100, 101.
— Nachweis und Bestimmung von — in Seifen 123.
Cocosölfettsäuren, Herstellung von 146.
Cocosseife, physiologische Wirkung der 31.
Cumarin 110.

Derizinöl 110.
Derizinseife 110.
Desichthol 86.
Desinfektionskraft der ätherischen Öle 107, 108, 109.
— des Alkohols 49.
— der Carbolseifenlösungen 62.
— der Naphthensäuren 47.
— der Naphtholsulfosäuren 71.
— der Phenole 11, 12, 68, 70.
— der Seife 13, 23.
— Einfluß von Lösungsmitteln auf die 49.
— Einfluß der Temperatur des Waschwassers auf die 18.
— Einfluß von Vaselin und Glycerin auf die 43.
— einer Sodalösung 42.
— der Teerarten 61.
Desinfektionsmittel aus Chlor-m-kresol 152.
— aus Chlornaphthalin und Seife 146.
— erster Ordnung 12.
— Haltbarkeit von — im Seifenkörper 54.
— aus Farbstoffen 152.
— aus Formaldehyd 142, 143.
— ozonhaltiges 141.
— pyridinhaltiges 140.
— die Seife als 11, 13.
— Wirkungsweise und systematische Einteilung der 11.
— zweiter Ordnung 12.
Desinfektionsverfahren Bechhold 150.
Desinfektionswirkung, Theorie der 11.
Desinfizierende Grundseifen, Richtlinien für die Herstellung von 17.
Dextrin-Formaldehydverbindung 78, 138.
Dextroform 138.
Deziäthrol 110.
Dezilan 74.
Dialyse der Grundseifen 32.
Dibrom-β-naphthol 69, 150.
Dioxybenzoesäure 74.
Dioxydinaphthylmethanpräparat 142.
Dioxymethylanthrachinon 100.
Dioxyquecksilberphenolnatrium 95, 152.

Dissoziation, elektrolytische 9.
Drogen, Verwendung von — für medikamentöse Seifen 149.

Eisensajodin 97.
Eisenseifen 97.
Eiweiß, Nachweis und Bestimmung von — in Seifen 123.
Eiweißkörper, seifenhaltiger 151.
Eiweißseifen 38, 140, 141.
Elektoganseife 80, 145.
Elektrolytische Dissoziation 9.
Elfenbeinnußmehl als Seifenzusatz 149.
Empyroform 60, 77.
Emulsionstheorie der Waschwirkung 7.
Emulsionsvermögen der Seifenlösungen 7.
Entwicklungshemmung 125.
Erdölkohlenwasserstoffe, geschwefelte 87.
Ersatzpräparate für gewöhnliche Seifen 46.
Ester-Dermasan 144.
Eugallol 100.
Eugenoform 77, 140.
Eugenol 108.
Eugenolcarbinolnatrium 77.
Euguform 104.
Euresol 100.
Eurobin 100.
Eusulfinseife 84, 148.

Fagacid 60, 114, 146.
Fagate 60.
Farbstoffe, Desinfektionsmittel aus 152.
Fenchon 109.
Fenchonseife 109, 152.
Fenchylesterseife 109.
Fermentinseife 104.
Festalkol 52.
Festoform 145.
Fette, mercurierte 92.
— Verseifung der 2.
Fettsäureester, geschwefelte 142.
— mercurierte 92.
Fettsaure Seifen 36.
Fettseifen, pilierte, Zusammensetzung der 29.
Fettspaltung 2.
Fleco-Flechtenseife 130.
Flieder-Äthrol 110.
Fluoridseifen 99, 153.
Flüssige Seifen 43.
Formäthrol 111.
Formaldehyd, Eigenschaften des 74.
Formaldehydacetamid 78, 145.
Formaldehyd-Caseinverbindung 141.
Formaldehydharnstoff 78, 139.
Formaldehyd-Holzteerkondensationsprodukt 145, 147, 150.

Sachregister.

Formaldehydlösungen, feste 145.
Formaldehydseifenlösung, Vorschrift für 75, 76, 137.
Formaldehydseifenpräparate 74.
— analytische Untersuchung der 116.
Formaldehyd-Stärkeverbindung 138, 139.
Formalin 74.
Formalindextrin 139.
Formalinstückseifen 76.
Formicin 78, 145.
Formlution 74.
Formol 74.
— Einfluß von Glycerin auf die Desinfektionskraft des 43.
Formysol 74.
Frostseife 133.
Füllmittel, Einfluß von — auf die Qualitäten der Seife 42.

Gesetzliche Bestimmungen betreffend den Vertrieb medikamentöser Seifen 129.
Giftigkeit von Quecksilberverbindungen 95.
Gliadin als Seifenzusatz 40.
Glutenin als Seifenzusatz 40.
Glutol 77.
Glycerin, Einfluß von — auf Desinfektionsmittel 43.
— Einfluß von — auf die Desinfektionskraft der Seife 43.
Goltheria-Rheumarid-Seife 133.
Grundseifen, alkalische 40.
— Dialyse der 32.
— Neutralisation der 31.
— Rohmaterialien und Fabrikation der 28.

Haarpflegemittel 141.
Halogenbenzoesäuren, mercurierte 151.
Halogennaphthole 69.
Halogennitrophenole, mercurierte 151.
Halogenphenole, mercurierte 151.
Haltbarkeit der Medikamente im Seifenkörper 53.
Haltbarkeit der Salicylsäureseifen 72.
Hautkrankheiten, spezielle Seifentherapie bei 26.
Hefeseifen 104.
Heliotropin 110.
Hermophenyl 94, 122, 141.
Hermophenylseife 94.
Hexamethylentetramin 78.
— als Nachweis für Formaldehyd 116.
Hexamethylentetramintriphenol 78.
Holzteer, Bestandteile des 55.
Holzteer-Formaldehydkondensationsprodukt 145, 147, 150.
Hundeseifencreme 133.

Hydrolyse von Natriumpalmitat 4.
— der Seifenlösungen 3.
Hydroxylaminseife 101.

Ichthyol, analytischer Nachweis von 114, 121.
— Eigenschaften und Herstellung von 86.
Ichthyolersatzpräparate, Forderungen für 87.
Ichthyolseife 86.
Ichthyolsulfosäure 135.
Ionentheorie 9.
Isoeugenol 108.

Jod 97.
Jodkaliumseifen 99.
Jodoform 97.
— Wirkungsweise des 98.
Jodoformersatzmittel 98.
Jodoformseifen 98.
Jodseifen, Haltbarkeit der 98.
— analytische Untersuchung der 122.
Jod-Sodaseife, Krankenheiler 104.

Kaliseife, Begriffsbestimmung und Herstellung der 2.
— weiche 44.
— zur Bereitung von Seifenspiritus 50.
Keraminseife 102.
Kernölfettsäuren, Herstellung von 146.
Kohlenwasserstoff enthaltende Seifen 153.
Kolloide, anorganische — enthaltende Seifen 97, 149.
— anorganische — enthaltender Liquor cresoli saponatus 152.
Konsistenz medikamentöser Seifen 43.
Krätzeseifen 102.
Krankenheiler Jod-Sodaseife 104.
Krelution 65.
Kreolin 65.
Kreolin, Einfluß von Glycerin auf die Desinfektionskraft des 43.
Kreolin-Artmann 71.
Kreosot 60.
Kresapol 65.
Kresoform 77.
Kresol 63, 107.
— Einfluß von Glycerin auf die Desinfektionskraft des 43.
Kresolseifenlösung, Vorschrift zur Herstellung von 64.
— fettsaure 137.
Kresolseifenpräparate 44.
Kresotinsäure 70, 73.

Lanolin als Überfettungsmittel 35.
Lavoderma 90.
Lecithin als Überfettungsmittel 35.

Lenicet 96.
Lenigallol 100.
Lenirobin 100.
Liantral 57.
Limonen 108.
Liniment 51.
Liquor cresoli saponatus 63.
— anorganische Kolloide enthaltender 152.
Lithiumseifen 97.
Löslichkeit der Seifen in Alkohol 3.
Lösungsmittel, Seifen als — für Terpene usw. 46.
— Einfluß der — auf die Desinfektionskraft der Seife 49.
Lösungsvermögen der Seifenlösungen für Carbolsäure 62.
— — — für Neutralfette 7.
Lugolsche Lösung 98.
Lysan 78.
Lysoform 74, 76, 142.
— Herstellung und Eigenschaften des 75.
Lysol 63, 64, 107, 111, 136.
— Einfluß von Glycerin auf die Desinfektionskraft des 43.
— geschwefeltes 87.
— Toiletteseife 65.
Lysopast 65.

Magnesiumperborat 82.
Magnesiumsuperoxyd 80.
Mechanisch wirkende Seifen 105, 149.
Medizinalseifen 104.
Medikamente, Haltbarkeit der — im Seifenkörper 53.
— seifenfeste 54.
Medikamentöse Seifen, frühere Allgemeinbewertung der 1.
— — geringerer Bedeutung 95.
— — — analytische Untersuchung der 122.
— — Konsistenz der 43.
— Salbenseifen 145, 148.
Menthol-Formaldehydverbindung 77.
Mentholseife 111.
Mercurichlorid 88.
Mercurierte Phenole 151.
Mesotan 104.
Metakalien 65.
Metallsalze, Nachweis der — in Seifen 122.
Metallseifenlösungen 96, 143.
Mikrocidin 69.
Milchpulver, Verwendung von — für Eiweißseifen 38.
Milchseifen 38.
Mineralseife 47.
Mochallé-Seife 146.

Mollin 45.
Morbicid 74, 76.
Myloin 47.

Nafalan 48.
Naftalan 48.
Naphthensäuren, Desinfektionskraft der 47.
— Nachweis und Bestimmung von — in Seifen 123.
— Reinigung von 147.
Naphthenseifen 47.
Naphthol 55, 69.
Naphtholsulfosäuren, Desinfektionskraft der 71.
Natriumbipalmitat 4.
— Hydrolyse des 4.
Natriumperborat, Eigenschaften des 80.
— Herstellung des 148.
Natriumpercarbonat 81.
Natriumpersulfat 81.
Natriumsuperoxyd 79.
Natriumsuperoxydsalbenseife 80.
Natronseife, Begriffsbestimmung und Herstellung der 2.
Natronseifenspiritus 50.
Neutrale Seifen 147, 148, 149.
Neutrale Seifenpaste 151.
Neutralisation des hydrolytisch abgespaltenen Alkali 33.
— der Grundseife durch chemische Umsetzung 33.
Nicotianaseife 103.
Nitrophenole, mercurierte 151.
Nonylsäureseife, Schaumfähigkeit der 5.
Nucleinsäure-Formaldehydverbindung 78.

Öle, ätherische Löslichkeit der — in Spezialseifen 46.
— mercurierte 92.
— terpenfreie 108.
Oleinseife, Helfenberger 50.
Olivenöl als Überfettungsmittel 35.
Opodeldok 32, 51.
Oxybenzoesäuren 70, 72.
Oxynaphthoesäuren 73.
Oxyquecksilberbenzoesäure 93.
— substituierte 93, 151.
— Alkalisalze von substituierten 151.
Oxyquecksilberphenole, substituierte 93.
Oxyquecksilberpropionsäure 92.
Oxyquecksilbersalicylsäure 93.
Oxyquecksilber-o-toluylsäure 94.
— Natriumsalz der 149, 151.
Ozonhaltiges Desinfektionsmittel 141.
Ozonseifen 82, 135.
— terpentinölhaltige 82.

Sachregister.

Paraformaldehyd 78.
Paraformaldehydkalkseife 79, 148.
Paraldehyd 79.
— -Stärkeverbindung 139.
Para-Lysol 66.
Parisol 78.
Parfümierung medikamentöser Seifen 106.
Pelargonsäureseife 34.
Perboratseifenpulver 81.
Perboratstückseifen 81.
Perborax 82.
Pernatrol 80.
Peroxyde 79.
Persalze 79.
Persulfat, Nachweis und Bestimmung von — in Seifen 118, 119.
Perubalsam 102.
Peruol 102.
Peruolseife 102.
Peruscabin 102.
Petrosapol 48.
Petrosulfol 86.
Pflanzeneiweiß, Behandlung von — für die Seifenfabrikation 153.
Pflanzenschleim-Formaldehydverbindung 78.
Pharmakologische Qualitäten der Seife 19.
Phenol, Desinfektionskraft des 11, 12.
— Eigenschaften des 61, 72, 107.
Phenole, Desinfektionskraft der 68, 70.
— Löslichkeit der — in Seifen 46.
— mercurierte 151.
Phenolalkohole 76.
Phenolseifenpräparate 61.
— analytische Untersuchung der 115.
Phenolsulfosäuren 71.
Phenyform 78.
Phenyformsaponat 78.
Phenyldimethylpyrazolon 146.
Phobrol 68, 152.
Physikalische Erscheinung des Schäumens 5.
Physiologische Wirkung der Cocosseife 31.
Pikrinsäure 68.
Pilierte Seifen, Zusammensetzung der 29.
Pitral 57.
Pittylen 58, 77, 114, 145, 150.
Pittylenseifen 59.
Pixavon 59.
— hell 57, 114.
Pixosapol 61.
Proval-Grundseife 20.
Providol 122.
Providolseife 20, 24, 95, 152.
Pulverförmige Seifen 44.

Pyonin 85.
Pyoninseife 85, 149.
Pyraloxin 101.
Pyridinhaltiges Desinfektionsmittel 140.
Pyrogallol 55, 70.
Pyrogallolseife 100.
— analytische Untersuchung der 123.

Qualitäten, pharmakologische — der Seife 19.
Quecksilberamidoverbindungen 91.
Quecksilbercarbonsäuren, Alkalisalze der 91.
Quecksilbercaseinverbindung 90.
Quecksilbercyanid 90.
Quecksilberdibenzoesäure 92.
Quecksilberdicarbonsäuren 92.
Quecksilberdipropionsäure 92.
Quecksilbereiweißverbindungen 89.
Quecksilberfettsäuren 91.
Quecksilberölsaures Natrium 92.
Quecksilberoxycyanid 90, 122.
Quecksilberphenole, Alkalisalze der 91.
Quecksilberseifen 88, 136, 140, 142, 149, 150, 152.
— analytische Untersuchung von 121.
Quecksilberseifenspiritus 93.
Quecksilberstearolsaures Natrium 92.
Quecksilberverbindungen der Aminosäuren 89.
— antiseptische 141.

Radioaktive Seifen 103.
Rayseife 38, 39, 140.
Resorcin 55, 70.
— Nachweis von — in Seifen 123.
Resorcinseife 100.
Rhabarberextraktseife 101.
Rhabarberseife 101.
Rheumasan 20, 144.
— Kammergerichtsurteil betr. Freiverkäuflichkeit des 130.
Ricinusölseife, Schaumfähigkeit der 5.
Ricinusseifenpräparate als Lösungsmittel für Terpene usw. 46.
Riechstoffe, künstliche 109.
— Verwendbarkeit der — für medikamentöse Seifen 107.
Rohdrogen 103.
Rohkresol 63.
Ropolan 48.
Rosmarinölseife 111.

Salbenseife nach Unna 45.
Salbenseifen, medikamentöse 145, 148.
Salicylsäure, Eigenschaften der 72.
— Verwendung der — zum Ansäuern der Seife 37.
Salicylsäureester 73.
Salicylsäureseifen 72, 144.

Salolseife 73.
Sanatol 71.
Sapal 51, 144.
Sapalbin als Seifenzusatz 40.
Sapalcol 52, 144.
Saparaform 79.
Sapo jalapinus 132.
— kalinus 20, 41, 45.
— — venalis 45.
— medikatus 19.
— viridis 41.
Sapocarbol 65, 136.
Sapodermin 90.
Sapoform 74.
Sapolan 48.
Saponimentum 51.
Sapozon 144.
Sauerstoff, Nachweis und Bestimmung von aktivem — in Seifen 118, 119.
Sauerstoffpräparate 153.
Sauerstoffseifen 79, 154.
— analytische Untersuchung der 117.
Savonal 45.
Schäumen, physikalische Erscheinung des 5.
Schaumfähigkeit der Seifenlösungen 5.
Schmierseife 45.
Schwefel, Eigenschaften des 82.
— kolloidaler 83.
— Wirkungsweise des 83.
Schwefelpräparate 146, 149, 153.
Schwefelseifen 82, 154.
— analytische Untersuchung der 120.
Schwefelwasserstoff, colorimetrische Bestimmung von 121.
Schwefelwasserstoffseifen 84.
Schweinefett als Überfettungsmittel 35.
Seidenfadenmethode 126.
Seife, Desinfektionskraft der 11, 13, 23.
— — Einfluß von Lösungsmitteln auf die 49.
— Pharmakologische Qualitäten der 19.
— Therapeutische Bedeutung der 18.
Seifen, angesäuerte 36.
— anorganische Kolloide enthaltende 97, 149.
— bactericide Wertbestimmung desinfizierender 125.
— Begriffsbestimmung und Herstellung der 2.
— benzinlösliche 138.
— dialysierte 33.
— Eigenschaften der 2.
— fettsaure 36.
— flüssige 43.
— gewöhnliche, Ersatzpräparate für 46.
— innerlicher Gebrauch von 18.
— Löslichkeit der — in organischen Lösungsmitteln 3.

Seifen, Löslichkeit der — in Wasser 3.
— Lösungsvermögen der — für Terpene usw. 46.
— mechanisch wirkende 105, 149.
— medikamentöse, analytische Untersuchung der 112.
— medikamentöse — geringerer Bedeutung 95.
— mercurierte 92.
— neutrale 136, 147, 148, 149.
— Kohlenwasserstoff enthaltende 153.
— pulverförmige 44.
— radioaktive 103.
— reinigende Wirkung der 5.
— salzhaltige natürlicher Heilquellen 104.
— sauerstoffhaltige 144.
— saure 5, 36.
— serumhaltige 40, 154.
— terpentinölhaltige 153.
— Überfettung der 34.
— überneutrale 136.
— Wassergehalt der 3.
— zentrifugierte 32, 135.
Seifenfeste Medikamente 54.
Seifenhaltiger Eiweißkörper 151.
Seifenhydrolyse, Hemmung der 5.
Seifenlösungen, Emulsionsvermögen der 7.
— Hydrolyse der 3.
— Lösungsvermögen von — für Carbolsäure 62.
— — — — Neutralfette 7.
— Schaumfähigkeit der 5.
— Waschwirkung der 8.
Seifenpaste, neutrale 151.
Seifenspiritus 23, 43, 49, 50.
— fester 51.
— Kaliseife zur Bereitung von 50.
Seifentherapie, Nachteile der 25.
— spezielle bei Hautkrankheiten 26.
— Vorteile der 25.
Seifenwirkung, Theorie der 6.
Serumhaltige Seifen 40, 154.
Septoforma 78, 142.
— -seife 78.
Servatolseife 91.
Sesquiterpene 107.
Sifinon 111, 149.
Silberseifen 96.
— analytische Untersuchung der 122.
Sodalösung, Desinfektionskraft einer 42.
Solveol 62.
Spiritus saponatus formalinus 74.
— — kalinus 19, 20.
Spiritusseifen 49, 141.
Spiritusseife von hohem Schmelzpunkt 144.

Stärke-Formaldehydverbindung 78.
Steinkohlenteer, Bestandteile des 55.
Stoffe, unlösliche, Nachweis und Bestimmung von — in Seifen 123.
Storax 102.
Sublamin 89, 122.
Sublaminseife 90.
Sublimat 88, 107.
Sublimatseife 88.
Sulfidseifen 84.
Sulfosalicylsäure 74.
Sulfur depuratum 83.
— praecipitatum 83.
Süßwasserkalk, seifenartiges Arzneimittel aus 142.

Tannin, Einfluß von Glycerin auf die Desinfektionskraft des 43.
Tanninformaldehydverbindung 78.
Tanninseife 103.
— analytische Untersuchung der 123.
Tannoform 138.
Teer, physiologische Wirkung des 55.
— therapeutische Bedeutung des 54.
Teerarten, Desinfektionskraft der 61.
Teerersatzmittel 55.
Teerschwefelseife 84.
— analytische Untersuchung der 121.
Teerseifen 54, 61, 147.
— analytische Untersuchung der 114.
Terpene 107.
— Löslichkeit der — in Spezialseifen 46.
Terpentinölhaltige Seifen 153.
Terpentinölozonentwickler 82.
Terpineol 110.
— wasserlösliches 149.
Tetrabrom-o-kresol 68.
Tetrachloroxybenzoesaures Natrium 72.
Tetrachlorphenolnatrium 72.
Temperatur, Einfluß der — auf die Desinfektionskraft 18.
Therapeutische Bedeutung der Seife 18.
Thigenol 86.
Thigenolseife 87.
Thiol 86, 136, 137.
Thiolseife 87.
Thiopinol Matzka 85, 144.
Thiopinolseife 85.
Thiopräparate 87.
Thiosapol 137.
Thiosapolcocosseife 87.
Thiosulfat 83.
Thymol 66, 107, 108.
— Einfluß von Glycerin auf die Desinfektionskraft des 43.
Tinctura jodi 98.
Tran, geschwefelter 137.

Tribrom-β-naphthol 69, 150.
Tribromphenol 67, 115.
Tribrom-m-xylenol 68.
Trinitrophenol 68.
Trioxymethylen 77, 78.
Triphenylstibinsulfid 83.
Trockenmilch, Verwendung der — für Eiweißseifen 38.
Türkischrotöl 46.
Tuffstein, seifenartiges Arzneimittel aus 142.

Überfett, Art des 35.
Überfettung der Seifen 34, 35, 36.
Untersuchung, analytische — der Formaldehydseifenpräparate 116.
— — der Jodseifen 122.
— — der medikamentösen Seifen 112.
— — — — geringerer Bedeutung 122.
— — der Phenolseifenpräparate 115.
— — der Quecksilberseifen 121.
— — der Sauerstoffseifen 117.
— — der Schwefelseifen 120.
— — der Silberseifen 122.
— — der Teerseifen 114.
— — der Teerschwefelseife 121.
Untersuchungsschema, analytisches 113.

Vanillin 110.
Vaselin, Einfluß von — auf die Desinfektionskraft der Seife 43.
Verfälschungen, Einfluß von — auf die Qualität der Seife 42.
Verseifung von Fetten 2.
Vertrieb medikamentöser Seifen, gesetzliche Bestimmungen für den 129.

Wachs, chinesisches — als Überfettungsmittel 35.
Walrat als Überfettungsmittel 35.
Waschwirkung der Seifenlösungen 7, 8.
Wasserstoffsuperoxyd 79.
Wert, entwicklungshemmender — von Desinfektionsmitteln 125.
Wertbestimmung, bactericide — desinfizierender Seifen 125.
Wirkung, physiologische — der Cocosseife 31.

Xylenole, Eigenschaften der 66.

Zentrifugieren der Grundseife 32, 135.
Zinkoxyd als Seifenzusatz 96.
Zinksuperoxyd 80.
Zinksuperoxydseife 80, 145.
Zuckers Patent-Medizinalseife 142.
Zyminseife 104.

Register der Patentnummern.

Nummer	Seite	Nummer	Seite	Nummer	Seite
21 906	82, 135	136 565	78, 141	193 199	73, 148
29 290	32, 135	137 560	94, 142	193 559	82, 148
35 216	86, 135	138 988	142	193 562	39, 148
38 416	87, 136	140 827	87, 142	197 226	148
38 457	136	141 744	75, 142	207 576	111, 149
49 119	136	142 017	77, 142	216 828	93, 94, 149
52 129	64, 136	145 390	75, 143	221 623	39, 149
54 501	87, 137	148 794	96, 143	222 891	149
56 065	87, 137	148 795	96, 143	223 119	85, 149
71 190	87, 137	149 273	77, 143	228 139	97, 149
84 338	137	149 335	81, 144	228 877	92, 150
87 275	137	149 793	51, 144	232 948	150
88 082	78, 137	149 826	85, 144	233 329	58, 150
88 520	101, 138	154 548	73, 144	233 437	93, 150
92 017	3, 138	157 355	78, 144	234 054	93, 151
92 259	78, 138	157 385	73, 145	234 469	151
93 111	78, 138	157 737	80, 145	234 851	93, 151
94 628	78, 139	161 939	58, 145	234 914	93, 151
95 518	79, 139	163 323	145	236 295	151
97 164	78, 139	163 446	60, 145	238 389	152
99 378	78, 139	163 663	146	242 776	152
99 570	77, 78, 139	164 322	85, 146	244 827	68, 152
100 874	90, 140	166 975	56, 146	246 123	109, 152
112 456	38, 140	170 563	34, 46, 146	246 207	92, 152
116 255	90, 140	171 421	146	246 880	93, 95, 152
116 359	140	179 564	47, 147	248 958	153
116 360	140	179 672	60, 147	249 757	153
122 354	38, 140	183 187	39, 147	250 331	153
125 095	89, 140	183 190	147	254 129	109, 153
126 292	82, 141	184 269	59, 147	254 469	153
129 075	141	186 263	59, 147	256 886	99, 153
132 660	94, 141	189 208	79, 148	258 393	154
134 406	52, 141	189 873	148	258 655	154
134 933	39, 141	191 900	148	265 538	40, 154

MIX
Papier aus verantwortungsvollen Quellen
Paper from responsible sources
FSC® C105338

If you have any concerns about our products,
you can contact us on
ProductSafety@springernature.com

In case Publisher is established outside the EU,
the EU authorized representative is:
**Springer Nature Customer Service Center GmbH
Europaplatz 3, 69115 Heidelberg, Germany**

Printed by Libri Plureos GmbH
in Hamburg, Germany